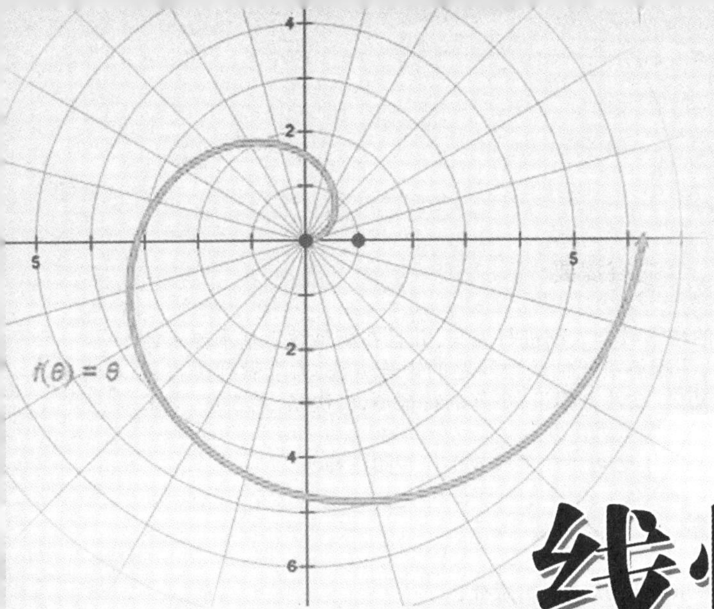

线性代数

XIANXING DAISHU

主　编　程开敏　陈相兵
副主编　王　妍　赵春燕
　　　　钟　琴　周　鑫

重庆大学出版社

内容提要

本书严格按照应用型本科大学的数学教学大纲进行编写,并且在满足教学基本要求的前提下适当降低对理论推导的要求,注重解决线性代数问题的矩阵方法,力求做到语言通俗,便于自学.本书内容包括行列式、矩阵、线性方程组、矩阵的特征值、二次型,共5章,书末附有习题参考答案.

本书可供应用型本科高校各专业使用,也可供相关科技工作者阅读参考.

图书在版编目(CIP)数据

线性代数/程开敏,陈相兵主编.—重庆:重庆大学出版社,2017.1(2025.1重印)

ISBN 978-7-5689-0295-3

Ⅰ.①线… Ⅱ.①程…②陈… Ⅲ.①线性代数—高等学校—教材 Ⅳ.①O151.2

中国版本图书馆CIP数据核字(2016)第303673号

线性代数

主 编 程开敏 陈相兵

副主编 王 妍 赵春燕

钟 琴 周 鑫

责任编辑:文 鹏 版式设计:文 鹏

责任校对:张红梅 责任印制:邱 瑶

*

重庆大学出版社出版发行

出版人:陈晓阳

社址:重庆市沙坪坝区大学城西路21号

邮编:401331

电话:(023) 88617190 88617185(中小学)

传真:(023) 88617186 88617166

网址:http://www.cqup.com.cn

邮箱:fxk@cqup.com.cn(营销中心)

全国新华书店经销

重庆市国丰印务有限责任公司印刷

*

开本:720mm×960mm 1/16 印张:14.5 字数:246千

2017年1月第1版 2025年1月第20次印刷

ISBN 978-7-5689-0295-3 定价:38.00元

前言

大学数学是自然科学的基本语言，是应用模式探索现实世界物质运动机理的主要手段。对于非数学专业的学生而言，大学数学的教育，其意义则远不仅仅是学习一种专业的工具而已.事实上，在大学生涯中，就提高学习基础，提升学习能力，培养科学素质和创新能力而言，大学数学是最有用且最值得大学生努力的课程.而线性代数课程又是大学数学的主干课程之一，所以对低年级大学生而言，学好线性代数这门课程显得尤为重要.

自20世纪80年代以来，随着计算机应用的普及，线性代数理论被广泛应用到科学、技术和经济管理领域，线性代数课程也成为高校理工科和经济管理类各专业的一门公共基础课.它涵盖了行列式、矩阵、向量组的线性相关性、线性方程组、特征值和特征向量以及二次型和线性变换等内容.在线性代数课程中，概念多、内容广，并且都较为抽象，有一定的学习难度.所以几十年来，我国的大学数学教育工作者一直都在线性代数课程上尝试着各种教学实践、探索和改革，也涌现了一大批教学成果。但是，目前国内的线性代数课程教学中也存在一些不可忽视的问题，如重理论、轻应用，重理论推导、轻数值计算，教学形式、教学手段比较单一等，同时也经常步入“学生学起来难，老师教起来难”的两难境地.由于教学中使用的教材对教学具有导向性，所以这些问题的出现或多或少都与使用的教材有关联.针对目前教学中出现的问题，我们的教学团队总结数年的教学经验，对线性代数课程教学做了不少实践与探索，最后决定出版一本适合于应用型普通本科高校的优质教材.

本教材具有以下特点：

1.受众对象明确.本教材是完全按照普通应用型本科高校学生培养计划和目标来编写的，即本教材面向的对象为应用型普通本科高校的学生.

2.合理编写教材内容.在本教材编写的过程中，我们吸收了国内现有教材的优点，力求做到知识引入自然合理，文字阐述通俗易懂，便于自学.在内容上做到合理取舍，避免偏深、偏难的理论证明，在保证知识完整性的同时，力求做到内容的难易适中,以适应应用型本科生读者的需要.

3.用问题贯穿每个章节.在本教材的编写中,我们一直用问题来引导每一章节,使得读者清晰地知晓每个章节需解决的重要问题,通过问题学习知识和方法,然后又通过所学方法来解决更深层的问题.

4.注重方法和技能的传授.考虑到我们受众读者的理论知识层次,我们在编写该教材时,更加偏向对线性代数课程方法和技能的传授,即对那些较深的定理我们只需重点强调它们的意义和应用,而对于那些定理的证明只做简化处理,尽量多做直观解释,增加方法性的例题,努力做到有助于学生理解基本概念和基本原理,提高学生的学习兴趣,增强学生融会贯通地分析问题和解决问题的能力.

5.安排适当精准的课后习题.为方便读者做巩固训练,我们在每个小节后都附有少量的练习题,这部分题全为基础题,可作为读者巩固所学的课后练习题,也可作为教师上课时所布置的课堂练习题.另外,为了方便读者做自我检测,同时也为了那些学有余力或有志于考研的读者,我们特别在每章末附有总习题,总习题分为 A、B 组,A 组是基础题,B 组是历年考研真题.

正如美国《托马斯微积分》的作者 G.B.Thomas 教授所说,“一本教材不能构成一门课;教师和学生在一起才能构成一门课”,教材只不过是支持这门课程的信息资源.教材是死的,课程是活的.课程是教师和学生共同组成的一个相互作用的整体,所以要使得教材作用发挥充分,就必须真正做到以学生为中心,以教师的教学为核心,让教与学形成良性的互动.

全书由程开敏、陈相兵主编,其中参加编写的作者有:陈相兵(负责第 1 章),程开敏(负责第 2 章),赵春燕、王妍和周鑫(负责第 3、4 章),钟琴(负责第 5 章),全书由执行主编程开敏统稿.在此教材出版之际,我们非常感谢原四川大学数学学院副院长、现四川大学锦江学院数学教学部主任韩泽教授,是他在百忙中抽出时间来牵头并悉心指导、督促我们编写团队的编写工作,我们的编写任务才得以顺利完成.另外,我们还要感谢董洪英女士,在统稿中她提供了不少有建设性的意见.

由于作者水平所限,教材中难免有错误和不妥之处,请读者不吝赐教,我们深表感谢.

编　者

2016 年 10 月于成都

目　录

第 1 章　行列式

1.1　二阶与三阶行列式

学习目标：

1. 理解二、三阶行列式的概念；
2. 熟练掌握二、三阶行列式的对角线法则.

在线性代数研究的一些问题中，如线性方程组、矩阵等问题，常要利用行列式作工具.经济管理、工程技术及数学的其他分支也常常要用到行列式.特别是本课程中，它是研究后面的线性方程组、矩阵及向量组的线性相关性的重要工具.

1.1.1　二阶与三阶行列式

定义 1　记方程组$\begin{cases} a_{11}x_1 + a_{12}x_2 = b_1 \\ a_{21}x_1 + a_{22}x_2 = b_2 \end{cases}$，那么表示式 $a_{11}a_{22} - a_{12}a_{21}$ 称为**系数行列式**，且为二阶行列式，并记作

$$D = \begin{vmatrix} a_{11} & a_{12} \\ a_{21} & a_{22} \end{vmatrix} = a_{11}a_{22} - a_{12}a_{21}.$$

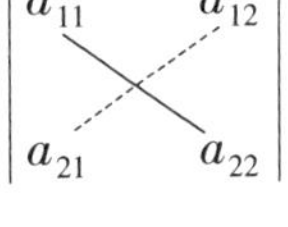

图 1.1

上述二阶行列式的定义，可用对角线法则记忆.

图 1.1 中，a_{11} 到 a_{22} 的**实连线称为主对角线**，a_{12} 到 a_{21} 的**虚连线称为副对角线**.于是，二阶行列式等于主对角线上的两元

素之积减去副对角线上两元素之积所得的差.

对于三元线性方程组

$$\begin{cases} a_{11}x_1 + a_{12}x_2 + a_{13}x_3 = b_1 \\ a_{21}x_1 + a_{22}x_2 + a_{23}x_3 = b_2, \\ a_{31}x_1 + a_{32}x_2 + a_{33}x_3 = b_3 \end{cases}$$

x_1, x_2, x_3 的系数组成数表,两边各加上一条竖直线段,它表示一个数.

我们定义,

$$\begin{vmatrix} a_{11} & a_{12} & a_{13} \\ a_{21} & a_{22} & a_{23} \\ a_{31} & a_{32} & a_{33} \end{vmatrix} = a_{11}a_{22}a_{33} + a_{12}a_{23}a_{31} + a_{13}a_{21}a_{32} - a_{11}a_{23}a_{32} - a_{12}a_{21}a_{33} - a_{13}a_{22}a_{31}$$

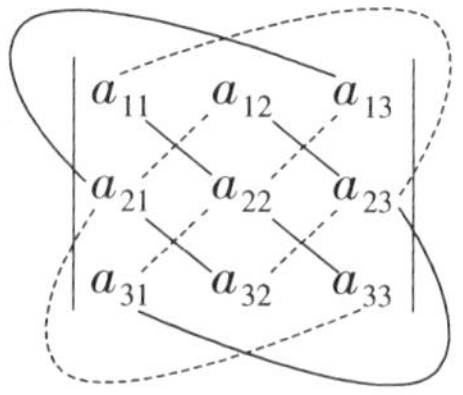

图 1.2

称为**三阶方阵行列式**.它含三行三列,是 6 项的代数和.可由如图 1.2 所示的对角线法则得到.取正号的三项,一项是主对角线上三元素的乘积;另两项是位于主对角线的平行线上两元素与其对角上的元素之积;取负号的三项可由副对角线类似得到.这样计算三阶行列式的方法,称为**对角线法则**.

三阶行列式的计算也可采用沙路法则:

$$D = \begin{vmatrix} a_{11} & a_{12} & a_{13} \\ a_{21} & a_{22} & a_{23} \\ a_{31} & a_{32} & a_{33} \end{vmatrix} \begin{matrix} a_{11} & a_{12} \\ a_{21} & a_{22} \\ a_{31} & a_{32} \end{matrix}$$

即 $D = a_{11}a_{22}a_{33} + a_{12}a_{23}a_{31} + a_{13}a_{21}a_{32} - a_{11}a_{23}a_{32} - a_{12}a_{21}a_{33} - a_{13}a_{22}a_{31}$.

注 对角线法则只适用于二阶、三阶行列式,更高阶的行列式有待研究.

例 1 计算三阶行列式

$$D = \begin{vmatrix} 1 & -1 & 1 \\ 2 & 4 & 1 \\ 1 & 0 & 3 \end{vmatrix}.$$

解 按对角线法则,有

$$D = 1 \times 4 \times 3 + (-1) \times 1 \times 1 + 1 \times 2 \times 0 - 1 \times 1 \times 0 - (-1) \times 2 \times 3 - 1 \times 4 \times 1 = 13.$$

例2　已知 $\begin{vmatrix} \lambda-1 & 0 & 1 \\ 0 & \lambda-2 & 0 \\ 1 & 0 & \lambda-1 \end{vmatrix}=0$,求 λ 的值.

解　$\begin{vmatrix} \lambda-1 & 0 & 1 \\ 0 & \lambda-2 & 0 \\ 1 & 0 & \lambda-1 \end{vmatrix}=(\lambda-1)^2(\lambda-2)-(\lambda-2)=\lambda(\lambda-2)^2=0.$

所以　$\lambda=0$　或　$\lambda=2$.

习题 1.1

利用对角线法则计算下列行列式:

(1) $\begin{vmatrix} \sqrt{2} & 2 \\ 1 & \sqrt{2} \end{vmatrix}$;　　(2) $\begin{vmatrix} \cos x & \sin^2 x \\ 1 & \cos x \end{vmatrix}$;

(3) $\begin{vmatrix} 3 & 0 & 0 \\ 2 & 1 & 0 \\ 5 & 2 & -3 \end{vmatrix}$;　　(4) $\begin{vmatrix} 1 & 2 & 0 \\ -1 & 1 & -4 \\ 2 & -2 & 8 \end{vmatrix}$;

(5) $\begin{vmatrix} y & y & x+y \\ x & x+y & x \\ x+y & x & y \end{vmatrix}$.

1.2　n 阶行列式

学习目标:

1. 了解排列与逆序概念;
2. 理解 n 阶行列式的概念;
3. 掌握行列式的一般运算.

从三阶行列式的定义可以发现以下几个特征:①三阶行列式共有 $3!=6$ 项;②行列式中每一项都是不同行不同列的 3 个元素之积;③行列式中每一项符号

都与元素下标有关.受此启示,我们引入 n 阶行列式的定义.

1.2.1 排列与逆序

把 n 个不同的元素排成一列,叫作这 n 个元素的全排列(简称排列).一般,n 个自然数 $1,2,3,\cdots,n$ 的一个排列可以记作 $i_1i_2\cdots i_n$,其中 $i_1i_2\cdots i_n$ 是某种次序下的自然数 $1,2,3,\cdots,n$.n 个不同元素的所有排列的种数,通常用 P_n 表示.且有

$$P_n = n(n-1)\cdots 3\cdot 2\cdot 1 = n!$$

定义 1 n 个不同的自然数,规定自小到大为**标准次序**,此时,对应的排列称为**自然排列**.于是在这 n 个元素的任意排列中,当某两个元素的先后次序与标准次序不同时,就说有一个**逆序**.一个排列 $i_1i_2\cdots i_n$ 中所有逆序的总数称为这个排列的**逆序数**,记作$\tau(i_1i_2\cdots i_n)$.**逆序数为奇数的排列称为奇排列,逆序数为偶数的排列称为偶排列.**

例 1 计算以下各排列的逆序数,并指出它们的奇偶性.

(1)42531;　　　　(2)$135\cdots(2n-1)246\cdots(2n)$.

解 (1)对于所给排列,4 排在首位,逆序个数为0;2 的前面有1个比它大的数,逆序个数为1;5 的前面有 0 个比它大的数,逆序个数为0;3 的前面有 2 个比它大的数,逆序个数为2;1 的前面有 4 个比它大的数,逆序个数为 4.把这些数加起来,即

$$0+1+0+2+4=7.$$

故排列 42531 的逆序个数为 7,即$\tau(42531)=7$,因而是奇排列.

(2)同理可得:

$$\begin{aligned}\tau[135\cdots(2n-1)246\cdots(2n)] &= 0+(n-1)+(n-2)+\cdots+2+1\\ &= \frac{n(n+1)}{2}.\end{aligned}$$

所给排列当 $n=4k$ 或 $n=4k+1$ 时为偶排列;当 $n=4k+2$ 或 $n=4k+3$ 时为奇排列.

定义 2 在排列中,将任意两个元素交换位置,其余的元素不动而得到新排列的变换称为**对换**.将相邻两个元素对换,称为**相邻对换**.

相邻对换会使得排列的逆序数改变 1,而任意对换可以通过奇数次相邻对换来实现,因此有:

对换改变排列的奇偶性,即对换使奇排列变为偶排列,偶排列变为奇排列.

当 $n>1$ 时,n 个元素 $1,2,\cdots,n$ 的所有排列中,偶排列与奇排列的个数相

同,都为$\frac{n!}{2}$个.

1.2.2 n 阶行列式的定义

先研究三阶行列式的展开式的构成,由此给出 n 阶行列式的定义.三阶行列式的定义为

$$|A| = \begin{vmatrix} a_{11} & a_{12} & a_{13} \\ a_{21} & a_{22} & a_{23} \\ a_{31} & a_{32} & a_{33} \end{vmatrix} = a_{11}a_{22}a_{33} + a_{12}a_{23}a_{31} + a_{13}a_{21}a_{32} - \tag{1.2.1}$$

$$a_{11}a_{23}a_{32} - a_{12}a_{21}a_{33} - a_{13}a_{22}a_{31}.$$

容易看出式(1.2.1)右边的每一项恰是位于不同行、不同列的3个元素的乘积.因此,式(1.2.1)右端的每一项除正负号外都可以写成 $a_{1j_1}a_{2j_2}a_{3j_3}$,其中行标(第一个脚标)构成自然排列123,列标(第二个脚标)构成排列 $j_1j_2j_3$.由于这样的排列共有3!个,因此这样的项共有3!项.

再观察式(1.2.1)右端各项的正负号与列标排列的奇偶性的关系.

带正号的3项列标排列是123,231,312,它们都是偶排列;带负号的3项列标排列是132,213,321,它们都是奇排列.

因此项 $a_{1j_1}a_{2j_2}a_{3j_3}$ 所带的正负号可以表示为 $(-1)^{\tau(j_1j_2j_3)}$,其中 $\tau(j_1j_2j_3)$ 为列标排列的逆序数.

总之,三阶行列式可以记作

$$\begin{vmatrix} a_{11} & a_{12} & a_{13} \\ a_{21} & a_{22} & a_{23} \\ a_{31} & a_{32} & a_{33} \end{vmatrix} = \sum_{j_1j_2j_3}(-1)^{\tau(j_1j_2j_3)}a_{1j_1}a_{2j_2}a_{3j_3}.$$

其中,$\tau(j_1j_2j_3)$ 为排列 $j_1j_2j_3$ 的逆序数,$\sum\limits_{j_1j_2j_3}$ 表示对3个自然数1,2,3的所有排列 $j_1j_2j_3$ 求和.

仿此,可以给出 n 阶行列式的定义.

定义3 设有 n^2 个元素组成的记号

$$D = \begin{vmatrix} a_{11} & a_{12} & \cdots & a_{1n} \\ a_{21} & a_{22} & \cdots & a_{2n} \\ \vdots & \vdots & & \vdots \\ a_{n1} & a_{n2} & \cdots & a_{nn} \end{vmatrix},$$

取位于不同行、不同列的 n 个数的乘积,并冠以符号 $(-1)^{\tau(j_1j_2\cdots j_n)}$,得到形如

$$(-1)^{\tau(j_1j_2\cdots j_n)}a_{1j_1}a_{2j_2}\cdots a_{nj_n} \tag{1.2.2}$$

的项,其中 $j_1j_2\cdots j_n$ 为 n 个自然数 $1,2,\cdots,n$ 的一个排列,$\tau(j_1j_2\cdots j_n)$ 为这个排列的逆序数.由于这样的排列共有 $n!$ 个,因此形如式(1.2.2) 的项共有 $n!$ 项,所有这 $n!$ 项的代数和

$$\sum_{j_1j_2\cdots j_n}(-1)^{\tau(j_1j_2\cdots j_n)}a_{1j_1}a_{2j_2}\cdots a_{nj_n} \tag{1.2.3}$$

称为 n 阶行列式,数 a_{ij} 称为行列式 D 的元素,式(1.2.3) 称为行列式 D 的展开式.

显然,按此定义的二阶、三阶行列式与用对角线法则定义的二阶、三阶行列式是一致的.

注:

(1)行列式是一种特定的算式,它是根据求解方程个数和未知量个数相同的一次方程组的需要而定义的,是满足条件的所有项的代数和.

(2)n 阶行列式是 $n!$ 项的代数和,n 阶行列式的每项都是位于不同行、不同列 n 个元素的乘积.

(3)当 $n=1$ 时,称为一阶行列式,规定一阶行列式 $|a|=a$,不要与绝对值记号相混淆.

(4)行列式是一个数(或值),因此两个行列式相等,指的是二者的值相等.

例 2 在五阶行列式中,项 $a_{23}a_{14}a_{31}a_{52}a_{45}$ 应带什么符号?

解 按定义 3 计算:$a_{23}a_{14}a_{31}a_{52}a_{45}=a_{14}a_{23}a_{31}a_{45}a_{52}$,而 $\tau(43152)=0+1+2+0+3=6$,所以前边应带正号.

例 3 计算行列式 $\begin{vmatrix}1&2&3\\-2&3&1\\-3&1&2\end{vmatrix}$.

解 方法一:用行列式定义的式(1.2.3),有

$$\begin{aligned}原式&=(-1)^{\tau(1\,2\,3)}\times1\times3\times2+(-1)^{\tau(1\,3\,2)}\times1\times1\times1+\\&\quad(-1)^{\tau(2\,1\,3)}\times2\times(-2)\times2+(-1)^{\tau(2\,3\,1)}\times2\times1\times(-3)+\\&\quad(-1)^{\tau(3\,1\,2)}\times3\times(-2)\times1+(-1)^{\tau(3\,2\,1)}\times3\times3\times(-3)\\&=28.\end{aligned}$$

方法二:用对角线法则计算 $\begin{vmatrix}1&2&3\\-2&3&1\\-3&1&2\end{vmatrix}$,得

$$\text{原式} = 1\times3\times2+(-2)\times1\times3+(-3)\times2\times1-1\times1\times1-2\times(-2)\times2-3\times3\times(-3)$$
$$=28.$$

例 4 计算对角行列式 $\begin{vmatrix} a_{11} & 0 & 0 & 0 \\ 0 & a_{22} & 0 & 0 \\ 0 & 0 & a_{33} & 0 \\ 0 & 0 & 0 & a_{44} \end{vmatrix}$.

解 由行列式定义的式(1.2.3),有

$$\begin{vmatrix} a_{11} & 0 & 0 & 0 \\ 0 & a_{22} & 0 & 0 \\ 0 & 0 & a_{33} & 0 \\ 0 & 0 & 0 & a_{44} \end{vmatrix} = (-1)^{\tau(1\,2\,3\,4)}\times a_{11}\times a_{22}\times a_{33}\times a_{44}$$
$$= a_{11}a_{22}a_{33}a_{44}.$$

同理可证得 n 阶对角行列式:

$$\begin{vmatrix} a_{11} & 0 & \cdots & 0 \\ 0 & a_{22} & \cdots & 0 \\ \vdots & \vdots & & \vdots \\ 0 & 0 & \cdots & a_{nn} \end{vmatrix} = a_{11}a_{22}\cdots a_{nn}.$$

例 5 计算三角行列式 $\begin{vmatrix} a_{11} & 0 & 0 & 0 \\ a_{21} & a_{22} & 0 & 0 \\ a_{31} & a_{32} & a_{33} & 0 \\ a_{41} & a_{42} & a_{43} & a_{44} \end{vmatrix}$.

解 由行列式定义的式(1.2.3),有

$$\begin{vmatrix} a_{11} & 0 & 0 & 0 \\ a_{21} & a_{22} & 0 & 0 \\ a_{31} & a_{32} & a_{33} & 0 \\ a_{41} & a_{42} & a_{43} & a_{44} \end{vmatrix} = (-1)^{\tau(1\,2\,3\,4)}\times a_{11}\times a_{22}\times a_{33}\times a_{44}$$
$$= a_{11}\times a_{22}\times a_{33}\times a_{44}.$$

同理可证得 n 阶下三角行列式:

$$\begin{vmatrix} a_{11} & 0 & \cdots & 0 \\ a_{21} & a_{22} & \cdots & 0 \\ \vdots & \vdots & & \vdots \\ a_{n1} & a_{n2} & \cdots & a_{nn} \end{vmatrix} = a_{11}a_{22}\cdots a_{nn} = \prod_{i=1}^{n} a_{ii}.$$

请读者自己思考一下，行列式

$$\begin{vmatrix} 0 & 0 & 0 & a_{14} \\ 0 & 0 & a_{23} & 0 \\ 0 & a_{32} & 0 & 0 \\ a_{41} & 0 & 0 & 0 \end{vmatrix} \quad 与 \quad \begin{vmatrix} 0 & \cdots & 0 & a_{1n} \\ 0 & \cdots & a_{2,n-1} & 0 \\ \vdots & & \vdots & \vdots \\ a_{n1} & \cdots & 0 & 0 \end{vmatrix}$$

分别等于什么？

习题 1.2

1.求下列各排列的逆序数：

(1)341782659；　　(2)987654321；

(3)$n(n-1)\cdots321$；　　(4)$13\cdots(2n-1)(2n)(2n-2)\cdots2$.

2.写出四阶行列式中含有因子 $a_{22}a_{34}$ 的项.

3.求下列行列式中元素 a_{21} 的代数余子式：

(1)$\begin{vmatrix} 0 & 1 & 3 \\ 2 & 3 & 1 \\ 5 & 1 & -2 \end{vmatrix}$；　　(2)$\begin{vmatrix} 1 & 0 & 3 & 2 \\ 3 & 2 & 1 & -1 \\ 0 & 0 & -3 & 1 \\ 0 & 1 & 0 & 1 \end{vmatrix}$.

4.计算下列行列式：$D_4 = \begin{vmatrix} 0 & b & f & 0 \\ 0 & 0 & 0 & d \\ a & 0 & 0 & 0 \\ 0 & 0 & c & e \end{vmatrix}$.

1.3　行列式的性质

学习目标：

1. 熟悉行列式的性质；

2. 掌握利用行列式的性质化简行列式.

直接按定义计算 n 阶行列式，当 n 较大时，计算是比较麻烦的. 下面介绍 n 阶行列式的基本性质，只要能灵活地应用这些性质，就可以大大简化 n 阶行列式的计算，而且这些性质在理论上也具有重要意义.

定义 1　将行列式 D 的行、列位置互换后所得到的行列式称为 D 的**转置行列式**，记为 D^{T}，即若

$$D=\begin{vmatrix} a_{11} & a_{12} & \cdots & a_{1n} \\ a_{21} & a_{22} & \cdots & a_{2n} \\ \vdots & \vdots & & \vdots \\ a_{n1} & a_{n2} & \cdots & a_{nn} \end{vmatrix}, \text{则 } D^{\mathrm{T}}=\begin{vmatrix} a_{11} & a_{21} & \cdots & a_{n1} \\ a_{12} & a_{22} & \cdots & a_{n2} \\ \vdots & \vdots & & \vdots \\ a_{1n} & a_{2n} & \cdots & a_{nn} \end{vmatrix}.$$

命题 1　行列式与它的转置行列式相等.

证明　记

$$D^{\mathrm{T}}=\begin{vmatrix} b_{11} & b_{12} & \cdots & b_{1n} \\ b_{21} & b_{22} & \cdots & b_{2n} \\ \vdots & \vdots & & \vdots \\ b_{n1} & b_{n2} & \cdots & b_{nn} \end{vmatrix},$$

即 $b_{ij}=a_{ji}(i,j=1,2,\cdots,n)$，按行列式定义

$$\begin{aligned} D^{\mathrm{T}} &= \sum_{j_1 j_2 \cdots j_n} (-1)^{\tau(j_1 j_2 \cdots j_n)} b_{1j_1} b_{2j_2} \cdots b_{nj_n} \\ &= \sum_{j_1 j_2 \cdots j_n} (-1)^{\tau(j_1 j_2 \cdots j_n)} a_{j_1 1} a_{j_2 2} \cdots a_{j_n n} = D. \end{aligned}$$

命题 2　互换行列式的两行（列），行列式反号.

证明

$$D=\begin{vmatrix} a_{11} & \cdots & a_{1p} & \cdots & a_{1q} & \cdots & a_{1n} \\ a_{21} & \cdots & a_{2p} & \cdots & a_{2q} & \cdots & a_{2n} \\ \vdots & & \vdots & & \vdots & & \vdots \\ a_{n1} & \cdots & a_{np} & \cdots & a_{nq} & \cdots & a_{nn} \end{vmatrix},$$

交换第 p,q 两列,得行列式

$$D_1=\begin{vmatrix} a_{11} & \cdots & a_{1q} & \cdots & a_{1p} & \cdots & a_{1n} \\ a_{21} & \cdots & a_{2q} & \cdots & a_{2p} & \cdots & a_{2n} \\ \vdots & & \vdots & & \vdots & & \vdots \\ a_{n1} & \cdots & a_{nq} & \cdots & a_{np} & \cdots & a_{nn} \end{vmatrix}.$$

对于 D 中任一项

$$(-1)^I a_{i_1 1}a_{i_2 2}\cdots a_{i_p p}\cdots a_{i_q q}\cdots a_{i_n n},$$

其中 I 为排列 $i_1\cdots i_p\cdots i_q\cdots i_n$ 的逆序数,在 D_1 中必有与之对应的一项

$$(-1)^{I_1} a_{i_1 1}a_{i_2 2}\cdots a_{i_q q}\cdots a_{i_p p}\cdots a_{i_n n},$$

(当$j\neq p,q$ 时,第j列元素取 $a_{i_j j}$,第p列元素取 $a_{i_q q}$,第q列元素取 $a_{i_p p}$),其中I_1 为排列$i_1\cdots i_q\cdots i_p\cdots i_n$ 的逆序数,而$i_1\cdots i_p\cdots i_q\cdots i_n$ 与$i_1\cdots i_q\cdots i_p\cdots i_n$ 只经过一次对换,$(-1)^I$ 与$(-1)^{I_1}$ 相差一个符号,又因

$$a_{i_1 1}a_{i_2 2}\cdots a_{i_q q}\cdots a_{i_p p}\cdots a_{i_n n}=a_{i_1 1}a_{i_2 2}\cdots a_{i_p p}\cdots a_{i_q q}\cdots a_{i_n n},$$

所以对于 D 中任一项,D_1 中必定有一项与它的符号相反而绝对值相等,又 D 与 D_1 的项数相同,所以 $D=-D_1$.

交换行列式 i,j 两行记作 $r_i\leftrightarrow r_j$,交换行列式 i,j 两列,记作 $c_i\leftrightarrow c_j$.

推论 1 若行列式有两行(列)元素对应相等,则行列式为零.

命题 3 行列式的某一行(列)中所有元素都乘以同一个数 k,等于用数 k 乘以此行列式.第 i 行(列)乘以数 k,记作 $k\times r_i(k\times c_i)$.

推论 2 行列式中若有两行元素对应成比例,则此行列式为零.

命题 4 若行列式的某行(列)的元素都是两个数之和,例如

$$D=\begin{vmatrix} a_{11} & a_{12} & \cdots & a_{1n} \\ a_{21} & a_{22} & \cdots & a_{2n} \\ \vdots & \vdots & & \vdots \\ a_{i1}+a'_{i1} & a_{i2}+a'_{i2} & \cdots & a_{in}+a'_{in} \\ \vdots & \vdots & & \vdots \\ a_{n1} & a_{n2} & \cdots & a_{nn} \end{vmatrix},$$

则行列式 D 等于下列两个行列式之和：

$$D=\begin{vmatrix} a_{11} & a_{12} & \cdots & a_{1n} \\ a_{21} & a_{22} & \cdots & a_{2n} \\ \vdots & \vdots & & \vdots \\ a_{i1} & a_{i2} & \cdots & a_{in} \\ \vdots & \vdots & & \vdots \\ a_{n1} & a_{n2} & \cdots & a_{nn} \end{vmatrix}+\begin{vmatrix} a_{11} & a_{12} & \cdots & a_{1n} \\ a_{21} & a_{22} & \cdots & a_{2n} \\ \vdots & \vdots & & \vdots \\ a'_{i1} & a'_{i2} & \cdots & a'_{in} \\ \vdots & \vdots & & \vdots \\ a_{n1} & a_{n2} & \cdots & a_{nn} \end{vmatrix}$$

命题 5 把行列式某一行(列)的元素乘以数 k 并加到另一行(列)对应的元素上去,行列式的值不变.

例如,以数 k 乘以第 i 行上的元素加到第 j 行对应元素上,记作 r_j+kr_i,有

$$\begin{vmatrix} a_{11} & a_{12} & \cdots & a_{1n} \\ \vdots & \vdots & & \vdots \\ a_{i1} & a_{i2} & \cdots & a_{in} \\ \vdots & \vdots & & \vdots \\ a_{j1} & a_{j2} & \cdots & a_{jn} \\ \vdots & \vdots & & \vdots \\ a_{n1} & a_{n2} & \cdots & a_{nn} \end{vmatrix}\xlongequal{r_j+kr_i}\begin{vmatrix} a_{11} & a_{12} & \cdots & a_{1n} \\ a_{i1} & a_{i2} & \cdots & a_{in} \\ \vdots & \vdots & & \vdots \\ a_{j1}+ka_{j1} & a_{j2}+ka_{j2} & \cdots & a_{jn}+ka_{jn} \\ \vdots & \vdots & & \vdots \\ a_{n1} & a_{n2} & \cdots & a_{nn} \end{vmatrix}(i\neq j).$$

注 行列式的命题 2、命题 3 和命题 5 合称行列式的**初等变换性质**.

例 1 计算行列式 $D=\begin{vmatrix} 3 & 1 & -1 & 2 \\ -5 & 1 & 3 & -4 \\ 2 & 0 & 1 & -1 \\ 1 & -5 & 3 & -3 \end{vmatrix}$.

解

$$D=\begin{vmatrix} 3 & 1 & -1 & 2 \\ -5 & 1 & 3 & -4 \\ 2 & 0 & 1 & -1 \\ 1 & -5 & 3 & -3 \end{vmatrix}\xlongequal{c_1\leftrightarrow c_2}-\begin{vmatrix} 1 & 3 & -1 & 2 \\ 1 & -5 & 3 & -4 \\ 0 & 2 & 1 & -1 \\ -5 & 1 & 3 & -3 \end{vmatrix}$$

$$\xlongequal{r_2-r_1,r_4+5r_1}-\begin{vmatrix} 1 & 3 & -1 & 2 \\ 0 & -8 & 4 & -6 \\ 0 & 2 & 1 & -1 \\ 0 & 16 & -2 & 7 \end{vmatrix}\xlongequal{r_2\leftrightarrow r_3}\begin{vmatrix} 1 & 3 & -1 & 2 \\ 0 & 2 & 1 & -1 \\ 0 & -8 & 4 & -6 \\ 0 & 16 & -2 & 7 \end{vmatrix}$$

$$\xlongequal{r_3+4r_2,r_4-8r_2}\begin{vmatrix}1&3&-1&2\\0&2&1&-1\\0&0&8&-10\\0&0&-10&15\end{vmatrix}\xlongequal{r_4+\frac{5}{4}r_3}\begin{vmatrix}1&3&-1&2\\0&2&1&-1\\0&0&8&-10\\0&0&0&\frac{5}{2}\end{vmatrix}=40.$$

例 2　计算 $D=\begin{vmatrix}a&1&1&1\\1&a&1&1\\1&1&a&1\\1&1&1&a\end{vmatrix}$

解　这个行列式的特点是:每行 4 个元素之和都等于 $a+3$,利用命题 5

$$D=\begin{vmatrix}a+3&1&1&1\\a+3&a&1&1\\a+3&1&a&1\\a+3&1&1&a\end{vmatrix}=(a+3)\begin{vmatrix}1&1&1&1\\1&a&1&1\\1&1&a&1\\1&1&1&a\end{vmatrix}$$

$$=(a+3)\begin{vmatrix}1&1&1&1\\0&a-1&0&0\\0&0&a-1&0\\0&0&0&a-1\end{vmatrix}=(a+3)(a-1)^3.$$

注　本题利用行列式的性质,采用“化零”的方法,逐步将所给行列式化为三角形行列式.化零时一般尽量选含有 1 的行(列)及含零较多的行(列);若没有 1,则可适当选取便于化零的数,或利用行列式性质将某行(列)中的某数化为 1;若所给行列式中元素间具有某些特点,则应充分利用这些特点,应用行列式性质,以达到化为三角形行列式之目的.

在 1.2 节中,我们从定义出发已计算出上三角行列式的值等于行列式主对角线元素的乘积.为此,在计算行列式时,可考虑应用行列式的性质将一般行列式变为等值的上三角行列式,从而求得一般行列式的值.这是计算行列式的最基本的方法之一.

例 3　计算 $D_n=\begin{vmatrix}x&y&y&\cdots&y\\y&x&y&\cdots&y\\\vdots&\vdots&\vdots&&\vdots\\y&y&y&\cdots&x\end{vmatrix}$.

解　注意到每一行除一个 x 外,其余 $n-1$ 个数全为 y,故把第 2 列、第 3 列、…、第 n 列都加到第 1 列上,得

$$D_n \xlongequal[(j=2,3,\cdots,n)]{c_1+c_j} \begin{vmatrix} x+(n-1)y & y & \cdots & y \\ x+(n-1)y & x & \cdots & y \\ \vdots & \vdots & & \vdots \\ x+(n-1)y & y & \cdots & x \end{vmatrix}$$

$$=[x+(n-1)y]\begin{vmatrix} 1 & y & \cdots & y \\ 1 & x & \cdots & y \\ \vdots & \vdots & & \vdots \\ 1 & y & \cdots & x \end{vmatrix}$$

$$\xlongequal[(i=2,3,\cdots,n)]{r_i-r_1}[x+(n-1)y]\begin{vmatrix} 1 & y & \cdots & y \\ 0 & x-y & \cdots & 0 \\ \vdots & \vdots & & \vdots \\ 0 & 0 & \cdots & x-y \end{vmatrix}$$

$$=[x+(n-1)y](x-y)^{n-1}.$$

注　本例的特点是各行之和相等,可考虑将从第二行开始的每行同时加到第一行,提取公因子后即易化为上三角行列式.

例 4　解方程 $\begin{vmatrix} 1 & 4 & 3 & 2 \\ 2 & x+4 & 6 & 4 \\ 3 & -2 & x & 1 \\ -3 & 2 & 5 & -1 \end{vmatrix}=0.$

解　因为

$$\begin{vmatrix} 1 & 4 & 3 & 2 \\ 2 & x+4 & 6 & 4 \\ 3 & -2 & x & 1 \\ -3 & 2 & 5 & -1 \end{vmatrix} \xlongequal{\substack{r_2-2r_1 \\ r_3+r_4}} \begin{vmatrix} 1 & 4 & 3 & 2 \\ 0 & x-4 & 0 & 0 \\ 0 & 0 & x+5 & 0 \\ -3 & 2 & 5 & -1 \end{vmatrix}$$

$$\xlongequal{\substack{c_1-3c_4 \\ c_2+2c_4 \\ c_3+5c_4}} \begin{vmatrix} -5 & 8 & 13 & 2 \\ 0 & x-4 & 0 & 0 \\ 0 & 0 & x+5 & 0 \\ 0 & 0 & 0 & 1 \end{vmatrix} =-5(x-4)(x+5),$$

于是原方程式为 $-5(x-4)(x+5)=0$,解得 $x_1=4, x_2=-5$.

注

(1)进行行列式运算的次序不能颠倒,由于后一次运算是在前一次运算结果上的缘故.所以运算次序不同,所得结果可能也不同.

$$\begin{vmatrix} a & b \\ c & d \end{vmatrix} \xlongequal{r_1+r_2} \begin{vmatrix} a+c & b+d \\ c & d \end{vmatrix} \xlongequal{r_2-r_1} \begin{vmatrix} a+c & b+d \\ -a & -b \end{vmatrix}.$$

$$\begin{vmatrix} a & b \\ c & d \end{vmatrix} \xlongequal{r_2-r_1} \begin{vmatrix} a & b \\ c-a & d-b \end{vmatrix} \xlongequal{r_1+r_2} \begin{vmatrix} c & d \\ c-a & d-b \end{vmatrix}.$$

(2)忽视后一次运算是作用在前一次运算的结果上,就会出错.例如,

$$\begin{vmatrix} a & b \\ c & d \end{vmatrix} \xlongequal{r_1+r_2,r_2-r_1} \begin{vmatrix} a+c & b+d \\ c-a & d-b \end{vmatrix}.$$

运算结果是错误的,原因是第二次运算找错了对象.

(3)注意 $r_i + r_j$ 与 $r_j + r_i$ 的区别,$r_i + kr_j \neq kr_j + r_i$,不满足交换律.

习题 1.3

1.写出行列式 $D_4 = \begin{vmatrix} 5x & 1 & 2 & 3 \\ x & x & 1 & 2 \\ 1 & 2 & x & 3 \\ x & 1 & 2 & 2x \end{vmatrix}$ 的展开式中包含 x^3 和 x^4 的项.

2.计算下列各行列式:

(1) $\begin{vmatrix} 0 & 2 & 0 & 0 \\ 0 & 0 & 1 & 0 \\ 3 & 0 & 0 & 0 \\ 0 & 0 & 0 & 4 \end{vmatrix}$; (2) $\begin{vmatrix} 1 & 2 & 3 & 0 \\ 0 & 0 & 2 & 0 \\ 3 & 0 & 4 & 5 \\ 0 & 0 & 0 & 1 \end{vmatrix}$;

(3) $\begin{vmatrix} x_1y_1 & x_1y_2 & x_1y_3 \\ x_2y_1 & x_2y_2 & x_2y_3 \\ x_3y_1 & x_3y_2 & x_3y_3 \end{vmatrix}$; (4) $\begin{vmatrix} 1 & 0 & 0 & -1 \\ 0 & 2 & 2 & 0 \\ 0 & -3 & 3 & 0 \\ 4 & 0 & 0 & 4 \end{vmatrix}$;

(5) $\begin{vmatrix} 1 & 1 & 1 & 1 \\ 1 & 2 & 3 & 4 \\ 1 & 4 & 10 & 20 \\ 4 & 0 & 0 & 4 \end{vmatrix}$; (6) $\begin{vmatrix} 2 & 1 & 4 & -1 \\ 3 & -1 & 2 & -1 \\ 1 & 2 & 3 & -2 \\ 5 & 0 & 6 & -2 \end{vmatrix}$.

3.用行列式的性质证明：

(1) $\begin{vmatrix} a^2 & ab & b^2 \\ 2a & a+b & 2b \\ 1 & 1 & 1 \end{vmatrix} = (a-b)^3$；

(2) $\begin{vmatrix} a_1+b_1 & b_1+c_1 & c_1+a_1 \\ a_2+b_2 & b_2+c_2 & c_2+a_2 \\ a_3+b_3 & b_3+c_3 & c_3+a_3 \end{vmatrix} = 2\begin{vmatrix} a_1 & b_1 & c_1 \\ a_2 & b_2 & c_2 \\ a_3 & b_3 & c_3 \end{vmatrix}$.

1.4　行列式的按行(列)展开

学习目标：

1.熟练掌握 n 阶行列式的降阶法则；

2.熟练掌握应用初等变换化简行列式的一般方法.

直接应用按行(列)展开法则计算行列式时，运算量较大.因此，一般可先用行列式的性质将行列式中某一行(列)化为仅含有一个非零元素，再按此行(列)展开，化为低一阶的行列式，如此继续直至化为三阶或二阶行列式.

1.4.1　降阶法

定义 1　在行列式

$$\begin{vmatrix} a_{11} & \cdots & a_{1j} & \cdots & a_{1n} \\ \vdots & & \vdots & & \vdots \\ a_{i1} & \cdots & a_{ij} & \cdots & a_{in} \\ \vdots & & \vdots & & \vdots \\ a_{n1} & \cdots & a_{nj} & \cdots & a_{nn} \end{vmatrix}$$

中划去元素 a_{ij} 所在的第 i 行与第 j 列，剩下的 $(n-1)^2$ 个元素按原来的顺序构成一个 $n-1$ 阶的行列式

$$\begin{vmatrix} a_{11} & \cdots & a_{1,j-1} & a_{1,j+1} & \cdots & a_{1n} \\ \vdots & & \vdots & \vdots & & \vdots \\ a_{i-1,1} & \cdots & a_{i-1,j-1} & a_{i-1,j+1} & \cdots & a_{i-1,n} \\ \vdots & & \vdots & \vdots & & \vdots \\ a_{n1} & \cdots & a_{n,j-1} & a_{n,j+1} & \cdots & a_{nn} \end{vmatrix}$$

称为元素 a_{ij} 的**余子式**,记为 M_{ij}.记

$$A_{ij}=(-1)^{i+j}M_{ij},$$

A_{ij} 称为元素 a_{ij} 的**代数余子式**.另外,任意取定 k 行 k 列,位于这些行、列相交处的元素,按原位置所构成的 k 阶行列式称为行列式的一个 k **阶子式**,记为 N.

由定义可知,A_{ij} 与行列式中第 i 行与第 j 列的所有元素无关.

例如,设

$$D=\begin{vmatrix} a_{11} & a_{12} & a_{13} \\ a_{21} & a_{22} & a_{23} \\ a_{31} & a_{32} & a_{33} \end{vmatrix},$$

元素 a_{23} 的余子式为

$$M_{23}=\begin{vmatrix} a_{11} & a_{12} \\ a_{31} & a_{32} \end{vmatrix},$$

a_{23} 的代数余子式为

$$A_{23}=(-1)^{2+3}M_{23}=-M_{23}.$$

注意:

(1)行列式的每一个元素分别对应一个余子式和一个代数余子式;

(2)余子式与代数余子式的特点与联系.

对于给定的 n 阶行列式,a_{ij} 的余子式和代数余子式 A_{ij} 仅与该元素在行列式中的位置有关,而与行列式 D 中第 i 行、第 j 列元素的数值大小和正负无关.

引理 1 在 n 阶行列式 D,如果第 i 行元素除 a_{ij} 外全部为零,那么此行列式等于 a_{ij} 与它的代数余子式的乘积,即

$$D=a_{ij}A_{ij}.$$

证明 先证 $i=1,j=1$ 的情形.由于

$$D=\begin{vmatrix} a_{11} & 0 & 0 & \cdots & 0 \\ a_{21} & a_{22} & a_{23} & \cdots & a_{2n} \\ \vdots & \vdots & \vdots & & \vdots \\ a_{n1} & a_{n2} & a_{n3} & \cdots & a_{nn} \end{vmatrix}=\sum_{j_2j_3\cdots j_n}(-1)^{\tau(j_2j_3\cdots j_n)}a_{11}a_{2j_2}a_{3j_3}\cdots a_{nj_n}$$

$$=a_{11}\sum_{j_2j_3\cdots j_n}(-1)^{\tau(j_2j_3\cdots j_n)}a_{2j_2}a_{3j_3}\cdots a_{nj_n}$$

$$=a_{11}\begin{vmatrix} a_{21} & a_{22} & \cdots & a_{2n} \\ a_{32} & a_{33} & \cdots & a_{3n} \\ \vdots & \vdots & & \vdots \\ a_{n2} & a_{n3} & \cdots & a_{nn} \end{vmatrix}$$

$$=a_{11}M_{11}=a_{11}(-1)^{1+1}M_{11}=a_{11}A_{11}.$$

对一般情形,只要适当交换 D 的行与列的位置,即可得到结论.

定理 1(行列式行列展开定理) 行列式 D 等于它的任一行(列)的各元素与其对应的代数余子式乘积之和,即

$$D=a_{i1}A_{i1}+a_{i2}A_{i2}+\cdots+a_{in}A_{in}(i=1,2,\cdots,n)$$

或

$$D=a_{1j}A_{1j}+a_{2j}A_{2j}+\cdots+a_{nj}A_{nj}(j=1,2,\cdots,n).$$

证明 首先

$$D=\begin{vmatrix} a_{11} & a_{12} & \cdots & a_{1n} \\ \vdots & \vdots & & \vdots \\ a_{i1}+0+\cdots+0 & 0+a_{i2}+0+\cdots+0 & \cdots & 0+\cdots+0+a_{in} \\ \vdots & \vdots & & \vdots \\ a_{n1} & a_{n2} & \cdots & a_{nn} \end{vmatrix},$$

则由行列式的加法性质,有

$$D=\begin{vmatrix} a_{11} & a_{12} & \cdots & a_{1n} \\ \vdots & \vdots & & \vdots \\ a_{i1} & 0 & \cdots & 0 \\ \vdots & \vdots & & \vdots \\ a_{n1} & a_{n2} & \cdots & a_{nn} \end{vmatrix}+\begin{vmatrix} a_{11} & a_{12} & \cdots & a_{1n} \\ \vdots & \vdots & & \vdots \\ 0 & a_{i2} & \cdots & 0 \\ \vdots & \vdots & & \vdots \\ a_{n1} & a_{n2} & \cdots & a_{nn} \end{vmatrix}+\cdots+\begin{vmatrix} a_{11} & a_{12} & \cdots & a_{1n} \\ \vdots & \vdots & & \vdots \\ 0 & 0 & \cdots & a_{in} \\ \vdots & \vdots & & \vdots \\ a_{n1} & a_{n2} & \cdots & a_{nn} \end{vmatrix},$$

最后利用引理 1 得

$$D=a_{i1}A_{i1}+a_{i2}A_{i2}+\cdots+a_{in}A_{in}.$$

推论 1　设 $D=|a_{ij}|$ 是 n 阶行列式，且 $i\neq j$，那么

(1) $a_{i1}A_{j1}+a_{i2}A_{j2}+\cdots+a_{in}A_{jn}=0$；

(2) $a_{1i}A_{1j}+a_{2i}A_{2j}+\cdots+a_{ni}A_{nj}=0$.

例 1　计算行列式 $D=\begin{vmatrix}2&0&0&4\\3&1&0&0\\5&0&1&0\\0&2&3&2\end{vmatrix}$.

解　由定理 1，按照第 1 行展开得

$$D=2\times(-1)^{1+1}\begin{vmatrix}1&0&0\\0&1&0\\2&3&2\end{vmatrix}+4\times(-1)^{1+4}\begin{vmatrix}3&1&0\\5&0&1\\0&2&3\end{vmatrix}$$

$$=2\times2-4\times(-6-15)=88.$$

例 2　计算行列式

$$D=\begin{vmatrix}a&b&0&0\\0&a&b&0\\0&0&a&b\\b&0&0&a\end{vmatrix}.$$

解　$D=a\begin{vmatrix}a&b&0\\0&a&b\\0&0&a\end{vmatrix}+(-1)^{4+1}b\begin{vmatrix}b&0&0\\a&b&0\\0&a&b\end{vmatrix}=a^4-b^4.$

例 3　计算 $n(\geqslant 2)$ 阶行列式 $D=\begin{vmatrix}1&2&2&\cdots&2\\2&2&2&\cdots&2\\2&2&3&\cdots&2\\\vdots&\vdots&\vdots&&\vdots\\2&2&2&\cdots&n\end{vmatrix}$.

解　D 的第 1 行乘以 (-1) 加到第 $2,3,\cdots,n$ 行，并对其结果按第 2 行展开得

$$D=\begin{vmatrix}1&2&2&\cdots&2\\1&0&0&\cdots&0\\1&0&1&\cdots&0\\\vdots&\vdots&\vdots&&\vdots\\1&0&0&\cdots&n-2\end{vmatrix}=-\begin{vmatrix}2&2&\cdots&2\\&1&&\\&&\ddots&\\&&&n-2\end{vmatrix}=-2(n-2)!.$$

例 4 证明上三角形行列式

$$D=\begin{vmatrix} a_{11} & a_{12} & \cdots & a_{1n} \\ & a_{22} & \cdots & a_{2n} \\ & & \ddots & \vdots \\ & & & a_{nn} \end{vmatrix}=a_{11}a_{22}\cdots a_{nn}.$$

证明 对 n 用数学归纳法.$n=1$ 时,显然有 $|a_{11}|=a_{11}$.

假设对 $n-1$ 阶行列式结论成立.行列式 D 按第一列展开并利用归纳假设得

$$D=a_{11}A_{11}=a_{11}\begin{vmatrix} a_{22} & \cdots & a_{2n} \\ & \ddots & \vdots \\ & & a_{nn} \end{vmatrix}=a_{11}(a_{22}\cdots a_{nn})=a_{11}a_{22}\cdots a_{nn}.$$

例 5 设 $D=\begin{vmatrix} -1 & 5 & 7 & 8 \\ 1 & 1 & 1 & 1 \\ 2 & 0 & -9 & 6 \\ -3 & 4 & 3 & 7 \end{vmatrix}$,$A_{ij}$,$i,j=1,2,3,4$ 是 D 的代数余子式.求 $A_{41}+A_{42}+A_{43}+A_{44}$.

解 $A_{41}+A_{42}+A_{43}+A_{44}=\begin{vmatrix} -1 & 5 & 7 & 8 \\ 1 & 1 & 1 & 1 \\ 2 & 0 & -9 & 6 \\ 1 & 1 & 1 & 1 \end{vmatrix}=0.$

注 由行列式行列展开定理可得

$$b_1A_{i1}+b_2A_{i2}+\cdots+b_nA_{in}=\begin{vmatrix} a_{11} & \cdots & a_{1n} \\ \vdots & & \vdots \\ a_{i-1,1} & \cdots & a_{i-1,n} \\ b_1 & \cdots & b_n \\ a_{i+1,1} & \cdots & a_{i+1,n} \\ \vdots & & \vdots \\ a_{n1} & \cdots & a_{nn} \end{vmatrix},$$

类似地,

$$b_1A_{1j}+b_2A_{2j}+\cdots+b_nA_{nj}=\begin{vmatrix} a_{11} & \cdots & a_{1,j-1} & b_1 & a_{1,j+1} & \cdots & a_{1n} \\ \vdots & & \vdots & \vdots & \vdots & & \vdots \\ a_{n1} & \cdots & a_{n,j-1} & b_n & a_{n,j+1} & \cdots & a_{nn} \end{vmatrix}.$$

1.4.2 初等变换法

行列式的性质为我们提供了使用矩阵初等变换计算行列式的简便方法，这种方法的计算工作量要比按定义展开的方法小得多. 利用初等变换计算行列式的一个基本程序是通过适当的初等变换把行列式化成上(下)三角形行列式，然后利用上(下)三角形行列式的计算公式，得到行列式的值.

例 6 计算 n 阶行列式

$$D=\begin{vmatrix} n & n-1 & \cdots & 3 & 2 & 1 \\ n & n-1 & \cdots & 3 & 3 & 1 \\ n & n-1 & \cdots & 5 & 2 & 1 \\ \vdots & \vdots & & \vdots & \vdots & \vdots \\ n & 2n-3 & \cdots & 3 & 2 & 1 \\ 2n-1 & n-1 & \cdots & 3 & 2 & 1 \end{vmatrix}.$$

解 将 D 的第 1 行乘以 (-1) 加到第 $2,3,\cdots,n$ 行，再将其第 $n,n-1,\cdots,1$ 列通过相邻两列互换依次调为第 $1,2,\cdots,n$ 列，则得

$$D=\begin{vmatrix} n & n-1 & \cdots & 3 & 2 & 1 \\ 0 & 0 & \cdots & 0 & 1 & 0 \\ 0 & 0 & \cdots & 2 & 0 & 0 \\ \vdots & \vdots & & \vdots & \vdots & \vdots \\ 0 & n-2 & \cdots & 0 & 0 & 0 \\ n-1 & 0 & \cdots & 0 & 0 & 0 \end{vmatrix}$$

$$=(-1)^{\frac{n(n-1)}{2}}\begin{vmatrix} 1 & 2 & 3 & \cdots & n \\ & 1 & 0 & \cdots & 0 \\ & & 2 & \cdots & 0 \\ & & & \ddots & \vdots \\ & & & & n-1 \end{vmatrix}=(-1)^{\frac{n(n-1)}{2}}(n-1)!.$$

例 7 计算行列式 $D=\begin{vmatrix} 2 & -5 & 1 & 2 \\ -3 & 7 & -1 & 4 \\ 5 & -9 & 2 & 7 \\ 4 & -6 & 1 & 2 \end{vmatrix}$.

解
$$D=\begin{vmatrix}2&-5&1&2\\-3&7&-1&4\\5&-9&2&7\\4&-6&1&2\end{vmatrix}\xlongequal{c_1\leftrightarrow c_3}-\begin{vmatrix}1&-5&2&2\\-1&7&-3&4\\2&-9&5&7\\1&-6&4&2\end{vmatrix}$$
$$\xlongequal[\substack{r_3-2r_1\\r_4-r_1}]{r_2+r_1}-\begin{vmatrix}1&-5&2&2\\0&2&-1&6\\0&1&1&3\\0&-1&2&0\end{vmatrix}\xlongequal[r_3+r_4]{r_2+2r_4}-\begin{vmatrix}1&-5&2&2\\0&0&3&6\\0&0&3&3\\0&-1&2&0\end{vmatrix}$$
$$\xlongequal{r_2\leftrightarrow r_4}\begin{vmatrix}1&-5&2&2\\0&-1&2&0\\0&0&3&0\\0&0&0&3\end{vmatrix}=-9.$$

1.4.3 递推法

一般地,**递推法**是通过降阶等途径,建立欲求 n 阶行列式 D 和较它阶低的结构相同的行列式之间的关系,并求得 D 的方法.

例 8 计算范德蒙(Vandermonde)行列式
$$D_n=\begin{vmatrix}1&1&1&\cdots&1\\a_1&a_2&a_3&\cdots&a_n\\a_1^2&a_2^2&a_3^2&\cdots&a_n^2\\\vdots&\vdots&\vdots&&\vdots\\a_1^{n-1}&a_2^{n-1}&a_3^{n-1}&\cdots&a_n^{n-1}\end{vmatrix}.$$

解 D_n 的第 i 行乘以$(-a_1)$加到第 $i+1$ 行,$i=n-1,n-2,\cdots,1$ 则得
$$D_n=\begin{vmatrix}1&1&1&\cdots&1\\0&a_2-a_1&a_3-a_1&\cdots&a_n-a_1\\0&a_2(a_2-a_1)&a_3(a_3-a_1)&\cdots&a_n(a_n-a_1)\\\vdots&\vdots&\vdots&&\vdots\\0&a_2^{n-2}(a_2-a_1)&a_3^{n-2}(a_3-a_1)&\cdots&a_n^{n-2}(a_n-a_1)\end{vmatrix}$$

$$= (a_2 - a_1)(a_3 - a_1)\cdots(a_n - a_1)\begin{vmatrix} 1 & 1 & \cdots & 1 \\ a_2 & a_3 & \cdots & a_n \\ a_2^2 & a_3^2 & \cdots & a_n^2 \\ \vdots & \vdots & & \vdots \\ a_2^{n-2} & a_3^{n-2} & \cdots & a_n^{n-2} \end{vmatrix}$$

$$= (a_2 - a_1)(a_3 - a_1)\cdots(a_n - a_1)D_{n-1}.$$

类似地,$D_{n-1} = (a_3 - a_2)(a_4 - a_2)\cdots(a_n - a_2)D_{n-2}$.

以此下去,并注意到

$$D_2 = \begin{vmatrix} 1 & 1 \\ a_{n-1} & a_n \end{vmatrix} = a_n - a_{n-1},$$

因此,$D_n = \prod\limits_{1\leqslant i<j\leqslant n}(a_j - a_i)$,其中$\prod$是连乘号.

例 9 计算 n 阶三对角行列式

$$J_n = \begin{vmatrix} a+b & ab & & & \\ 1 & a+b & ab & & \\ & \ddots & \ddots & \ddots & \\ & & 1 & a+b & ab \\ & & & 1 & a+b \end{vmatrix}.$$

解 按第 1 列展开,得

$$J_n = (a+b)J_{n-1} - \begin{vmatrix} ab & 0 & 0 & & & \\ 1 & a+b & ab & & & \\ & 1 & a+b & ab & & \\ & & \ddots & \ddots & \ddots & \\ & & & 1 & a+b & ab \\ & & & & 1 & a+b \end{vmatrix}$$

$$= (a+b)J_{n-1} - abJ_{n-2}. \quad ①$$

于是,由式 ① 得到

$$J_n - bJ_{n-1} = a(J_{n-1} - bJ_{n-2}) = a^2(J_{n-2} - bJ_{n-3})$$
$$= \cdots = a^{n-2}(J_2 - bJ_1) \quad ②$$

类似地,可得

$$J_n - aJ_{n-1} = b^{n-2}(J_2 - aJ_1). \quad ③$$

又 $J_1 = a + b, J_2 = a^2 + b^2 + ab$,因此,由式 ②、式 ③ 得到

$$\begin{cases}J_n - bJ_{n-1} = a^n \\ J_n - aJ_{n-1} = b^n\end{cases}.$$

若 $a \neq b$,则消去 J_{n-1},得

$$J_n = \frac{a^{n+1} - b^{n+1}}{a - b};$$

若 $a = b$,则 $J_n = aJ_{n-1} + a^n$.以此递推,得 $J_n = (n + 1)a^n$.

注 与递推程序相反的方法是归纳.如要计算 n 阶行列式

$$D_n = \begin{vmatrix} 3 & 2 & & & \\ 1 & 3 & 2 & & \\ & \ddots & \ddots & \ddots & \\ & & 1 & 3 & 2 \\ & & & 1 & 3 \end{vmatrix},$$

因为 $D_1 = 3 = 2^2 - 1, D_2 = 7 = 2^3 - 1, D_3 = 15 = 2^4 - 1$.因此,我们猜想 $J_n = 2^{n+1} - 1$,并利用数学归纳法易证此结论成立.

例 10 试用多种方法证明:当 $a_i \neq 0(i = 1,2,\cdots,n)$ 时,

$$D_n = \begin{vmatrix} 1+a_1 & 1 & 1 & \cdots & 1 \\ 1 & 1+a_2 & 1 & \cdots & 1 \\ 1 & 1 & 1+a_3 & \cdots & 1 \\ \vdots & \vdots & \vdots & & \vdots \\ 1 & 1 & 1 & \cdots & 1+a_n \end{vmatrix} = a_1a_2\cdots a_n\left(1 + \sum_{i=1}^{n} \frac{1}{a_i}\right).$$

证明 方法一:按如下计算得

$$D_n = \begin{vmatrix} 1+a_1 & 1 & 1 & \cdots & 1 \\ 1 & 1+a_2 & 1 & \cdots & 1 \\ 1 & 1 & 1+a_3 & \cdots & 1 \\ \vdots & \vdots & \vdots & & \vdots \\ 1 & 1 & 1 & \cdots & 1+a_n \end{vmatrix}$$

$$\xlongequal[i=1,\cdots,n-1]{R_i - R_n} \begin{vmatrix} a_1 & 0 & 0 & \cdots & -a_n \\ 0 & a_2 & 0 & \cdots & -a_n \\ 0 & 0 & a_3 & \cdots & -a_n \\ \vdots & \vdots & \vdots & & \vdots \\ 1 & 1 & 1 & \cdots & 1+a_n \end{vmatrix}$$

$$\xlongequal[\text{注意 } a_i \neq 0]{R_n + \sum_{i=1}^{n-1} -\frac{1}{a_i}R_i} \begin{vmatrix} a_1 & 0 & 0 & \cdots & -a_n \\ 0 & a_2 & 0 & \cdots & -a_n \\ 0 & 0 & a_3 & \cdots & -a_n \\ \vdots & \vdots & \vdots & & \vdots \\ 0 & 0 & 0 & \cdots & 1 + a_n + a_n \sum_{i=1}^{n-1} \frac{1}{a_i} \end{vmatrix}$$

$$= a_1 a_2 \cdots a_n \left(1 + \sum_{i=1}^{n} \frac{1}{a_i}\right) = \text{右端}.$$

方法二：对行列式 D_n 的阶数 n 作数学归纳.

当 $n = 1$ 时，$D_1 = 1 + a_1 = a_1\left(1 + \dfrac{1}{a_1}\right)$.结论成立.

假设 $n - 1$ 时结论成立，有 $D_{n-1} = a_1 a_2 \cdots a_{n-1}\left(1 + \sum\limits_{i=1}^{n-1} \dfrac{1}{a_i}\right)$.

则当行列式的阶数为 n 时，可将 D_n 的第 n 列看成 $1 + 0, 1 + 0, \cdots, 1 + a_n$，故 D_n 可表示为两个行列式之和，而第二个行列式按第 n 列展开可算出为 $a_n D_{n-1}$，从而

$$D_n = \begin{vmatrix} 1 + a_1 & 1 & 1 & \cdots & 1 \\ 1 & 1 + a_2 & 1 & \cdots & 1 \\ 1 & 1 & 1 + a_3 & \cdots & 1 \\ \vdots & \vdots & \vdots & & \vdots \\ 1 & 1 & 1 & \cdots & 1 + a_n \end{vmatrix}$$

$$= \begin{vmatrix} 1 + a_1 & 1 & 1 & \cdots & 1 \\ 1 & 1 + a_2 & 1 & \cdots & 1 \\ 1 & 1 & 1 + a_3 & \cdots & 1 \\ \vdots & \vdots & \vdots & & \vdots \\ 1 & 1 & 1 & \cdots & 1 \end{vmatrix} + a_n D_{n-1},$$

又因为

$$\begin{vmatrix} 1+a_1 & 1 & 1 & \cdots & 1 \\ 1 & 1+a_2 & 1 & \cdots & 1 \\ 1 & 1 & 1+a_3 & \cdots & 1 \\ \vdots & \vdots & \vdots & & \vdots \\ 1 & 1 & 1 & \cdots & 1 \end{vmatrix} \xlongequal[i=1,2,\cdots,n-1]{R_i - R_n} \begin{vmatrix} a_1 & 0 & 0 & \cdots & 0 \\ 0 & a_2 & 0 & \cdots & 0 \\ 0 & 0 & a_3 & \cdots & 0 \\ \vdots & \vdots & \vdots & & \vdots \\ 1 & 1 & 1 & \cdots & 1 \end{vmatrix}$$

$= a_1 a_2 \cdots a_{n-1}$.

所以

$$D_n = a_1 a_2 \cdots a_{n-1} + a_n D_{n-1} = a_1 a_2 \cdots a_{n-1} + a_n a_1 a_2 \cdots a_{n-1}\left(1 + \sum_{i=1}^{n-1} \frac{1}{a_i}\right)$$

$$= a_1 a_2 \cdots a_n \left(1 + \sum_{i=1}^{n} \frac{1}{a_i}\right) = \text{右端}.$$

方法三:由方法二可知 D_n 与 D_{n-1} 存在以下递推关系:$D_n = a_1 a_2 \cdots a_{n-1} + a_n D_{n-1}$ 所以

$$D_n = a_1 a_2 \cdots a_{n-1} + a_n D_{n-1} = a_1 a_2 \cdots a_n \left(\frac{1}{a_n} + \sum_{i=1}^{n} \frac{D_{n-1}}{a_i}\right)$$

$$= \cdots = a_1 a_2 \cdots a_n \left(1 + \sum_{i=1}^{n} \frac{1}{a_i}\right) = \text{右端}.$$

方法四:

$$D_n = \begin{vmatrix} 1+a_1 & 1 & 1 & \cdots & 1 \\ 1 & 1+a_2 & 1 & \cdots & 1 \\ 1 & 1 & 1+a_3 & \cdots & 1 \\ \vdots & \vdots & \vdots & & \vdots \\ 1 & 1 & 1 & \cdots & 1+a_n \end{vmatrix}$$

$$= \begin{vmatrix} 1 & 0 & 0 & \cdots & 0 \\ 1 & 1+a_1 & 1 & \cdots & 1 \\ 1 & 1 & 1+a_2 & \cdots & 1 \\ \vdots & \vdots & \vdots & & \vdots \\ 1 & 1 & 1 & \cdots & 1+a_n \end{vmatrix}_{n+1}$$

$$\xrightarrow[i=2,3,\cdots,n+1]{C_i-C_1}\begin{vmatrix} 1 & -1 & -1 & \cdots & -1 \\ 1 & a_1 & 0 & \cdots & 0 \\ 1 & 0 & a_2 & \cdots & 0 \\ \vdots & \vdots & \vdots & & \vdots \\ 1 & 0 & 0 & \cdots & a_n \end{vmatrix}$$

$$\xrightarrow{R_1+\sum_{i=2}^{n+1}\frac{1}{a_i}R_i}\begin{vmatrix} 1+\sum_{i=1}^{n}\frac{1}{a_i} & 0 & 0 & \cdots & 0 \\ 1 & a_1 & 0 & \cdots & 0 \\ 1 & 0 & a_2 & \cdots & 0 \\ \vdots & \vdots & \vdots & & \vdots \\ 1 & 0 & 0 & \cdots & a_n \end{vmatrix}$$

$$=a_1a_2\cdots a_n\left(1+\sum_{i=1}^{n}\frac{1}{a_i}\right).$$

习题 1.4

1.计算下列行列式：

(1) $\begin{vmatrix} 1 & 2 & 3 & 4 \\ 0 & 2 & a & -b \\ -2 & 0 & 3 & a \\ 0 & 0 & 0 & 4 \end{vmatrix}$；　　(2) $\begin{vmatrix} 1 & 0 & 3 & 2 \\ 3 & 2 & 1 & -1 \\ 0 & 0 & -3 & 1 \\ 0 & 1 & 0 & 1 \end{vmatrix}$；

2.已知 $|A|=\begin{vmatrix} 1 & 2 & 3 & 4 & 5 \\ 5 & 5 & 5 & 3 & 3 \\ 3 & 2 & 5 & 4 & 2 \\ 2 & 2 & 2 & 1 & 1 \\ 4 & 6 & 5 & 2 & 3 \end{vmatrix}$,求：

(1) $A_{51}+2A_{52}+3A_{53}+4A_{54}+5A_{55}$；　(2) $A_{31}+A_{32}+A_{33}$ 及 $A_{34}+A_{35}$.

3.证明：

(1) $$\begin{vmatrix} ax+by & ay+bz & az+bx \\ ay+bz & az+bx & ax+by \\ az+bx & ax+by & ay+bz \end{vmatrix} = (a^3+b^3)\begin{vmatrix} x & y & z \\ y & z & x \\ z & x & y \end{vmatrix};$$

(2) $$\begin{vmatrix} b+c & c+a & a+b \\ b_1+c_1 & c_1+a_1 & a_1+b_1 \\ b_2+c_2 & c_2+a_2 & a_2+b_2 \end{vmatrix} = 2\begin{vmatrix} a & b & c \\ a_1 & b_1 & c_1 \\ a_2 & b_2 & c_2 \end{vmatrix}.$$

4.计算 n 阶行列式

$$D_n = \begin{vmatrix} a_1+b_1 & a_1+b_2 & \cdots & a_1+b_n \\ a_2+b_1 & a_2+b_2 & \cdots & a_2+b_n \\ \vdots & \vdots & & \vdots \\ a_n+b_1 & a_n+b_2 & \cdots & a_n+b_n \end{vmatrix}.$$

5.计算 n 阶行列式

$$D_n = \begin{vmatrix} x & -1 & & & \\ & x & -1 & & \\ & & \ddots & \ddots & \\ & & & x & -1 \\ a_n & a_{n-1} & \cdots & a_2 & a_1+x \end{vmatrix}.$$

1.5 克莱姆法则

学习目标：

1.熟练使用克莱姆法则解线性方程组；

2.熟练使用克莱姆法则判断线性方程组解的存在性、唯一性.

线性方程组是线性代数研究的主要对象之一，在许多实际问题中有着广泛的应用.本课程中诸多内容都是围绕如何求解 n 元线性方程组来展开的.

1.5.1 线性方程组的一般形式

由 m 个关于 n 个未知量 $x_1,x_2,\cdots,x_n$ 的一次方程组成的方程组

$$\begin{cases}a_{11}x_1+a_{12}x_2+\cdots+a_{1n}x_n=b_1\\a_{21}x_1+a_{22}x_2+\cdots+a_{2n}x_n=b_2\\\qquad\vdots\\a_{m1}x_1+a_{m2}x_2+\cdots+a_{mn}x_n=b_m\end{cases},\tag{1.5.1}$$

称为 n 元线性方程组,其中 $a_{ij}(i=1,2,3,\cdots,m;j=1,2,3,\cdots,n)$ 和 $b_i(i=1,2,3,\cdots,m)$ 为已知数,使得式(1.5.1)中每个方程均成立的未知数 $x_j(j=1,2,3,\cdots,n)$ 的取值称为方程组(1.5.1)的解.

式(1.5.1)也可简记为 $\sum\limits_{j=1}^{n}a_{ij}x_j=b_i(i=1,2,\cdots,m)$.

1.5.2 线性方程组的一类解法——克莱姆法则

引例 1 解二元一次方程组 $\begin{cases}a_{11}x_1+a_{12}x_2=b_1 & ①\\a_{21}x_1+a_{22}x_2=b_2 & ②\end{cases}$

分析 用加减消元法求解 ① × a_{22} − ② × a_{12} 和 ② × a_{11} − ① × a_{21}.

$(a_{11}a_{22}-a_{12}a_{21})x_1=b_1a_{22}-a_{12}b_2 \qquad (a_{11}a_{22}-a_{12}a_{21})x_2=a_{11}b_2-b_1a_{21}$

$$x_1=\frac{b_1a_{22}-a_{12}b_2}{a_{11}a_{22}-a_{12}a_{21}} \qquad x_2=\frac{a_{11}b_2-b_1a_{21}}{a_{11}a_{22}-a_{12}a_{21}}$$

为便于记忆,引入记号:

$$\begin{vmatrix}a_{11}&a_{12}\\a_{21}&a_{22}\end{vmatrix}=a_{11}a_{22}-a_{21}a_{12}$$

$$\begin{vmatrix}b_1&a_{12}\\b_2&a_{22}\end{vmatrix}=b_1a_{22}-b_2a_{12} \qquad \begin{vmatrix}a_{11}&b_1\\a_{21}&b_2\end{vmatrix}=a_{11}b_2-a_{21}b_1$$

所以二元线性方程组的解可写成:$x_1=\dfrac{D_1}{D},x_2=\dfrac{D_2}{D}$,其中 $D\neq0$.

定理 1(克莱姆法则) 若 n 元线性方程组(1.5.1)的系数行列式不等于零,即

$$D=\begin{vmatrix} a_{11} & a_{12} & \cdots & a_{1n} \\ a_{21} & a_{22} & \cdots & a_{2n} \\ \vdots & \vdots & & \vdots \\ a_{n1} & a_{n2} & \cdots & a_{nn} \end{vmatrix} \neq 0,$$

则方程组(1.5.1)有唯一的解

$$x_1=\frac{D_1}{D}, x_2=\frac{D_2}{D}, \cdots, x_n=\frac{D_n}{D}.$$

其中,$D_j(j=1,2,\cdots,n)$ 是将 D 中的第 j 列换成常数列所得到的 n 阶行列式.

例1 用克莱姆法则解线性方程组

$$\begin{cases} 2x_1+x_2-5x_3+x_4=8 \\ x_1-3x_2-6x_4=9 \\ 2x_2-x_3+2x_4=-5 \\ x_1+4x_2-7x_3+6x_4=0 \end{cases}.$$

解 直接计算得

$$D=\begin{vmatrix} 2 & 1 & -5 & 1 \\ 1 & -3 & 0 & -6 \\ 0 & 2 & -1 & 2 \\ 1 & 4 & -7 & 6 \end{vmatrix} \xlongequal[r_4-r_1]{r_1-2r_2} \begin{vmatrix} 0 & 7 & -5 & 13 \\ 1 & -3 & 0 & -6 \\ 0 & 2 & -1 & 2 \\ 0 & 7 & -7 & 12 \end{vmatrix} = -\begin{vmatrix} 7 & -5 & 13 \\ 2 & -1 & 2 \\ 7 & -7 & 12 \end{vmatrix}$$

$$\xlongequal[c_3+3c_2]{c_1+2c_2} -\begin{vmatrix} -3 & -5 & 3 \\ 0 & -1 & 0 \\ -7 & -7 & -2 \end{vmatrix} = \begin{vmatrix} -3 & 3 \\ -7 & -2 \end{vmatrix} = 27 \neq 0.$$

$$D_1=\begin{vmatrix} 8 & 1 & -5 & 1 \\ 9 & -3 & 0 & -6 \\ -5 & 2 & -1 & 2 \\ 0 & 4 & -7 & 6 \end{vmatrix}=81, \quad D_2=\begin{vmatrix} 2 & 8 & -5 & 1 \\ 1 & 9 & 0 & -6 \\ 0 & -5 & -1 & 2 \\ 1 & 0 & -7 & 6 \end{vmatrix}=-108,$$

$$D_3=\begin{vmatrix} 2 & 1 & 8 & 1 \\ 1 & -3 & 9 & -6 \\ 0 & 2 & -5 & 2 \\ 1 & 4 & 0 & 6 \end{vmatrix}=-27, \quad D_4=\begin{vmatrix} 2 & 1 & -5 & 8 \\ 1 & -3 & 0 & 9 \\ 0 & 2 & -1 & -5 \\ 1 & 4 & -7 & 0 \end{vmatrix}=27.$$

所以由克莱姆法则得原方程组有唯一解

$$x_1=3, x_2=-4, x_3=-1, x_4=1.$$

例 2 收入 1 元人民币需要其他两人的服务费用和实际收入见表 1.5.1,问这段时间内,每人的总收入分别是多少?(总收入 = 支服服务费 + 实际上收入)

表 1.5.1

服务者 \ 被服务者	土建师	电气师	机械师	实际收入
土建师	0	0.2	0.3	500
电气师	0.1	0	0.4	700
机械师	0.3	0.4	0	600

解 设土建师、电气师、机械师的总收入分别是 x_1, x_2, x_3. 根据题意和表 1.5.1,列出下列方程组:

$$\begin{cases}0.2x_2+0.3x_3+500=x_1\\0.1x_1+0.4x_3+700=x_2,\\0.3x_1+0.4x_2+600=x_3\end{cases}\quad 即\begin{cases}x_1-0.2x_2-0.3x_3=500\\-0.1x_1+x_2-0.4x_3=700.\\-0.3x_1-0.4x_2+x_3=600\end{cases}$$

利用克莱姆法则求得方程组的解,就能求出土建师、电气师、机械师的总收入.因为

$$\Delta=\begin{vmatrix}1&-0.2&-0.3\\-0.1&1&-0.4\\-0.3&-0.4&1\end{vmatrix}=0.694,\quad \Delta_1=\begin{vmatrix}500&-0.2&-0.3\\700&1&-0.4\\600&-0.4&1\end{vmatrix}=872,$$

$$\Delta_2=\begin{vmatrix}1&500&-0.3\\-0.1&700&-0.4\\-0.3&600&1\end{vmatrix}=1\ 005,\quad \Delta_3=\begin{vmatrix}1&-0.2&500\\-0.1&1&700\\-0.3&-0.4&600\end{vmatrix}=1\ 080.$$

所以

$$x_1=\frac{\Delta_1}{\Delta}\approx 1\ 256.48,x_2=\frac{\Delta_2}{\Delta}\approx 1\ 448.13,x_3=\frac{\Delta_3}{\Delta}\approx 1\ 556.20.$$

所以这段时间内,土建师的总收入是 1 256.48 元,电气师的总收入是 1 448.13 元,机械师的总收入是 556.20 元.

1.5.3 克莱姆法则的一类应用 —— 解的判定

应用克莱姆法则解 n 元线性方程组时,必须满足两个条件:

(1)方程个数与未知数个数相等.

(2)系数行列式不等于零.

当一个方程组满足以上两个条件时,该方程组的解是唯一的,但我们应注意到,用克莱姆法则解 n 元线性方程组,需要计算 $n+1$ 个 n 阶行列式.当 n 较大时,其计算量是很大的,所以在一般情况下不轻易采用克莱姆法则解线性方程组.但克莱姆法则的作用确是很重要的,因为它告诉我们只要考察方程组的系数就能分析出解的情况.

如果齐次线性方程组

$$\begin{cases} a_{11}x_1 + a_{12}x_2 + \cdots + a_{1n}x_n = 0 \\ a_{21}x_1 + a_{22}x_2 + \cdots + a_{2n}x_n = 0 \\ \qquad\qquad\vdots \\ a_{n1}x_1 + a_{n2}x_2 + \cdots + a_{nn}x_n = 0 \end{cases} \tag{1.5.2}$$

的系数行列式 $D \neq 0$,通过克莱姆法则可知它有唯一解,即零解.

定理 2　若齐次线性方程组(1.5.2) 的系数行列式 $D \neq 0$,则它只有唯一零解.换言之,若有非零解,则系数行列式 $D = 0$.

例 3　设下述含参数 λ 的齐次线性方程组有非零解,求 λ.

$$\begin{cases} (1-\lambda)x_1 - 2x_2 + 4x_3 = 0 \\ 2x_1 + (3-\lambda)x_2 + x_3 = 0 \\ x_1 + x_2 + (1-\lambda)x_3 = 0 \end{cases}.$$

解　由定理 2,该方程组的系数行列式 D 应等于零.而

$$D = \begin{vmatrix} 1-\lambda & -2 & 4 \\ 2 & 3-\lambda & 1 \\ 1 & 1 & 1-\lambda \end{vmatrix} \xlongequal{c_2 - c_1} \begin{vmatrix} 1-\lambda & -3+\lambda & 4 \\ 2 & 1-\lambda & 1 \\ 1 & 0 & 1-\lambda \end{vmatrix}$$

$$\xlongequal{r_2 - 2r_3} \begin{vmatrix} 1-\lambda & -3+\lambda & 4 \\ 0 & 1-\lambda & 2\lambda-1 \\ 1 & 0 & 1-\lambda \end{vmatrix}$$

$$= (1-\lambda)^3 + (\lambda-3)(2\lambda-1) - 4(1-\lambda)$$

$$= \lambda(\lambda-3)(2-\lambda).$$

故 $\lambda = 0,2,3$.

习题 1.5

1.用克莱姆法则解下列线性方程组:

(1) $\begin{cases}2x+5y=6\\4x+y=3\end{cases}$;　　(2) $\begin{cases}x+y-2z=-1\\5x-2y+7z=2\\2x-5y+4z=3\end{cases}$;

(3) $\begin{cases}2x_1-x_2+3x_3+2x_4=1\\3x_1-3x_2+3x_3+2x_4=-2\\3x_1-x_2-x_3+2x_4=6\\3x_1-x_2+3x_3-x_4=-4\end{cases}$.

2.判断齐次线性方程组 $\begin{cases}2x_1+x_2-x_3=0\\x_1-2x_2+4x_3=0\\5x_1+6x_2-2x_3=0\end{cases}$ 是否有非零解?

3.λ,μ 取何值时,齐次线性方程组 $\begin{cases}\lambda x_1+x_2+x_3=0\\x_1+\mu x_2+x_3=0\\x_1+x_2+x_3=0\end{cases}$ 有非零解?

总习题一

A 组

1.选择题

(1)设 M 为 n 阶行列式,则 $M=0$ 的充要条件是(　　).

A.M 中有两行(列)的对应元素成比例

B.M 中有一行(列)的所有元素均为零

C.M 中有一行(列)的所有元素均可化为零

D.M 中有一行(列)的所有元素的代数余子式均为零

(2)设 $D=\begin{vmatrix}1&2&1\\2&k&2\\1&1&2\end{vmatrix}=0$,则 $k=$(　　).

A.1　　B.2　　C.3　　D.4

(3)若 $D=\begin{vmatrix}a_{11}&a_{12}&a_{13}\\a_{21}&a_{22}&a_{23}\\a_{31}&a_{32}&a_{33}\end{vmatrix}=2$,则 $D_1=\begin{vmatrix}3a_{11}&a_{21}&-a_{31}\\3a_{12}&a_{22}&-a_{32}\\3a_{13}&a_{23}&-a_{33}\end{vmatrix}=$(　　).

A. -6　　B.6　　C.12　　D. -54

(4)$\tau(623145)=$(　　).

A.5　　B.6　　C.7　　D.8

(5)若 $\begin{cases}x_1-2x_2+x_3=0\\2x_1+x_2+\lambda x_3=0\\x_1+x_2+x_3=0\end{cases}$ 有非零解,则 $\lambda=$(　　).

A.1　　B.2　　C.3　　D.4

2.填空题

(1)若 $D_n=|a_{ij}|=a$,则 $D=|-a_{ij}|=$ ________.

(2)已知四阶行列式 D 中第 1 行的元素分别为 1,2,3,4,第 4 行的元素的余子式依次为 $2,x,4,5$,则 $x=$ ________.

(3)$D=\begin{vmatrix}1&2&2&2\\2&3&1&2\\1&1&1&1\\1&0&2&2\end{vmatrix}$,余子式 $M_{22}+M_{23}=$ ________.

(4)元素乘积 $a_{15}a_{23}a_{32}a_{44}a_{51}a_{66}$ 取 ________ 号.

(5)$D=\begin{vmatrix}103&100&202\\198&200&397\\301&302&599\end{vmatrix}=$ ________.

3.计算题

(1)计算行列式 $D=\begin{vmatrix}-2&5&-1&3\\1&-9&13&7\\3&-1&5&-5\\3&-1&-7&-10\end{vmatrix}$.

(2)设 $D=\begin{vmatrix} a_{11} & a_{12} & a_{13} \\ a_{21} & a_{22} & a_{23} \\ a_{31} & a_{32} & a_{33} \end{vmatrix}=2$,计算 $\begin{vmatrix} 2a_{11} & 3a_{13}-5a_{12} & a_{12} \\ 2a_{21} & 3a_{23}-5a_{22} & a_{22} \\ 2a_{31} & 3a_{33}-5a_{32} & a_{32} \end{vmatrix}$.

(3)计算 $D=\begin{vmatrix} a & & & b \\ & a & b & \\ & c & d & \\ c & & & d \end{vmatrix}$.

(4)计算 $f(x)=\begin{vmatrix} 1 & 1 & 1 & \cdots & 1 & 1 \\ 1 & 1-x & 1 & \cdots & 1 & 1 \\ 1 & 1 & 2-x & \cdots & 1 & 1 \\ \vdots & \vdots & \vdots & & \vdots & \vdots \\ 1 & 1 & 1 & \cdots & 1 & n-1-x \end{vmatrix}(n>1)$ 的根.

4.证明题

(1)由 $D_n=\begin{vmatrix} 1 & 1 & \cdots & 1 \\ 1 & 1 & \cdots & 1 \\ \vdots & \vdots & & \vdots \\ 1 & 1 & \cdots & 1 \end{vmatrix}=0$,证明:当 $n>1$ 时,n 个数 $1,2,\cdots,n$ 的所有排列中,偶排列与奇排列的个数相同.

(2)证明下列各式:

(a) $\begin{vmatrix} a^2 & (a+1)^2 & (a+2)^2 & (a+3)^2 \\ b^2 & (b+1)^2 & (b+2)^2 & (b+3)^2 \\ c^2 & (c+1)^2 & (c+2)^2 & (c+3)^2 \\ d^2 & (d+1)^2 & (d+2)^2 & (d+3)^2 \end{vmatrix}=0$;

(b) $\begin{vmatrix} 1 & a^2 & a^3 \\ 1 & b^2 & b^3 \\ 1 & c^2 & c^3 \end{vmatrix}=(ab+bc+ca)\begin{vmatrix} 1 & a & a^2 \\ 1 & b & b^2 \\ 1 & c & c^2 \end{vmatrix}$.

(3)证明:奇数阶对称行列式的值为零.

(4)证明:一个 n 次多项式中若有多于 n^2-n 个元素为 0,则该行列式的值为 0.

B 组

1.选择题

设$f(x)=\begin{vmatrix} x-2 & x-1 & x-2 & x-3 \\ 2x-2 & 2x-1 & 2x-2 & 2x-3 \\ 3x-3 & 3x-2 & 4x-5 & 3x-5 \\ 4x & 4x-3 & 5x-7 & 4x-3 \end{vmatrix}$,则方程$f(x)=0$的根的个数为(　　).

A.1　　B.2　　C.3　　D.4

2.计算题

(1)计算$\begin{vmatrix} 1 & 1 & 1 & 1 \\ a & b & c & d \\ a^2 & b^2 & c^2 & d^2 \\ a^4 & b^4 & c^4 & d^4 \end{vmatrix}$.

(2)设$D=\begin{vmatrix} 3 & 0 & 4 & 0 \\ 2 & 2 & 2 & 2 \\ 0 & -7 & 0 & 0 \\ 9 & -8 & 7 & 5 \end{vmatrix}$,$M_{ij}$是$D$的元素$a_{ij}$的余子式,$i,j=1,2,3,4$,计算$M_{41}+M_{42}+M_{43}+M_{44}$.

(3)推广计算$D_{2n}=\begin{vmatrix} a & & & & & b \\ & \ddots & & & \unicode{x22F0} & \\ & & a & b & & \\ & & c & d & & \\ & \unicode{x22F0} & & & \ddots & \\ c & & & & & d \end{vmatrix}$.

(4)计算$\begin{vmatrix} a_0 & 1 & 1 & \cdots & 1 \\ 1 & a_1 & 0 & \cdots & 0 \\ 1 & 0 & a_2 & \cdots & 0 \\ \vdots & \vdots & \vdots & & \vdots \\ 1 & 0 & 0 & \cdots & a_n \end{vmatrix}$.

5.计算行列式 $\begin{vmatrix} x & 0 & 0 & \cdots & 0 & a_0 \\ -1 & x & 0 & \cdots & 0 & a_1 \\ 0 & -1 & x & \cdots & 0 & a_2 \\ \vdots & \vdots & \vdots & & \vdots & \vdots \\ 0 & 0 & 0 & \cdots & x & a_{n-2} \\ 0 & 0 & 0 & \cdots & -1 & x+a_{n-1} \end{vmatrix}$.

第 2 章　矩　阵

何为矩阵？矩阵就是一张长方形数表.在日常生产生活中，到处都可以见到各种矩阵，如学校里的学生课表、教师的教学进度表；工厂的生产计划表、产品销售统计表等.矩阵是表达和处理生产、生活以及科研问题的数学工具.矩阵能够将杂乱纷繁的事物按一定的数学规则清晰地呈现出来，它甚至可以挖掘事物与事物之间的内在联系，从而为人们研究事物的本质提供了可靠的数学方法.

在本章我们将要学习矩阵的基本概念，研究矩阵的运算性质、矩阵的变换，深入探索矩阵的作用，挖掘矩阵内在的某些特征.它将在研究线性方程组、空间向量以及二次型中发挥重要作用，在线性代数中具有极其重要的地位.

2.1　矩阵的概念

学习目标：

1.理解矩阵的概念；

2.知道几个特殊矩阵及其记号.

本节将通过几个引例来介绍矩阵的概念.这也是将实际问题数学化的一个典型应用.

2.1.1　引例

引例 1　某高校学生甲和乙第一学期的大学数学、大学英语、计算机文化基础成绩如表 2.1.1 所示.

表 2.1.1 单位:分

学生＼分数＼科目	大学数学	大学英语	计算机文化基础
学生甲	90	78	91
学生乙	76	89	82

以上数据可以用一个两行三列的矩形数表来表示

$$\begin{pmatrix} 90 & 78 & 91 \\ 76 & 89 & 82 \end{pmatrix}.$$

引例 2 把某商品从产地 A_1, A_2 运往销地 B_1, B_2, B_3, B_4, B_5 的运输量如表 2.1.2 所示.

表 2.1.2 单位:吨(t)

产地＼销地	B_1	B_2	B_3	B_4	B_5
A_1	10	12	5	4	8
A_2	7	23	12	0	6

从产地 A_1 运送商品到销地 B_1, B_2, B_3, B_4, B_5 的运输量分别为 10 t,12 t,5 t,4 t,8 t,从产地 A_2 运送商品到销地 B_1, B_2, B_3, B_4, B_5 的运输量分别为 7 t,23 t,12 t,0 t,6 t.运输量可用一个两行五列的矩形数表表示:

$$\begin{pmatrix} 10 & 12 & 5 & 4 & 8 \\ 7 & 23 & 12 & 0 & 6 \end{pmatrix}.$$

上面所举的两个数表,其中各个数或元素是不能互换位置的,因为每个位置具有不同的内涵.

引例 3 已知三元一次线性方程组

$$\begin{cases} x_1 + x_2 + x_3 = 3 \\ x_1 - x_2 + 3x_3 = 7 \\ 2x_1 + 3x_2 - x_3 = 0 \end{cases},$$

将其未知量的系数与常数项按照原来顺序组成一个三行四列矩形数表

$$\begin{pmatrix}1 & 1 & 1 & 3\\ 1 & -1 & 3 & 7\\ 2 & 3 & -1 & 0\end{pmatrix}.$$

这样的数表在数学上称为**矩阵**.

2.1.2　矩阵的概念

定义 1　由 $m\times n$ 个数 $a_{ij}(i=1,2,\cdots,m;j=1,2,\cdots,n)$ 排成 m 行 n 列的数表

$$\begin{matrix}a_{11} & a_{12} & \cdots & a_{1n}\\ a_{21} & a_{22} & \cdots & a_{2n}\\ \vdots & \vdots & & \vdots\\ a_{m1} & a_{m2} & \cdots & a_{mn}\end{matrix}$$

称为 m 行 n 列矩阵,简称 $m\times n$ 矩阵,记为

$$\boldsymbol{A}=\begin{pmatrix}a_{11} & a_{12} & \cdots & a_{1n}\\ a_{21} & a_{22} & \cdots & a_{2n}\\ \vdots & \vdots & & \vdots\\ a_{m1} & a_{m2} & \cdots & a_{mn}\end{pmatrix}$$

简记 $\boldsymbol{A}=(a_{ij})_{m\times n}$,其中 a_{ij} 表示位于数表中第 i 行第 j 列的数,称为矩阵 $\boldsymbol{A}$ 的第 i 行第 j 列的**元素**.常用大写英文黑体字母来表示矩阵,如 $\boldsymbol{A},\boldsymbol{B},\boldsymbol{C},\cdots,\boldsymbol{X}$ 等.元素是实数的矩阵,称为**实矩阵**,元素属于复数域的矩阵称为**复矩阵**.本书中若无特殊说明,一般是指实矩阵.

若两个矩阵的行数相等,列数也相等时,称它们为**同型矩阵**.

定义 2　对于两个同型矩阵 $\boldsymbol{A}$ 与 $\boldsymbol{B}$,若它们对应位置上的元素都相等,则称矩阵 $\boldsymbol{A}$ 与 $\boldsymbol{B}$ **相等**,并记作 $\boldsymbol{A}=\boldsymbol{B}$.

例 1　设矩阵 $\boldsymbol{A}=\begin{pmatrix}2 & 3+x & -1\\ 1 & 4 & 2z+5\end{pmatrix}$,$\boldsymbol{B}=\begin{pmatrix}2 & 5 & -1\\ 2y-1 & 4 & z\end{pmatrix}$.若 $\boldsymbol{A}=\boldsymbol{B}$,求 x,y,z.

解　由于 $\boldsymbol{A}=\boldsymbol{B}$,则根据矩阵相等的定义可知

$$3+x=5,1=2y-1,2z+5=z.$$

从而 $x=2,y=1,z=-5$.

2.1.3　几种特殊的矩阵

下面介绍一些特殊矩阵,它们是应用中经常遇到的矩阵.

1)行矩阵

若一个矩阵只有一行元素,即形如$(a_{11} \quad a_{12} \quad \cdots \quad a_{1n})$,则称该矩阵为**行矩阵**或**行向量**.

2)列矩阵

若一个矩阵只有一列元素,即形如$\begin{pmatrix} a_{11} \\ a_{21} \\ \vdots \\ a_{m1} \end{pmatrix}$,则称该矩阵为**列矩阵**或**列向量**.

3)零矩阵

若一个矩阵中的所有元素都是零,则称该矩阵为**零矩阵**.记$\boldsymbol{O}_{m\times n}$表示$m$行$n$列的零矩阵.

注意　零矩阵是一类矩阵,而不是某个矩阵.不同型的零矩阵是不相同的零矩阵.

4)方阵

若一个矩阵的行数和列数相等且均为n,则称该矩阵称为n阶**方阵**,可记作$\boldsymbol{A}=(a_{ij})_{n\times n}$.

在n阶方阵中,从左上角到右下角的n个元素称为n阶方阵的n阶**主对角线元素**.

特别地,只有一行一列的矩阵,即一阶方阵,实际上是由一个元素构成的矩阵.

5)上(下)三角矩阵

若一个n阶方阵的主对角线以下的元素全是零元素,即形如$\begin{pmatrix} a_{11} & a_{12} & \cdots & a_{1n} \\ 0 & a_{22} & \cdots & a_{2n} \\ \vdots & \vdots & & \vdots \\ 0 & 0 & \cdots & a_{nn} \end{pmatrix}$,则称该矩阵为$n$阶**上三角矩阵**;

若一个 n 阶方阵的主对角线以下的元素全是零元素，即形如
$\begin{pmatrix} b_{11} & 0 & \cdots & 0 \\ b_{21} & b_{22} & \cdots & 0 \\ \vdots & \vdots & & \vdots \\ b_{n1} & b_{n2} & \cdots & b_{nn} \end{pmatrix}$，则称该矩阵为 n 阶**下三角矩阵**.

6)对角矩阵

若一个 n 阶方阵，除主对角线以外的元素全是零元素，即形如
$\begin{pmatrix} \lambda_1 & 0 & \cdots & 0 \\ 0 & \lambda_2 & \cdots & 0 \\ \vdots & \vdots & & \vdots \\ 0 & 0 & \cdots & \lambda_n \end{pmatrix}$，则该矩阵为**对角矩阵**，习惯用 $\boldsymbol{\Lambda}$ 表示，简记为 $\boldsymbol{\Lambda} = \mathrm{diag}(\lambda_1, \lambda_2, \cdots, \lambda_n)$.

7)数量矩阵

若一个 n 阶方阵的主对角线上元素全相等，则称该矩阵为 n 阶**数量矩阵**.

8)单位矩阵

若一个 n 阶方阵的主对角线上元素全为1且其他位置上的元素全为0，则称该矩阵为 n 阶**单位矩阵**，记为 E_n(或 I_n).

习题 2.1

1.填空题

(1)如果矩阵 $\boldsymbol{A}$ 既是上三角矩阵，又是下三角矩阵，那么矩阵 $\boldsymbol{A}$ 是____________矩阵.

(2)与矩阵 $\boldsymbol{A} = \begin{pmatrix} 1 & 0 & 1 \\ 2 & 2 & -1 \\ 0 & 1 & 0 \end{pmatrix}$ 同型的单位矩阵是____________.

(3)已知矩阵 $\boldsymbol{A} = \begin{pmatrix} 4 & -2 \\ 4 & b \end{pmatrix}$，$\boldsymbol{B} = \begin{pmatrix} a & -2 \\ 4 & -3 \end{pmatrix}$，若 $\boldsymbol{A} = \boldsymbol{B}$，则 $a =$____________，$b =$____________.

2.写出下列矩阵

(1) $a_{ij}=i-j$ 的 3×2 矩阵；

(2) $a_{ij}=ij$ 的 4 阶方阵；

(3) 主对角线元素全为零的四阶数量矩阵.

2.2 矩阵的运算

学习目标：

1.熟悉矩阵的运算法则；

2.掌握矩阵的加减乘运算.

矩阵的意义不仅在于把一些数据根据一定的顺序排列成阵列形式，而且还在于对它定义了一些有理论意义和实际意义的运算，使它真正成为有用的数学工具.本节将重点介绍矩阵的加减法、数乘以及矩阵乘法的运算法则，所以本节是矩阵理论的基础.

2.2.1 矩阵的线性运算

引例 1 如果 3 个计算机销售铺子都销售 4 种不同计算机（单位：台），它们在前两个月内的销售情况分别用矩阵表示为

$$\boldsymbol{A}=\begin{pmatrix}150 & 200 & 100 & 0\\170 & 300 & 50 & 210\\320 & 160 & 10 & 230\end{pmatrix}$$

和

$$\boldsymbol{B}=\begin{pmatrix}100 & 300 & 90 & 10\\130 & 200 & 250 & 200\\280 & 150 & 100 & 170\end{pmatrix},$$

其中 $\boldsymbol{A},\boldsymbol{B}$ 矩阵中的行表示 3 个销售铺子，列表示 4 种不同的计算机.那么，在这两个月内，3 个门市部销售 4 种计算机的总销售情况可以由矩阵

$$\boldsymbol{C}=\begin{pmatrix}250 & 500 & 190 & 10\\300 & 500 & 300 & 410\\600 & 310 & 110 & 400\end{pmatrix}$$

表示,其中矩阵$\boldsymbol{C}$的第i行第j列元素恰好是矩阵$\boldsymbol{A}$与$\boldsymbol{B}$的第i行第j列元素之和.若这3个铺子第三个月计算机的销售量都比第一个月增加10%,那么在第三个月3个门市部销售4种计算机的销售情况可以由矩阵

$$\boldsymbol{D}=\begin{pmatrix}165 & 220 & 110 & 0\\ 187 & 330 & 55 & 231\\ 352 & 176 & 11 & 253\end{pmatrix}$$

表示,其中$\boldsymbol{D}$的所有元素恰好是矩阵$\boldsymbol{A}$的对应元素的1.1倍.这个引例就用到了矩阵的加法矩阵的数乘.

定义1 设有两个$m\times n$矩阵$\boldsymbol{A}=(a_{ij})$,$\boldsymbol{B}=(b_{ij})$,那么$\boldsymbol{A}$与$\boldsymbol{B}$的**和**记为$\boldsymbol{A}+\boldsymbol{B}$且规定

$$\boldsymbol{A}+\boldsymbol{B}=(a_{ij}+b_{ij})=\begin{pmatrix}a_{11}+b_{11} & a_{12}+b_{12} & \cdots & a_{1n}+b_{1n}\\ a_{21}+b_{21} & a_{22}+b_{22} & \cdots & a_{2n}+b_{2n}\\ \vdots & \vdots & & \vdots\\ a_{m1}+b_{m1} & a_{m2}+b_{m2} & \cdots & a_{mn}+b_{mn}\end{pmatrix}.$$

注意 两个矩阵相加是有条件的,即$\boldsymbol{A}$与$\boldsymbol{B}$必须是同型矩阵.例如

$(1,2,3)+(2,-1,-2)$可以相加,并且有$(1,2,3)+(2,-1,-2)=(3,1,1)$;

$\begin{pmatrix}2 & 3\\ -3 & 2\\ -1 & 5\end{pmatrix}+\begin{pmatrix}-1 & -2\\ 2 & 1\\ 0 & -3\end{pmatrix}$可以相加,并且$\begin{pmatrix}2 & 3\\ -3 & 2\\ -1 & 5\end{pmatrix}+\begin{pmatrix}-1 & -2\\ 2 & 1\\ 0 & -3\end{pmatrix}=\begin{pmatrix}1 & 1\\ -1 & 3\\ -1 & 2\end{pmatrix}$;

$\begin{pmatrix}2 & 3\\ -3 & 2\\ -1 & 5\end{pmatrix}+\begin{pmatrix}1 & 2\\ 3 & 4\end{pmatrix}$不可以相加,因为它们不是同型矩阵.

对于任意$\boldsymbol{A}=(a_{ij})_{m\times n}$,称$-\boldsymbol{A}=(-a_{ij})_{m\times n}$为$\boldsymbol{A}$的**负矩阵**.由此可以利用矩阵的加法来定义矩阵的减法:

$$\boldsymbol{A}-\boldsymbol{B}=\boldsymbol{A}+(-\boldsymbol{B}).$$

由于矩阵的加法归结为其元素的加法,也就是数的加法,所以,不难验证矩阵的加法满足运算规律:

(1)$\boldsymbol{A}+\boldsymbol{B}=\boldsymbol{B}+\boldsymbol{A}$;(交换律)　　(2)$(\boldsymbol{A}+\boldsymbol{B})+\boldsymbol{C}=\boldsymbol{A}+(\boldsymbol{B}+\boldsymbol{C})$;(结合律)

(3)$\boldsymbol{A}+\boldsymbol{O}=\boldsymbol{O}+\boldsymbol{A}=\boldsymbol{A}$,即任何一个矩阵$\boldsymbol{A}$和与之同型的零矩阵相加仍为$\boldsymbol{A}$;

(4)$\boldsymbol{A}+(-\boldsymbol{A})=\boldsymbol{O}$.

定义2 数λ与矩阵$\boldsymbol{A}$的乘积称为矩阵的**数乘运算**,记为$\lambda\boldsymbol{A}$,且规定

$$\lambda \boldsymbol{A}=(\lambda a_{ij})=\begin{pmatrix}\lambda a_{11} & \lambda a_{12} & \cdots & \lambda a_{1n}\\ \lambda a_{21} & \lambda a_{22} & \cdots & \lambda a_{2n}\\ \vdots & \vdots & & \vdots\\ \lambda a_{m1} & \lambda a_{m2} & \cdots & \lambda a_{mn}\end{pmatrix}.$$

设$\boldsymbol{A},\boldsymbol{B}$为同型矩阵,$\lambda,\mu$为任意常数,则由定义2容易验证数乘矩阵满足下列运算规律:

(5) $1\boldsymbol{A}=\boldsymbol{A}$; (6) $(\lambda\mu)\boldsymbol{A}=\lambda(\mu\boldsymbol{A})$;

(7) $(\lambda+\mu)\boldsymbol{A}=\lambda\boldsymbol{A}+\mu\boldsymbol{A}$; (8) $\lambda(\boldsymbol{A}+\boldsymbol{B})=\lambda\boldsymbol{A}+\lambda\boldsymbol{B}$.

在代数学上,我们把满足上述(1)－(8)条运算规律的运算称为**线性运算**.

另外,由矩阵的数乘定义得知,n阶方阵 $\boldsymbol{A}=\begin{pmatrix}\lambda & 0 & \cdots & 0\\ 0 & \lambda & \cdots & 0\\ \vdots & \vdots & & \vdots\\ 0 & 0 & \cdots & \lambda\end{pmatrix}=\lambda E_n$.

例1 已知矩阵 $\boldsymbol{A}=\begin{pmatrix}1 & 2 & 0\\ -1 & 0 & 1\end{pmatrix}$ 与 $\boldsymbol{B}=\begin{pmatrix}1 & 1 & 1\\ 0 & -3 & 1\end{pmatrix}$,求$2\boldsymbol{A}+3\boldsymbol{B}$及$2\boldsymbol{A}-3\boldsymbol{B}$.

解 由矩阵的加法和数乘运算定义可知

$$\begin{aligned}2\boldsymbol{A}+3\boldsymbol{B}&=2\begin{pmatrix}1 & 2 & 0\\ -1 & 0 & 1\end{pmatrix}+3\begin{pmatrix}1 & 1 & 1\\ 0 & -3 & 1\end{pmatrix}\\ &=\begin{pmatrix}2 & 4 & 0\\ -2 & 0 & 2\end{pmatrix}+\begin{pmatrix}3 & 3 & 3\\ 0 & -9 & 3\end{pmatrix}\\ &=\begin{pmatrix}5 & 7 & 3\\ -2 & -9 & 5\end{pmatrix}.\end{aligned}$$

同理 $2\boldsymbol{A}-3\boldsymbol{B}=\begin{pmatrix}-1 & 1 & -3\\ -2 & 9 & -1\end{pmatrix}$.

例2 已知矩阵 $\boldsymbol{A}=\begin{pmatrix}-1 & 1 & 2\\ -3 & 0 & 4\end{pmatrix}$ 与 $\boldsymbol{B}=\begin{pmatrix}1 & 2 & 3\\ 4 & 5 & 0\end{pmatrix}$.若矩阵$\boldsymbol{X}$满足

$$\boldsymbol{A}+2\boldsymbol{X}=3\boldsymbol{B}.$$

求矩阵$\boldsymbol{X}$.

解 由$\boldsymbol{A}+2\boldsymbol{X}=3\boldsymbol{B}$可知

$$\boldsymbol{X}=\frac{3}{2}\boldsymbol{B}-\frac{1}{2}\boldsymbol{A}.$$

现将已知矩阵 $\boldsymbol{A},\boldsymbol{B}$ 代入上式，得

$$\boldsymbol{X}=\begin{pmatrix}2 & \frac{5}{2} & \frac{7}{2}\\ \frac{15}{2} & \frac{15}{2} & -2\end{pmatrix}.$$

2.2.2 矩阵的乘法

定义 3 设 $\boldsymbol{A}=(a_{ij})_{m\times s}$，$\boldsymbol{B}=(b_{ij})_{s\times n}$，那么规定矩阵 $\boldsymbol{A}$ 与 $\boldsymbol{B}$ 的乘积是

$$\boldsymbol{C}=(c_{ij})_{m\times n},$$

其中 $c_{ij}=a_{i1}b_{1j}+a_{i2}b_{2j}+\cdots+a_{is}b_{sj}=\sum_{k=1}^{s}a_{ik}b_{kj}(i=1,2,\cdots,m;j=1,2,\cdots,n)$，并把此乘积记为

$$\boldsymbol{C}=\boldsymbol{AB}.$$

特别地，当行矩阵 $(a_{i1}\quad a_{i2}\quad\cdots\quad a_{is})$ 与列矩阵 $\begin{pmatrix}b_{1j}\\ b_{2j}\\ \vdots\\ b_{sj}\end{pmatrix}$ 相乘时，即

$$(a_{i1}\quad a_{i2}\quad\cdots\quad a_{is})\begin{pmatrix}b_{1j}\\ b_{2j}\\ \vdots\\ b_{sj}\end{pmatrix}=(a_{i1}b_{1j}+a_{i2}b_{2j}+\cdots+a_{is}b_{sj})$$

就只含一个元素，记为 c_{ij}，这表明 c_{ij} 就是 $\boldsymbol{A}$ 的第 i 行与 $\boldsymbol{B}$ 的第 j 列对应元素乘积之和.总之，$\boldsymbol{AB}=\boldsymbol{C}$ 的第 i 行第 j 列位置上的元素 c_{ij} 就是 $\boldsymbol{A}$ 的第 i 行与 $\boldsymbol{B}$ 的第 j 列的对应元素乘积之和.

注意 只有当左边矩阵 $\boldsymbol{A}$ 的列数等于右边矩阵 $\boldsymbol{B}$ 的行数时，矩阵 $\boldsymbol{A}$ 与 $\boldsymbol{B}$ 才能相乘.矩阵 $\boldsymbol{AB}$ 的行数等于 $\boldsymbol{A}$ 的行数，列数等于 $\boldsymbol{B}$ 的列数.

例 3 设 $\boldsymbol{A}=\begin{pmatrix}4 & -2\\ -2 & 1\end{pmatrix}$，$\boldsymbol{B}=\begin{pmatrix}3 & 6\\ -2 & -4\end{pmatrix}$，求 $\boldsymbol{AB}$ 及 $\boldsymbol{BA}$.

解 由矩阵的乘法定义，直接计算，得

$$AB=\begin{pmatrix}4&-2\\-2&1\end{pmatrix}\begin{pmatrix}3&6\\-2&-4\end{pmatrix}=\begin{pmatrix}16&32\\-8&-16\end{pmatrix},$$

$$BA=\begin{pmatrix}3&6\\-2&-4\end{pmatrix}\begin{pmatrix}4&-2\\-2&1\end{pmatrix}=\begin{pmatrix}0&0\\0&0\end{pmatrix}.$$

由例 3 可知,一般地,对矩阵 $\boldsymbol{A},\boldsymbol{B}$,有

(1)$\boldsymbol{AB}\neq\boldsymbol{BA}$;

(2)若 $\boldsymbol{A}\neq\boldsymbol{O},\boldsymbol{B}\neq\boldsymbol{O}$,但有可能 $\boldsymbol{BA}=\boldsymbol{O}$;换句话说,若 $\boldsymbol{BA}=\boldsymbol{O}$,则推不出 $\boldsymbol{A}=\boldsymbol{O}$ 或 $\boldsymbol{B}=\boldsymbol{O}$;

(3)若 $\boldsymbol{AB}=\boldsymbol{AC}$,则推不出 $\boldsymbol{B}=\boldsymbol{C}$.

也就是说,矩阵的乘法不满足交换律和消去律.所以我们自然会问以下问题:

问题 1 矩阵 $\boldsymbol{A},\boldsymbol{B}$ 在何种条件下满足交换律,又在何种条件下满足消去律?

矩阵 $\boldsymbol{A},\boldsymbol{B}$ 何时满足消去律,将在 2.3 节得到回答.至于矩阵 $\boldsymbol{A},\boldsymbol{B}$ 何时满足交换律,没有明确具体的答案,但对于满足交换律的矩阵 $\boldsymbol{A},\boldsymbol{B}$ 有以下定义:

定义 4 若矩阵 $\boldsymbol{A},\boldsymbol{B}$ 满足 $\boldsymbol{AB}=\boldsymbol{BA}$,则称矩阵 $\boldsymbol{A},\boldsymbol{B}$ 是**可交换**的.

显然若矩阵 $\boldsymbol{A},\boldsymbol{B}$ 是可交换的,则 $\boldsymbol{A},\boldsymbol{B}$ 为同阶方阵.

例 4 设矩阵 $\boldsymbol{A}=\begin{pmatrix}1&1\\0&1\end{pmatrix}$,求所有与 $\boldsymbol{A}$ 可交换的矩阵.

解 显然,与 $\boldsymbol{A}$ 可交换的矩阵是二阶方阵,不妨设为 $\boldsymbol{X}=\begin{pmatrix}x_{11}&x_{12}\\x_{21}&x_{22}\end{pmatrix}$,则

$$\begin{pmatrix}x_{11}&x_{12}\\x_{21}&x_{22}\end{pmatrix}\begin{pmatrix}1&1\\0&1\end{pmatrix}=\begin{pmatrix}1&1\\0&1\end{pmatrix}\begin{pmatrix}x_{11}&x_{12}\\x_{21}&x_{22}\end{pmatrix},$$

即

$$\begin{pmatrix}x_{11}&x_{11}+x_{12}\\x_{21}&x_{21}+x_{22}\end{pmatrix}=\begin{pmatrix}x_{11}+x_{21}&x_{12}+x_{22}\\x_{21}&x_{22}\end{pmatrix}.$$

解得 $x_{11}=x_{22}=k_1,x_{12}=k_2,x_{21}=0$($k_1,k_2$ 为任意常数).所以,所有与 $\boldsymbol{A}$ 可交换的矩阵均可以表为 $\begin{pmatrix}k_1&k_2\\0&k_1\end{pmatrix}$ 的形式,其中 k_1,k_2 为任意常数.

设 $\boldsymbol{A}$ 为任意矩阵,$\boldsymbol{E}$ 为单位矩阵,不难验证($\boldsymbol{A},\boldsymbol{E}$ 可以相乘的话)$\boldsymbol{EA}=\boldsymbol{A}$ 或 $\boldsymbol{AE}=\boldsymbol{A}$.所以,在矩阵的乘法中,单位矩阵 $\boldsymbol{E}$ 的地位就类似于数的乘法中数 1 的

地位.

尽管矩阵乘法不满足交换律、消去律,但在假设运算都可行的情况下,矩阵的乘法仍满足以下运算规律:

(1) $(\boldsymbol{AB})\boldsymbol{C}=\boldsymbol{A}(\boldsymbol{BC})$;(结合律)

(2) $\boldsymbol{A}(\boldsymbol{B}+\boldsymbol{C})=\boldsymbol{AB}+\boldsymbol{AC}$;(左分配律);

$(\boldsymbol{B}+\boldsymbol{C})\boldsymbol{A}=\boldsymbol{BA}+\boldsymbol{CA}$;(右分配律)

(3) $\lambda(\boldsymbol{AB})=(\lambda\boldsymbol{A})\boldsymbol{B}$.

对于两个可以相乘的矩阵,它们乘积的计算只能按照矩阵的乘法定义去计算,我们当然会问对于一些特殊的矩阵,它们相乘的结果会不会也很特殊?如:

问题 2 设矩阵 $\boldsymbol{A},\boldsymbol{B}$ 均为 n 阶对角阵,那么 $\boldsymbol{AB}$ 是否为对角阵?具体结果如何?

2.2.3 用矩阵表示线性方程组和线性变换

考虑由 m 个方程 n 个未知量 $x_1,x_2,\cdots,x_n$ 构成的线性方程组

$$\begin{cases}a_{11}x_1+a_{12}x_2+\cdots+a_{1n}x_n=b_1\\a_{21}x_1+a_{22}x_2+\cdots+a_{2n}x_n=b_2\\\qquad\vdots\\a_{m1}x_1+a_{m2}x_2+\cdots+a_{mn}x_n=b_m\end{cases}\qquad(*)$$

其中 $a_{ij}(i=1,2,3,\cdots,m;j=1,2,3,\cdots,n)$ 和 $b_i(i=1,2,3,\cdots,m)$ 为已知数,若引入矩阵

$$\boldsymbol{A}=(a_{ij})_{m\times n},\boldsymbol{X}=\begin{pmatrix}x_1\\x_2\\\vdots\\x_n\end{pmatrix},\boldsymbol{b}=\begin{pmatrix}b_1\\b_2\\\vdots\\b_m\end{pmatrix},$$

则由矩阵的乘法可知线性方程组(*)式又可以表示成以下矩阵形式

$$\boldsymbol{AX}=\boldsymbol{b}.\qquad(**)$$

其中,$m\times n$ 矩阵 $\boldsymbol{A}$ 称为线性方程组(*)的**系数矩阵**.特别地,当矩阵 $\boldsymbol{A}$ 是一个 n 阶方阵,我们将(**)式称为从列矩阵 $\boldsymbol{X}$(或称列向量)到列矩阵 $\boldsymbol{b}$ 的一个**线性变换**.所以方阵与线性变换形成了一一对应的关系.

2.2.4 方阵的幂

有了矩阵的乘法运算,就可以对任意非负整数 k 定义矩阵的 k 次幂.

定义 5　设 $\boldsymbol{A}$ 为 n 阶矩阵,定义

$$\boldsymbol{A}^0=I,\boldsymbol{A}^{k+1}=\boldsymbol{A}^k\boldsymbol{A},$$

其中 k 为非负整数.

例 5　已知矩阵

$$\boldsymbol{A}=\begin{pmatrix}0&1\\-1&0\end{pmatrix},$$

求 $\boldsymbol{A}^2,\boldsymbol{A}^3$ 及 $\boldsymbol{A}^4$.

解　由矩阵的乘法可直接进行计算,得

$$\boldsymbol{A}^2=\begin{pmatrix}0&1\\-1&0\end{pmatrix}\begin{pmatrix}0&1\\-1&0\end{pmatrix}=\begin{pmatrix}-1&0\\0&-1\end{pmatrix},$$

$$\boldsymbol{A}^3=\boldsymbol{A}^2\boldsymbol{A}=\begin{pmatrix}-1&0\\0&-1\end{pmatrix}\begin{pmatrix}0&1\\-1&0\end{pmatrix}=\begin{pmatrix}0&-1\\1&0\end{pmatrix},$$

$$\boldsymbol{A}^4=\boldsymbol{A}^3\boldsymbol{A}=\begin{pmatrix}0&-1\\1&0\end{pmatrix}\begin{pmatrix}0&1\\-1&0\end{pmatrix}=\begin{pmatrix}1&0\\0&1\end{pmatrix}.$$

由于矩阵的乘法满足结合律,所以矩阵的幂满足以下运算规律:

$$\boldsymbol{A}^k\boldsymbol{A}^l=\boldsymbol{A}^{k+l},(\boldsymbol{A}^k)^l=\boldsymbol{A}^{kl},$$

其中 k,l 为非负整数.又因为矩阵乘法不满足交换律,所以对两个 n 阶矩阵 $\boldsymbol{A}$ 与 $\boldsymbol{B}$,不会总有 $(\boldsymbol{AB})^k=\boldsymbol{A}^k\boldsymbol{B}^k$ 成立.

例 6　已知矩阵 $\boldsymbol{A}=\begin{pmatrix}2&-1&2\\4&-2&4\\2&-1&2\end{pmatrix}$,求 $\boldsymbol{A}^n$.

解　因为

$$\boldsymbol{A}=\begin{pmatrix}1\\2\\1\end{pmatrix}(2,-1,2),$$

所以 $\boldsymbol{A}^2=\begin{pmatrix}1\\2\\1\end{pmatrix}\left[(2,-1,2)\begin{pmatrix}1\\2\\1\end{pmatrix}\right](2,-1,2)=2\boldsymbol{A}.$

故有　$\boldsymbol{A}^n=2^{n-1}\boldsymbol{A}=\begin{pmatrix}2^n&-2^{n-1}&2^n\\2^{n+1}&-2^n&2^{n+1}\\2^n&-2^{n-1}&2^n\end{pmatrix}.$

事实上,例 6 给出了一个特殊方阵的一般次幂的计算方法.读者可以思考:

问题 3 例 6 给出的方阵具备何种特点，才会使得其一般次幂计算比较简单？还能说出哪些矩阵的一般次幂的计算比较简单？可以采取什么方法？

2.2.5 矩阵的转置

定义 6 将矩阵 $\boldsymbol{A}$ 的行、列位置互换后所得到的矩阵称为 $\boldsymbol{A}$ 的**转置矩阵**，记为 $\boldsymbol{A}^{\mathrm{T}}$，即

$$\text{若 } \boldsymbol{A}=\begin{pmatrix} a_{11} & a_{12} & \cdots & a_{1n} \\ a_{21} & a_{22} & \cdots & a_{2n} \\ \vdots & \vdots & & \vdots \\ a_{n1} & a_{n2} & \cdots & a_{nn} \end{pmatrix}, \text{则 } \boldsymbol{A}^{\mathrm{T}}=\begin{pmatrix} a_{11} & a_{21} & \cdots & a_{n1} \\ a_{12} & a_{22} & \cdots & a_{n2} \\ \vdots & \vdots & & \vdots \\ a_{1n} & a_{2n} & \cdots & a_{nn} \end{pmatrix}.$$

容易验证矩阵的转置满足以下运算规律（假设运算是可行的）：

(1) $(\boldsymbol{A}^{\mathrm{T}})^{\mathrm{T}}=\boldsymbol{A}$； (2) $(\boldsymbol{A}+\boldsymbol{B})^{\mathrm{T}}=\boldsymbol{A}^{\mathrm{T}}+\boldsymbol{B}^{\mathrm{T}}$；

(3) $(k\boldsymbol{A})^{\mathrm{T}}=k\boldsymbol{A}^{\mathrm{T}}$； (4) $(\boldsymbol{A}\boldsymbol{B})^{\mathrm{T}}=\boldsymbol{B}^{\mathrm{T}}\boldsymbol{A}^{\mathrm{T}}$.

2.2.6 方阵的行列式

定义 7 由方阵 $\boldsymbol{A}$ 的所有元素所构成的行列式（各个元素的位置不变），称为**矩阵 $\boldsymbol{A}$ 的行列式**，记为 $|\boldsymbol{A}|$ 或 $\det \boldsymbol{A}$. 根据矩阵的概念和矩阵行列式的概念，读者可以总结两者的区别.

n 阶方阵 $\boldsymbol{A}$ 的行列式 $|\boldsymbol{A}|$ 有以下 3 个重要运算规律：

(1) $|\boldsymbol{A}^{\mathrm{T}}|=|\boldsymbol{A}|$；

(2) $|k\boldsymbol{A}|=k^n|\boldsymbol{A}|$（$k$ 为任意常数）；

(3) $|\boldsymbol{A}\boldsymbol{B}|=|\boldsymbol{A}||\boldsymbol{B}|$.

上面的(1)、(2) 直接由行列式的性质可得，而(3) 的证明稍显麻烦，在 2.4 节将给出较为简洁的证明. 但值得注意的是，对于 n 阶方阵 $\boldsymbol{A},\boldsymbol{B}$，一般 $\boldsymbol{A}\boldsymbol{B}=\boldsymbol{B}\boldsymbol{A}$ 不成立，但由运算规律(3) 可知 $|\boldsymbol{A}\boldsymbol{B}|=|\boldsymbol{B}\boldsymbol{A}|$ 成立.

2.2.7 对称矩阵

定义 8 若 n 阶矩阵 $\boldsymbol{A}=(a_{ij})$ 满足 $\boldsymbol{A}^{\mathrm{T}}=\boldsymbol{A}$，即 $a_{ij}=a_{ji}$，$\forall i,j=1,2,\cdots,n$，则称矩阵 $\boldsymbol{A}$ 为**对称矩阵**. 另外，若 n 阶矩阵 $\boldsymbol{A}=(a_{ij})$ 满足 $\boldsymbol{A}^{\mathrm{T}}=-\boldsymbol{A}$，即 $a_{ij}=-a_{ji}$，$\forall i,j=1,2,\cdots,n$，则称矩阵 $\boldsymbol{A}$ 为**反对称矩阵**.

对称矩阵的元素关于主对角线对称，反对称矩阵上的关于主对角线对称的

元素之和为零,并且其主对角线上的元素全为零.例如:

$$\begin{pmatrix}-1&3\\3&2\end{pmatrix},\begin{pmatrix}1&2&-1\\2&-1&4\\-1&4&5\end{pmatrix}\text{均为对称矩阵,而}$$

$$\begin{pmatrix}0&3\\-3&0\end{pmatrix},\begin{pmatrix}0&2&-1\\-2&0&4\\1&-4&0\end{pmatrix}\text{均为反对称矩阵.}$$

例7 已知矩阵 $\boldsymbol{X}=(x_1,x_2,\cdots,x_n)^{\mathrm{T}}$ 且满足 $\boldsymbol{X}^{\mathrm{T}}\boldsymbol{X}=(1)$,设 $\boldsymbol{E}$ 为 n 阶单位矩阵,$\boldsymbol{H}=\boldsymbol{E}-2\boldsymbol{X}\boldsymbol{X}^{\mathrm{T}}$.证明:$\boldsymbol{H}$ 为对称矩阵,且 $\boldsymbol{H}\boldsymbol{H}^{\mathrm{T}}=\boldsymbol{E}$.

证明 由于 $\boldsymbol{H}^{\mathrm{T}}=(\boldsymbol{E}-2\boldsymbol{X}\boldsymbol{X}^{\mathrm{T}})^{\mathrm{T}}=\boldsymbol{E}^{\mathrm{T}}-2(\boldsymbol{X}\boldsymbol{X}^{\mathrm{T}})^{\mathrm{T}}=\boldsymbol{E}-2\boldsymbol{X}\boldsymbol{X}^{\mathrm{T}}=\boldsymbol{H}$,所以 $\boldsymbol{H}$ 为对称矩阵.又

$$\begin{aligned}\boldsymbol{H}\boldsymbol{H}^{T}=\boldsymbol{H}^2&=(\boldsymbol{E}-2\boldsymbol{X}\boldsymbol{X}^{\mathrm{T}})^2=\boldsymbol{E}-4\boldsymbol{X}\boldsymbol{X}^{\mathrm{T}}+4(\boldsymbol{X}\boldsymbol{X}^{\mathrm{T}})(\boldsymbol{X}\boldsymbol{X}^{\mathrm{T}})\\&=\boldsymbol{E}-4\boldsymbol{X}\boldsymbol{X}^{\mathrm{T}}+4\boldsymbol{X}(\boldsymbol{X}^{\mathrm{T}}\boldsymbol{X})\boldsymbol{X}^{\mathrm{T}}.\end{aligned}$$

则由题可知 $\boldsymbol{H}\boldsymbol{H}^{\mathrm{T}}=\boldsymbol{E}$.

2.2.8 共轭矩阵

定义9 设矩阵 $\boldsymbol{A}=(a_{ij})$ 为复矩阵,记 $\overline{\boldsymbol{A}}=(\overline{a_{ij}})$ 表示矩阵 $\boldsymbol{A}$ 的共轭矩阵,其中 $\overline{a}_{ij}$ 为 a_{ij} 的共轭复数.易验证共轭矩阵满足以下运算规律(设 $\boldsymbol{A},\boldsymbol{B}$ 为复矩阵,且运算可行):

(1) $\overline{\boldsymbol{A}+\boldsymbol{B}}=\overline{\boldsymbol{A}}+\overline{\boldsymbol{B}}$;　　(2) $\overline{\lambda\boldsymbol{A}}=\overline{\lambda}\,\overline{\boldsymbol{A}}$($\lambda$ 为复数);

(3) $\overline{\boldsymbol{A}\boldsymbol{B}}=\overline{\boldsymbol{A}}\,\overline{\boldsymbol{B}}$;　　(4) $\overline{(\boldsymbol{A}^{\mathrm{T}})}=(\overline{\boldsymbol{A}})^{\mathrm{T}}$.

习题 2.2

1.设矩阵 $\boldsymbol{A}=\begin{pmatrix}1&1&1\\1&1&-1\\1&-1&1\end{pmatrix}$,$\boldsymbol{B}=\begin{pmatrix}1&2&3\\-1&-2&4\\0&5&1\end{pmatrix}$,求 $3\boldsymbol{A}\boldsymbol{B}-2\boldsymbol{A}$ 和 $\boldsymbol{A}^{\mathrm{T}}\boldsymbol{B}$.

2.解下列矩阵方程,求出未知矩阵 $\boldsymbol{X}$.

$$\begin{pmatrix}2&5\\1&3\end{pmatrix}\boldsymbol{X}=\begin{pmatrix}4&-6\\2&1\end{pmatrix}.$$

3. 设矩阵 $\boldsymbol{A}=\begin{pmatrix}1 & 1\\0 & 1\end{pmatrix}$，求所有与 $\boldsymbol{A}$ 可交换的矩阵.

4. 计算下列矩阵(其中 n 为正整数)：

(1) $\begin{pmatrix}1 & 1\\0 & 0\end{pmatrix}^n$；　　(2) $\begin{pmatrix}\lambda & 1 & 0\\ & \lambda & 1\\ & & \lambda\end{pmatrix}^n$.

5. 证明：对任意的 $m\times n$ 矩阵 $\boldsymbol{A}$，$\boldsymbol{A}^{\mathrm{T}}\boldsymbol{A}$ 一定是对称矩阵.

2.3　逆矩阵

学习目标：

1. 理解逆矩阵的定义；
2. 掌握求逆矩阵的方法；
3. 了解逆矩阵的应用.

2.2 节讨论了矩阵的加、减和乘法运算.而在数的运算中除了有加、减和乘法运算，还有除法运算，其可作为乘法的逆运算，矩阵的乘法运算是否也有逆运算？本节要讨论的就是矩阵乘法运算的逆运算，即矩阵的求逆运算.

2.3.1　逆矩阵的概念

引例1　某公司有两个工厂，生产甲、乙两种产品，两个工厂每天生产两种产品的数量可用矩阵表示为

$$\begin{matrix} & \text{甲} & \text{乙} & \\ \boldsymbol{A}= & \left(\begin{matrix}5\\6\end{matrix}\right. & \left.\begin{matrix}7\\3\end{matrix}\right) & \begin{matrix}\text{工厂一}\\\text{工厂二}\end{matrix}\end{matrix}$$

各工厂每天总收入用矩阵表示为

$$\boldsymbol{B}=\begin{pmatrix}290\\240\end{pmatrix}\begin{matrix}\text{工厂一}\\\text{工厂二}\end{matrix}$$

求两种产品的单位售价.

分析 若设两种产品的单位售价为 $\boldsymbol{C}=\begin{pmatrix}x_1\\x_2\end{pmatrix}$.

根据题意有 $\boldsymbol{AC}=\boldsymbol{B}$,即$\begin{pmatrix}5&7\\6&3\end{pmatrix}\begin{pmatrix}x_1\\x_2\end{pmatrix}=\begin{pmatrix}290\\240\end{pmatrix}$.

如何从 $\boldsymbol{AC}=\boldsymbol{B}$ 中求得两种产品的单位售价 $\boldsymbol{C}$? 因为矩阵仅是一个数表,不是一个实数,所以在 $\boldsymbol{AC}=\boldsymbol{B}$ 的两边不能除以 $\boldsymbol{A}$.我们先引入逆矩阵的概念.

定义 1 设 $\boldsymbol{A}$ 是 n 阶方阵,若存在 n 阶方阵 $\boldsymbol{B}$,使得

$$\boldsymbol{AB}=\boldsymbol{BA}=\boldsymbol{E},$$

则称矩阵 $\boldsymbol{A}$ 是**可逆矩阵**或者**非奇异矩阵**,$\boldsymbol{B}$ 称为 $\boldsymbol{A}$ 的**逆矩阵**,记为 $\boldsymbol{B}=\boldsymbol{A}^{-1}$.

若不存在满足上式的矩阵 $\boldsymbol{B}$,则称 $\boldsymbol{A}$ 是**不可逆矩阵**或者**奇异矩阵**.

命题 1 若矩阵 $\boldsymbol{A}$ 可逆,则其逆矩阵是唯一的.

证明 设 n 阶方阵 $\boldsymbol{B}$ 和 $\boldsymbol{C}$ 都是 $\boldsymbol{A}$ 的逆矩阵,即

$$\boldsymbol{AB}=\boldsymbol{BA}=\boldsymbol{E},\boldsymbol{AC}=\boldsymbol{CA}=\boldsymbol{E}.$$

则 $\boldsymbol{B}=\boldsymbol{BE}=\boldsymbol{B}(\boldsymbol{AC})=(\boldsymbol{BA})\boldsymbol{C}=\boldsymbol{EC}=\boldsymbol{C}$.所以 $\boldsymbol{A}$ 的逆矩阵是唯一的.

例 1 设矩阵 $\boldsymbol{A}=\begin{pmatrix}2&1\\-1&0\end{pmatrix}$,问 $\boldsymbol{A}$ 是否可逆? 若可逆,则求其逆矩阵 $\boldsymbol{B}$.

解 假设 $\boldsymbol{A}$ 可逆,并且设 $\boldsymbol{B}=\begin{pmatrix}a&b\\c&d\end{pmatrix}$ 是 $\boldsymbol{A}$ 的逆矩阵,则由逆矩阵的定义,得

$$\boldsymbol{AB}=\begin{pmatrix}2a+c&2b+d\\-a&-b\end{pmatrix}=\boldsymbol{E}=\begin{pmatrix}1&0\\0&1\end{pmatrix},$$

从而 $2a+c=1,2b+d=0,-a=0,-b=1$.解得

$$a=0,b=-1,c=1,d=2.$$

即 $\boldsymbol{B}=\begin{pmatrix}0&-1\\1&2\end{pmatrix}$.另外,容易验证 $\boldsymbol{BA}=\boldsymbol{E}$ 也成立.所以 $\boldsymbol{A}$ 可逆,且其逆矩阵为$\boldsymbol{B}=\begin{pmatrix}0&-1\\1&2\end{pmatrix}$.

上例是根据逆矩阵的定义用待定系数法求逆矩阵,这是一个求逆矩阵的基本方法.当 n 较大时,计算量很大.我们不妨考虑对角阵的逆矩阵,则容易验证如下结论:

命题 2　设矩阵 $\boldsymbol{A}=\begin{pmatrix}\lambda_1 & 0 & \cdots & 0\\ 0 & \lambda_2 & \cdots & 0\\ 0 & 0 & & \vdots\\ 0 & 0 & \cdots & \lambda_n\end{pmatrix}$，其中 $\lambda_i\neq 0(i=1,2,\cdots,n)$，则

$$\boldsymbol{A}^{-1}=\begin{pmatrix}\lambda_1^{-1} & 0 & \cdots & 0\\ 0 & \lambda_2^{-1} & \cdots & 0\\ 0 & 0 & & \vdots\\ 0 & 0 & \cdots & \lambda_n^{-1}\end{pmatrix}.$$

2.3.2　伴随矩阵及其与逆矩阵的关系

当 $\boldsymbol{A}$ 是一阶方阵时，它是由一个数构成的矩阵，记 $\boldsymbol{A}=(a)$，此时只要 $a\neq 0$，总有 $\boldsymbol{A}$ 可逆，且逆矩阵 $\boldsymbol{B}=(a^{-1})$. 故在下面的讨论中，总是假设矩阵的阶数 $n\geqslant 2$. 显然，单位矩阵 $\boldsymbol{E}$ 可逆，且逆矩阵为其本身 $\boldsymbol{E}$.

为讨论矩阵可逆的充分必要条件，需要引入伴随矩阵的定义.

定义 2　设 A_{ij} 是 $n(n\geqslant 2)$ 阶矩阵 $\boldsymbol{A}=(a_{ij})$ 的行列式 $|\boldsymbol{A}|$ 中元素 a_{ij} 的代数余子式，则称矩阵

$$\begin{pmatrix}A_{11} & A_{21} & \cdots & A_{n1}\\ A_{12} & A_{22} & \cdots & A_{n2}\\ \vdots & \vdots & & \vdots\\ A_{1n} & A_{2n} & \cdots & A_{nn}\end{pmatrix}$$

为矩阵 $\boldsymbol{A}$ 的伴随矩阵，记作 $\boldsymbol{A}^*$.

注意　$|\boldsymbol{A}|$ 中的代数余子式在 $\boldsymbol{A}$ 的伴随矩阵中的排列顺序是需格外引起读者注意的.

例 2　设矩阵 $\boldsymbol{A}=\begin{pmatrix}1 & 2\\ 3 & 4\end{pmatrix}$，求 $\boldsymbol{A}^*$ 及 $\boldsymbol{A}\boldsymbol{A}^*$.

解　由伴随矩阵的定义，为求 $\boldsymbol{A}$ 的伴随矩阵，先求 $|\boldsymbol{A}|$ 的代数余子式，得

$$A_{11}=4,A_{12}=-3,A_{21}=-2,A_{22}=1.$$

从而 $\boldsymbol{A}^*=\begin{pmatrix}4 & -2\\ -3 & 1\end{pmatrix}$，且 $\boldsymbol{A}\boldsymbol{A}^*=\begin{pmatrix}-2 & \\ & -2\end{pmatrix}=-2\boldsymbol{E}$.

根据行列式的按行按列展开定理，不难得到以下结论：

命题 3　对任意 $n(n\geqslant 2)$ 阶方阵 $\boldsymbol{A}$，都有

$$AA^* = A^*A = |A|E.$$

定理 1　方阵 A 为可逆矩阵的充分必要条件是 $|A| \neq 0$. 且当 A 为可逆矩阵,则有

$$A^{-1} = \frac{1}{|A|}A^*.$$

证明　先证必要性:若 A 为可逆矩阵,则由可逆矩阵的定义可知,存在矩阵 B,使得

$$AB = BA = E.$$

两边求行列式,可知

$$|AA^{-1}| = |A||A^{-1}| = |E| = 1.$$

所以　$|A| \neq 0$.

再证充分性:若 $|A| \neq 0$,则由命题 3 得

$$AA^* = A^*A = |A|E.$$

从而

$$A\left(\frac{1}{|A|}A^*\right) = \left(\frac{1}{|A|}A^*\right)A = E.$$

则由矩阵可逆的定义可知矩阵 A 为可逆矩阵,且 $A^{-1} = \dfrac{1}{|A|}A^*$.

定理 1 不仅给出了矩阵可逆的条件,而且还给出了求逆矩阵的一种方法,该方法又称为伴随矩阵求逆公式. 根据定理 1,则有以下推论.

推论 1　设 A,B 为 n 阶矩阵,若

$$AB = E(\text{或 } BA = E),$$

则矩阵 A,B 都可逆,且 $A^{-1} = B, B^{-1} = A$.

此推论说明,要判断矩阵 B 是否是 A 的逆矩阵,不必严格按照定义检验 $AB = BA = E$,而只要检验 $AB = E$ 或者 $BA = E$ 是否成立即可.

例 3　求矩阵 $A = \begin{pmatrix} 1 & 2 & 3 \\ 1 & 3 & 4 \\ 2 & 1 & 2 \end{pmatrix}$ 的逆矩阵.

解　因为 $|A| = \begin{vmatrix} 1 & 2 & 3 \\ 1 & 3 & 4 \\ 2 & 1 & 2 \end{vmatrix} = \begin{vmatrix} 1 & 2 & 3 \\ 0 & 1 & 1 \\ 0 & -3 & -4 \end{vmatrix} = \begin{vmatrix} 1 & 2 & 3 \\ 0 & 1 & 1 \\ 0 & 0 & -1 \end{vmatrix} = -1 \neq 0$,所以 A 可逆. 又

$$A_{11}=(-1)^2\begin{vmatrix}3&4\\1&2\end{vmatrix}=2,A_{13}=(-1)^4\begin{vmatrix}1&3\\2&1\end{vmatrix}=-5,A_{22}=(-1)^4\begin{vmatrix}1&3\\2&2\end{vmatrix}=-4$$

$$A_{12}=(-1)^3\begin{vmatrix}1&4\\2&2\end{vmatrix}=6,A_{21}=(-1)^3\begin{vmatrix}2&3\\1&2\end{vmatrix}=-1,A_{23}=(-1)^5\begin{vmatrix}1&2\\2&1\end{vmatrix}=3$$

$$A_{31}=(-1)^4\begin{vmatrix}2&3\\3&4\end{vmatrix}=-1,A_{32}=(-1)^5\begin{vmatrix}1&3\\1&4\end{vmatrix}=-1,A_{33}=(-1)^6\begin{vmatrix}1&2\\1&3\end{vmatrix}=1,$$

于是$\boldsymbol{A}^*=\begin{pmatrix}2&-1&-1\\6&-4&-1\\-5&3&1\end{pmatrix}$,所以$\boldsymbol{A}^{-1}=\dfrac{1}{-1}\boldsymbol{A}^*=\begin{pmatrix}-2&1&1\\-6&4&1\\5&-3&-1\end{pmatrix}$.

从上例可以看到,用伴随矩阵求逆矩阵的计算量较大,因此通常只用来求阶数较低的或者比较特殊的矩阵的逆矩阵,本章还会陆续介绍求矩阵逆的其他方法.

例4 设$n(n\geqslant 2)$阶方阵$\boldsymbol{A}$的伴随矩阵为$\boldsymbol{A}^*$,证明:

(1)若$|\boldsymbol{A}|=0$则$|\boldsymbol{A}^*|=0$; (2)$|\boldsymbol{A}^*|=|\boldsymbol{A}|^{n-1}$.

证明 由命题3得

$$\boldsymbol{A}\boldsymbol{A}^*=|\boldsymbol{A}|\boldsymbol{E}.$$

在上式两边取行列式得

$$|\boldsymbol{A}||\boldsymbol{A}^*|=|\boldsymbol{A}|^n.$$

(1)由题$|\boldsymbol{A}|=0$分两种情况讨论:

(i)若$\boldsymbol{A}=0$,则$\boldsymbol{A}^*=0$,从而$|\boldsymbol{A}^*|=0$;

(ii)若$\boldsymbol{A}\neq 0$,则有$|\boldsymbol{A}^*|=0$.如若不然,$|\boldsymbol{A}^*|\neq 0$,则$\boldsymbol{A}^*$可逆,由此得

$$\boldsymbol{A}=\boldsymbol{A}\boldsymbol{E}=\boldsymbol{A}[\boldsymbol{A}^*(\boldsymbol{A}^*)^{-1}]=(\boldsymbol{A}\boldsymbol{A}^*)(\boldsymbol{A}^*)^{-1}|\boldsymbol{A}|\boldsymbol{E}(\boldsymbol{A}^*)^{-1}=0,$$

这与$\boldsymbol{A}\neq 0$矛盾,故若$|\boldsymbol{A}|=0$但$\boldsymbol{A}\neq 0$,也有$|\boldsymbol{A}^*|=0$. 所以综合(i)(ii)可得当$|\boldsymbol{A}|=0$必有$|\boldsymbol{A}^*|=0$.

(2)若$|\boldsymbol{A}|\neq 0$,由$|\boldsymbol{A}||\boldsymbol{A}^*|=|\boldsymbol{A}|^n$即得$|\boldsymbol{A}^*|=|\boldsymbol{A}|^{n-1}$;若$|\boldsymbol{A}|=0$,由(1)同样有$|\boldsymbol{A}^*|=|\boldsymbol{A}|^{n-1}$.总之$|\boldsymbol{A}^*|=|\boldsymbol{A}|^{n-1}$.

2.3.3 可逆矩阵的性质

设矩阵$\boldsymbol{A},\boldsymbol{B}$为$n$阶可逆矩阵,则容易验证有以下结论:

(1)$(\boldsymbol{A}^{-1})^{-1}=\boldsymbol{A}$; (2)$(k\boldsymbol{A})^{-1}=\dfrac{1}{k}\boldsymbol{A}^{-1}$($k$为不等于0的常数);

(3)$(\boldsymbol{A}^{\mathrm{T}})^{-1}=(\boldsymbol{A}^{-1})^{\mathrm{T}}$; (4)$(\boldsymbol{A}\boldsymbol{B})^{-1}=\boldsymbol{B}^{-1}\boldsymbol{A}^{-1}$; (5)$|\boldsymbol{A}^{-1}|=|\boldsymbol{A}|^{-1}$.

结论(4) 还可推广为:

若 $\boldsymbol{A}_1,\boldsymbol{A}_2,\cdots,\boldsymbol{A}_k$ 都是 n 阶可逆矩阵,则 $\boldsymbol{A}_1\boldsymbol{A}_2\cdots\boldsymbol{A}_k$ 也可逆,且

$$(\boldsymbol{A}_1\boldsymbol{A}_2\cdots\boldsymbol{A}_{k-1}\boldsymbol{A}_k)^{-1}=\boldsymbol{A}_k^{-1}\boldsymbol{A}_{k-1}^{-1}\cdots\boldsymbol{A}_2^{-1}\boldsymbol{A}_1^{-1}.$$

我们发现转置矩阵和可逆矩阵都具有类似(1)—(4) 的结论,那自然会问:

问题 1 对任意的 n 阶矩阵 $\boldsymbol{A}$,设 $\boldsymbol{A}^*$ 是其伴随矩阵.则以下 4 条是否正确:

(1) $(\boldsymbol{A}^*)^*=\boldsymbol{A}$;　　(2) $(k\boldsymbol{A})^*=\dfrac{1}{k}\boldsymbol{A}^*$($k$ 为不等于 0 的常数);

(3) $(\boldsymbol{A}^{\mathrm{T}})^*=(\boldsymbol{A}^*)^{\mathrm{T}}$;　(4) $(\boldsymbol{AB})^*=\boldsymbol{B}^*\boldsymbol{A}^*$.

例 5 已知可逆矩阵

$$\boldsymbol{A}=\begin{pmatrix}1&1&1\\1&2&1\\1&1&3\end{pmatrix},$$

求其伴随矩阵 $\boldsymbol{A}^*$ 的逆矩阵.

解 若先求伴随再求逆的方法,计算量显然很大,但由定理 1 得

$$\boldsymbol{A}^*=|\boldsymbol{A}|\boldsymbol{A}^{-1}.$$

则

$$(\boldsymbol{A}^*)^{-1}=(|\boldsymbol{A}|\boldsymbol{A}^{-1})^{-1}=\frac{1}{|\boldsymbol{A}|}(\boldsymbol{A}^{-1})^{-1}=\frac{1}{|\boldsymbol{A}|}\boldsymbol{A}.$$

又

$$|\boldsymbol{A}|=\begin{vmatrix}1&1&1\\1&2&1\\1&1&3\end{vmatrix}=2.$$

故 $$(\boldsymbol{A}^*)^{-1}=\frac{1}{2}\begin{pmatrix}1&1&1\\1&2&1\\1&1&3\end{pmatrix}.$$

2.3.4 可逆矩阵的应用

例 6 解线性方程组 $\begin{cases}3x_1+2x_2+x_3=1\\x_1+2x_2+2x_3=2\\3x_1+4x_2+3x_3=3\end{cases}$.

解 该线性方程组的矩阵形式为

$$\begin{pmatrix}3&2&1\\1&2&2\\3&4&3\end{pmatrix}\begin{pmatrix}x_1\\x_2\\x_3\end{pmatrix}=\begin{pmatrix}1\\2\\3\end{pmatrix}.$$

因为$\begin{vmatrix}3&2&1\\1&2&2\\3&4&3\end{vmatrix}=-2\neq 0$,所以

$$\begin{pmatrix}x_1\\x_2\\x_3\end{pmatrix}=\begin{pmatrix}3&2&1\\1&2&2\\3&4&3\end{pmatrix}^{-1}\begin{pmatrix}1\\2\\3\end{pmatrix}=-\frac{1}{2}\begin{pmatrix}-2&-2&2\\3&6&-5\\-2&-6&4\end{pmatrix}\begin{pmatrix}1\\2\\3\end{pmatrix}=\begin{pmatrix}0\\0\\1\end{pmatrix}.$$

因此,线性方程组的解为$x_1=0,x_2=0,x_3=1$.

2.3.5 矩阵多项式

设$f(x)=a_mx^m+a_{m-1}x^{m-1}+\cdots+a_1x_1+a_0$是关于$x$的$m$次多项式,$\boldsymbol{A}$为$n$阶方程

$$f(\boldsymbol{A})=a_m\boldsymbol{A}^m+a_{m-1}\boldsymbol{A}^{m-1}+\cdots+a_1\boldsymbol{A}+a_0\boldsymbol{E}$$

为**矩阵$\boldsymbol{A}$的m次多项式**.注意,$f(\boldsymbol{A})$也是矩阵.

设$f(\boldsymbol{A}),g(\boldsymbol{A})$均为矩阵$\boldsymbol{A}$的多项式,显然$f(\boldsymbol{A})$和$g(\boldsymbol{A})$是可交换的,即

$$f(\boldsymbol{A})g(\boldsymbol{A})=g(\boldsymbol{A})f(\boldsymbol{A}).$$

所以矩阵$\boldsymbol{A}$的多项式可以像x的多项式一样进行相乘或因式分解.例如

$$(\boldsymbol{E}+\boldsymbol{A}+\boldsymbol{A}^2)(\boldsymbol{E}-\boldsymbol{A})=\boldsymbol{E}-\boldsymbol{A}^3,\boldsymbol{A}^2+2\boldsymbol{A}+\boldsymbol{E}=(\boldsymbol{A}+\boldsymbol{E})^2.$$

习题 2.3

1.求矩阵$\boldsymbol{A}$的逆矩阵,其中

(1)$\boldsymbol{A}=\begin{pmatrix}1&2&-3\\0&1&2\\0&0&1\end{pmatrix}$;　　(2)$\boldsymbol{A}=\begin{pmatrix}1&2&1\\1&0&2\\-1&3&0\end{pmatrix}$.

2.设$\boldsymbol{A}=\begin{pmatrix}4&2&3\\1&1&0\\-1&2&3\end{pmatrix}$,$\boldsymbol{AB}=\boldsymbol{A}+2\boldsymbol{B}$,求$\boldsymbol{B}$.

3.求解下列矩阵方程：

$$\begin{pmatrix}1 & 4 & 2\\0 & -3 & -2\\0 & 0 & 3\end{pmatrix}\boldsymbol{X}=\begin{pmatrix}2\\-1\\3\end{pmatrix}.$$

4.设 $\boldsymbol{A}$ 为 3 阶可逆方阵，$\boldsymbol{A}=\begin{pmatrix}1 & 2 & 3 & 4\\0 & 2 & 3 & 4\\0 & 0 & 3 & 4\\0 & 0 & 2 & 4\end{pmatrix}$，求 $(\boldsymbol{A}^{-1})^*$，$[(\boldsymbol{A}^*)^{-1}]^*$.

5.已知 $\boldsymbol{A}$ 为 4 阶方阵，且 $|\boldsymbol{A}|=3$，求行列式 $\left|\frac{1}{3}\boldsymbol{A}^*-4\boldsymbol{A}^{-1}\right|$ 的值.

2.4 分块矩阵

学习目标：

1. 了解分块矩阵的作用和意义；
2. 会利用分块矩阵简化相关的矩阵运算.

2.4.1 分块矩阵的概念

对于行数和列数较大的矩阵，为了简化运算，常常采用分块法，即将大矩阵划分成若干小矩阵，使得大矩阵的运算变成小矩阵的运算，也可以使得原来大矩阵的结构显得更加清晰.

定义 1 一个 $m\times n$ 矩阵 $\boldsymbol{A}$ 被纵线和横线按一定需要分成若干个低阶矩阵，每一个低阶矩阵称为矩阵 $\boldsymbol{A}$ 的**子块**.以所生成的子块为元素的矩阵称为矩阵 $\boldsymbol{A}$ 的**分块矩阵**.

例如，用一条纵线和一条横线可以将下面的矩阵

$$\boldsymbol{A}=\begin{pmatrix}1 & 0 & 1\\0 & 1 & 3\\0 & 0 & 1\\0 & 0 & 0\end{pmatrix}$$

分成 4 块：

$$A = \left(\begin{array}{cc:c} 1 & 0 & 1 \\ 0 & 1 & 3 \\ \hdashline 0 & 0 & 1 \\ 0 & 0 & 0 \end{array}\right) \xlongequal{\text{记}} \begin{pmatrix} E_2 & A_{12} \\ O_{2\times2} & E_1 \end{pmatrix}.$$

其中 $A_{12} = \begin{pmatrix} 1 \\ 3 \end{pmatrix}$，$E_1 = \begin{pmatrix} 1 \\ 0 \end{pmatrix}$，$E_2 = \begin{pmatrix} 1 & 0 \\ 0 & 1 \end{pmatrix}$，$O_{2\times2} = \begin{pmatrix} 0 & 0 \\ 0 & 0 \end{pmatrix}$.

也可以用一条横线将它分成两块：

$$A = \left(\begin{array}{ccc} 1 & 0 & 1 \\ 0 & 1 & 3 \\ 0 & 0 & 1 \\ \hdashline 0 & 0 & 0 \end{array}\right) \xlongequal{\text{记}} \begin{pmatrix} A_{11} \\ O_{1\times3} \end{pmatrix},$$

其中 $A_{11} = \begin{pmatrix} 1 & 0 & 1 \\ 0 & 1 & 3 \\ 0 & 0 & 1 \end{pmatrix}$，$O_{1\times3} = (0 \quad 0 \quad 0)$.

从上述分法可以看到，对于给定的一个矩阵，可以有很多种不同的分块方法，采用何种分块，完全根据实际需要而定，并充分利用给定矩阵的特点，使问题尽可能简化.

如果把分块矩阵的每一个子块作为矩阵的一个元素，可以按照矩阵的运算法则建立分块矩阵的运算法则.

2.4.2　分块矩阵的运算

1）加法和数乘运算

设 A，B 是两个 $m\times n$ 矩阵，将它们用同样的方法分块，设为

$$A = \begin{pmatrix} A_{11} & A_{12} & \cdots & A_{1t} \\ A_{21} & A_{22} & \cdots & A_{2t} \\ \vdots & \vdots & & \vdots \\ A_{s1} & A_{s2} & \cdots & A_{st} \end{pmatrix}_{m\times n} = (A_{ij})_{s\times t}, B = \begin{pmatrix} B_{11} & B_{12} & \cdots & B_{1t} \\ B_{21} & B_{22} & \cdots & B_{2t} \\ \vdots & \vdots & & \vdots \\ B_{s1} & B_{s2} & \cdots & B_{st} \end{pmatrix}_{m\times n} = (B_{ij})_{s\times t},$$

其中，$(A_{ij})_{s\times t}$ 和 $(B_{ij})_{s\times t}$ 是同型矩阵（$i=1,2,\cdots,s$；$j=1,2,\cdots,t$），则可得分块矩阵的加法和数乘运算分别如下：

$$\boldsymbol{A}+\boldsymbol{B}=\begin{pmatrix}\boldsymbol{A}_{11}+\boldsymbol{B}_{11} & \boldsymbol{A}_{12}+\boldsymbol{B}_{12} & \cdots & \boldsymbol{A}_{1t}+\boldsymbol{B}_{1t}\\ \boldsymbol{A}_{21}+\boldsymbol{B}_{21} & \boldsymbol{A}_{22}+\boldsymbol{B}_{22} & \cdots & \boldsymbol{A}_{2t}+\boldsymbol{B}_{2t}\\ \vdots & \vdots & & \vdots\\ \boldsymbol{A}_{s1}+\boldsymbol{B}_{s1} & \boldsymbol{A}_{s2}+\boldsymbol{B}_{s2} & \cdots & \boldsymbol{A}_{st}+\boldsymbol{B}_{st}\end{pmatrix}$$

即两个同型矩阵相加,只需在相同分法下,对应子块相加即可.

$$k\boldsymbol{A}=\begin{pmatrix}k\boldsymbol{A}_{11} & k\boldsymbol{A}_{12} & \cdots & k\boldsymbol{A}_{1t}\\ k\boldsymbol{A}_{21} & k\boldsymbol{A}_{22} & \cdots & k\boldsymbol{A}_{2t}\\ \vdots & \vdots & & \vdots\\ k\boldsymbol{A}_{s1} & k\boldsymbol{A}_{s2} & \cdots & k\boldsymbol{A}_{st}\end{pmatrix}\text{(这里 }k\text{ 为常数)}.$$

即数与分块矩阵的数乘运算就是将该数与分块矩阵的每个子阵相乘即可.

很容易验证:它们运算的结果和没分块之前原矩阵经加法和数乘运算的结果是相同的,且关于矩阵加法和数乘运算的性质同样适用于分块矩阵的加法和数乘运算.为方便起见,将这两种运算简记为

$$\boldsymbol{A}+\boldsymbol{B}=(\boldsymbol{A}_{ij}+\boldsymbol{B}_{ij})_{s\times t},\quad k\boldsymbol{A}=(k\boldsymbol{A}_{ij})_{s\times t}.$$

2)**乘法**

设 $\boldsymbol{A}$ 为 $m\times l$ 矩阵,$\boldsymbol{B}$ 为 $l\times n$ 矩阵,由矩阵乘法可得 $\boldsymbol{AB}$ 为 $m\times n$ 矩阵.现在对矩阵 $\boldsymbol{A},\boldsymbol{B}$ 作相同的分块,分块如下:

$$\boldsymbol{A}=\begin{pmatrix}\boldsymbol{A}_{11} & \boldsymbol{A}_{12} & \cdots & \boldsymbol{A}_{1t}\\ \boldsymbol{A}_{21} & \boldsymbol{A}_{22} & \cdots & \boldsymbol{A}_{2t}\\ \vdots & \vdots & & \vdots\\ \boldsymbol{A}_{s1} & \boldsymbol{A}_{s2} & \cdots & \boldsymbol{A}_{st}\end{pmatrix},\quad \boldsymbol{B}=\begin{pmatrix}\boldsymbol{B}_{11} & \boldsymbol{B}_{12} & \cdots & \boldsymbol{B}_{1r}\\ \boldsymbol{B}_{21} & \boldsymbol{B}_{22} & \cdots & \boldsymbol{B}_{2r}\\ \vdots & \vdots & & \vdots\\ \boldsymbol{B}_{t1} & \boldsymbol{B}_{t2} & \cdots & \boldsymbol{B}_{tr}\end{pmatrix}$$

其中,$\boldsymbol{A}_{i1},\boldsymbol{A}_{i2},\cdots,\boldsymbol{A}_{it}$ 的列数分别等于 $\boldsymbol{B}_{1j},\boldsymbol{B}_{2j},\cdots,\boldsymbol{B}_{tj}$ 的行数,则可求分块矩阵 $\boldsymbol{A}$ 与 $\boldsymbol{B}$ 的乘法运算,若记 $\boldsymbol{C}=\boldsymbol{AB}$,则

$$\boldsymbol{C}=\begin{pmatrix}\boldsymbol{C}_{11} & \boldsymbol{C}_{12} & \cdots & \boldsymbol{C}_{1r}\\ \boldsymbol{C}_{21} & \boldsymbol{C}_{22} & \cdots & \boldsymbol{C}_{2r}\\ \vdots & \vdots & & \vdots\\ \boldsymbol{C}_{s1} & \boldsymbol{C}_{s2} & \cdots & \boldsymbol{C}_{sr}\end{pmatrix},$$

其中

$$\boldsymbol{C}_{ij}=\boldsymbol{A}_{i1}\boldsymbol{B}_{1j}+\boldsymbol{A}_{i2}\boldsymbol{B}_{2j}+\cdots+\boldsymbol{A}_{ir}\boldsymbol{B}_{rj}=\sum_{k=1}^{t}\boldsymbol{A}_{ik}\boldsymbol{B}_{kj}(i=1,2,\cdots,s;j=1,2,\cdots,r).$$

这与普通矩阵乘法规则在形式上也是一致的.但必须注意:左矩阵的块始终在乘积的左边,右矩阵的块始终在乘积的右边,且可以证明,用分块矩阵求得的乘积 $\boldsymbol{AB}$ 与矩阵不分块做乘法运算求得的乘积 $\boldsymbol{AB}$ 是相同的.

例 1　按下列分块计算 $\boldsymbol{AB}$,其中

$$\boldsymbol{A}=\left(\begin{array}{cc:cc}1&0&0&0\\0&1&0&0\\ \hdashline 3&4&1&0\\2&-1&0&1\end{array}\right),\quad \boldsymbol{B}=\left(\begin{array}{cc:cc}-1&0&1&0\\2&3&0&1\\ \hdashline 7&8&9&13\\-6&3&-15&12\end{array}\right).$$

解　设 $\boldsymbol{A}_1=\begin{pmatrix}3&4\\2&-1\end{pmatrix},\boldsymbol{B}_1=\begin{pmatrix}-1&0\\2&3\end{pmatrix},\boldsymbol{B}_2=\begin{pmatrix}7&8\\-6&3\end{pmatrix},\boldsymbol{B}_3=\begin{pmatrix}9&13\\-15&12\end{pmatrix}$,

则

$$\boldsymbol{AB}=\begin{pmatrix}\boldsymbol{E}_2&0\\\boldsymbol{A}_1&\boldsymbol{E}_2\end{pmatrix}\begin{pmatrix}\boldsymbol{B}_1&\boldsymbol{E}_2\\\boldsymbol{B}_2&\boldsymbol{B}_3\end{pmatrix}=\begin{pmatrix}\boldsymbol{B}_2&\boldsymbol{E}_2\\\boldsymbol{A}_1\boldsymbol{B}_1+\boldsymbol{B}_2&\boldsymbol{A}_1+\boldsymbol{B}_3\end{pmatrix}.$$

而

$$\boldsymbol{A}_1\boldsymbol{B}_1+\boldsymbol{B}_2=\begin{pmatrix}3&4\\2&-1\end{pmatrix}\begin{pmatrix}-1&0\\2&3\end{pmatrix}+\begin{pmatrix}7&8\\-6&3\end{pmatrix}=\begin{pmatrix}12&20\\-10&0\end{pmatrix},$$

$$\boldsymbol{A}_1+\boldsymbol{B}_3=\begin{pmatrix}3&4\\2&-1\end{pmatrix}+\begin{pmatrix}9&13\\-15&12\end{pmatrix}=\begin{pmatrix}12&17\\-13&11\end{pmatrix}.$$

于是 $\boldsymbol{AB}=\begin{pmatrix}-1&0&1&0\\2&3&0&1\\10&20&12&17\\-10&0&-13&11\end{pmatrix}$.

分块矩阵的乘法是最主要的分块矩阵运算之一,在很多情况之下不仅能简化计算过程或者减少计算量,而且还常用来表示某些运算结果.

例如 $\boldsymbol{A}$ 为 $m\times l$ 矩阵,$\boldsymbol{B}$ 为 $l\times n$ 矩阵,以 $\boldsymbol{A}$ 的每一行作子块进行分块,以 $\boldsymbol{B}$ 的每一列作子块进行分块,分别记作

$$\boldsymbol{A}=\begin{pmatrix}\alpha_1\\\alpha_2\\\vdots\\\alpha_m\end{pmatrix},\boldsymbol{B}=(\beta_1,\beta_2,\cdots,\beta_n),$$

其中 α_i 是 $\boldsymbol{A}$ 的第 i 行 $(i=1,2,\cdots,m)$,β_j 是 $\boldsymbol{B}$ 的第 j 列 $(j=1,2,\cdots,n)$,则由分块

矩阵的乘法可得

$$AB = A(\beta_1,\beta_2,\cdots,\beta_n) = (A\beta_1,A\beta_2,\cdots,A\beta_n),$$

$$AB = \begin{pmatrix} \alpha_1 \\ \alpha_2 \\ \vdots \\ \alpha_m \end{pmatrix} B = \begin{pmatrix} \alpha_1 B \\ \alpha_2 B \\ \vdots \\ \alpha_m B \end{pmatrix}.$$

在以上两式中,A 和 B 分别作为一阶分块矩阵参加它们的分块矩阵运算.

3)**转置**

设 $A = \begin{pmatrix} A_{11} & A_{12} & \cdots & A_{1t} \\ A_{21} & A_{22} & \cdots & A_{2t} \\ \vdots & \vdots & & \vdots \\ A_{s1} & A_{s2} & \cdots & A_{st} \end{pmatrix}$,则 A 的分块转置矩阵为

$$A^{\mathrm{T}} = \begin{pmatrix} A_{11}^{\mathrm{T}} & A_{21}^{\mathrm{T}} & \cdots & A_{s1}^{\mathrm{T}} \\ A_{12}^{\mathrm{T}} & A_{22}^{\mathrm{T}} & \cdots & A_{s2}^{\mathrm{T}} \\ \vdots & \vdots & & \vdots \\ A_{1t}^{\mathrm{T}} & A_{2t}^{\mathrm{T}} & \cdots & A_{st}^{\mathrm{T}} \end{pmatrix}$$

4)**求逆**

利用分块矩阵求逆,可以将高阶矩阵求逆问题转化为低阶矩阵的求逆问题,下面通过一个例子介绍一种常用的矩阵求逆方法.

例 2 设分块矩阵 $A = \begin{pmatrix} A_1 & B \\ 0 & A_2 \end{pmatrix}$,其中 A_1,A_2 分别为 s 阶和 t 阶可逆矩阵,B 为 $s\times t$ 矩阵,证明 A 可逆,并求 A^{-1}.

解 由行列式的拉普拉斯展开定理(可参考《高等代数》)及已知条件知 $|A| = |A_1||A_2|$,而 A_1,A_2 分别为 s 阶和 t 阶可逆矩阵,即 $|A_1|\neq 0$, $|A_2|\neq 0$,从而 $|A|\neq 0$,即 A 为可逆矩阵.

不妨将 A^{-1} 按与 A 相同的方法分块,设

$$A^{-1} = \begin{pmatrix} X_1 & X_2 \\ X_3 & X_4 \end{pmatrix},$$

其中 X_1,X_4 是分别和 A_1,A_2 同阶的矩阵,则

$$AA^{-1}=\begin{pmatrix}A_1 & B\\ O & A_2\end{pmatrix}\begin{pmatrix}X_1 & X_2\\ X_3 & X_4\end{pmatrix}=\begin{pmatrix}A_1X_1+BX_3 & A_1X_2+BX_4\\ A_2X_3 & A_2X_4\end{pmatrix}=E=\begin{pmatrix}E_s & O\\ O & E_t\end{pmatrix}.$$

于是得

$$AX_1+BX_3=E_s,\quad A_1X_2+BX_4=O,$$
$$A_2X_3=O,\qquad A_2X_4=E_t.$$

由以上4个等式得

$$X_1=A_1^{-1},X_2=-A_1^{-1}BA_2^{-1},X_3=O,X_4=A_2^{-1},$$

故 $A^{-1}=\begin{pmatrix}A_1^{-1} & -A_1^{-1}BA_2^{-1}\\ O & A_2^{-1}\end{pmatrix}$.

例3 设 A,C 分别为 r 阶 s 阶可逆的矩阵,求分块矩阵

$$X=\begin{pmatrix}O & A\\ C & B\end{pmatrix}$$

的逆矩阵.

解 设分块矩阵

$$X^{-1}=\begin{pmatrix}X_{11} & X_{12}\\ X_{21} & X_{22}\end{pmatrix},$$

则

$$XX^{-1}=\begin{pmatrix}O & A\\ C & B\end{pmatrix}\begin{pmatrix}X_{11} & X_{12}\\ X_{21} & X_{22}\end{pmatrix}=E,$$

即

$$\begin{pmatrix}AX_{21} & AX_{22}\\ CX_{11}+BX_{21} & CX_{12}+BX_{22}\end{pmatrix}=\begin{pmatrix}E_r & O\\ O & E_s\end{pmatrix}.$$

比较等式两边对应的子块,可得矩阵方程组

$$\begin{cases}AX_{21}=E_r\\ AX_{22}=O\\ CX_{11}+BX_{21}=O\\ CX_{12}+BX_{22}=E_s\end{cases}.$$

注意到 A,C 可逆,可解得

$$X_{21}=A^{-1},X_{22}=O,$$
$$X_{11}=-C^{-1}BA^{-1},X_{12}=C^{-1}.$$

所以 $X^{-1}=\begin{pmatrix} -C^{-1}BA^{-1} & C^{-1} \\ A^{-1} & O \end{pmatrix}$.

这里还要介绍两个比较常见的分块矩阵.

(1)将形如 $A=\begin{pmatrix} A_1 & & & \\ & A_2 & & \\ & & \ddots & \\ & & & A_s \end{pmatrix}$ 的矩阵称为**准对角阵**,其中 $A_i(i=1,2,\cdots,s)$ 均为方阵.

(2)将形如 $A=\begin{pmatrix} & & & A_1 \\ & & A_2 & \\ & \iddots & & \\ A_s & & & \end{pmatrix}$ 的矩阵称为**准副对角阵**,其中 $A_i(i=1,2,\cdots,s)$ 均为方阵.

以上两类矩阵有以下性质,读者可以自己给出证明.

(1) $A=\begin{pmatrix} A_1 & & & \\ & A_2 & & \\ & & \ddots & \\ & & & A_s \end{pmatrix}$ 的行列式为 $|A|=|A_1||A_2|\cdots|A_s|$;

(2)若 $A_i(i=1,2,\cdots,s)$ 均可逆,则 $A=\begin{pmatrix} A_1 & & & \\ & A_2 & & \\ & & \ddots & \\ & & & A_s \end{pmatrix}$ 也可逆,且

$$A^{-1}=\begin{pmatrix} A_1^{-1} & & & \\ & A_2^{-1} & & \\ & & \ddots & \\ & & & A_s^{-1} \end{pmatrix};$$

(3)若 $A_i(i=1,2,\cdots,s)$ 均可逆,则 $A=\begin{pmatrix} & & & A_1 \\ & & A_2 & \\ & \iddots & & \\ A_s & & & \end{pmatrix}$ 也可逆,且

$$A^{-1}=\begin{pmatrix} & & & A_s^{-1} \\ & & A_{s-1}^{-1} & \\ & \cdot^{\cdot^{\cdot}} & & \\ A_1^{-1} & & & \end{pmatrix}.$$

例4 设A、B均为n阶方阵,证明:$|AB|=|A|\cdot|B|$.

证明 记$A=(a_{ij})$,$B=(b_{ij})$,由题可构造分块矩阵$D=\begin{pmatrix} A & O \\ -E & B \end{pmatrix}$,易验证$|D|=|A|\cdot|B|$(读者自证).

则由行列式性质:在$|D|$中,用b_{1j}乘第1列,b_{2j}乘第2列,…,b_{nj}乘第n列,都加到$n+j$列($j=1,2,\cdots,n$)有

$$|D|=\begin{vmatrix} A & AB \\ -E & O \end{vmatrix}=(-1)^n\begin{vmatrix} AB & A \\ O & -E \end{vmatrix}=(-1)^n\cdot|AB|\cdot|-E|=|AB|.$$

综上所述,有 $|AB|=|A|\cdot|B|$.

习题 2.4

1.用分块矩阵计算矩阵的乘积$\begin{pmatrix} 0 & 0 & 1 & 0 \\ 0 & 0 & 0 & 1 \\ 1 & 0 & 2 & 3 \\ 0 & 1 & 1 & -2 \end{pmatrix}\begin{pmatrix} -2 & -1 & 3 & 0 \\ 1 & 2 & 0 & 3 \\ 1 & 0 & 0 & 0 \\ 0 & 1 & 0 & 0 \end{pmatrix}$.

2.用分块法求下列矩阵的逆矩阵:

(1)$\begin{pmatrix} 0 & 0 & 2 \\ 1 & 2 & 0 \\ 3 & 4 & 0 \end{pmatrix}$; (2)$\begin{pmatrix} 5 & 2 & 0 & 0 \\ 2 & 1 & 0 & 0 \\ 0 & 0 & 8 & 3 \\ 0 & 0 & 5 & 2 \end{pmatrix}$;

(3)$\begin{pmatrix} 0 & a_1 & 0 & \cdots & 0 & 0 \\ 0 & 0 & a_3 & \cdots & 0 & 0 \\ \vdots & \vdots & \vdots & & \vdots & \vdots \\ 0 & 0 & 0 & \cdots & 0 & a_n \\ a_2 & 0 & 0 & \cdots & 0 & 0 \end{pmatrix}$,其中$a_1,a_2,\cdots,a_n$为非零常数.

3. 设$\boldsymbol{A}$为3×3矩阵，$|\boldsymbol{A}|=-2$，把$\boldsymbol{A}$按列分为$\boldsymbol{A}=(\boldsymbol{A}_1,\boldsymbol{A}_2,\boldsymbol{A}_3)$，其中$\boldsymbol{A}_i(i=1,2,3)$为$\boldsymbol{A}$的第$i$列，计算：

(1) $|\boldsymbol{A}_1,2\boldsymbol{A}_2,\boldsymbol{A}_3|$；　　(2) $|\boldsymbol{A}_3-2\boldsymbol{A}_1,3\boldsymbol{A}_2,\boldsymbol{A}_1|$.

2.5 矩阵的初等变换

学习目标：

1. 掌握矩阵初等变换的概念；
2. 掌握矩阵初等变换的方法.

在计算行列式时，利用行列式的初等变换性质可以将给定的行列式化为上（下）三角形行列式，从而简化行列式的计算. 把对行列式的初等变换搬到矩阵上，会给研究矩阵带来很大方便. 对矩阵的这一操作称为矩阵的初等变换. 本节将学习矩阵的初等变换及其应用.

2.5.1 矩阵的初等变换

定义1 矩阵的下列三种操作称为矩阵的**初等行变换**：

(1)交换矩阵的两行（如交换i,j两行，记为$r_i\leftrightarrow r_j$）；

(2)用一个非零的常数k乘以矩阵的某一行（如用k乘以矩阵的第i行，记为$k\times r_i$）；

(3)矩阵的某一行的k倍加到另外一行（第i行k倍加到第j行，记为r_j+kr_i）.

把以上定义中的“行”换成“列”，就得到了矩阵的**初等列变换**的定义，对应的记号由“r”改为“c”. 我们将矩阵的初等行变换和初等列变换统称为矩阵的**初等变换**.

注意 矩阵的初等变换是可逆的，如将一个矩阵$\boldsymbol{A}$施行一次初等变换$r_i\leftrightarrow r_j$化为矩阵$\boldsymbol{B}$，再对矩阵$\boldsymbol{B}$施行一次初等变换$r_i\leftrightarrow r_j$就变成矩阵$\boldsymbol{A}$本身，这就称初等变换$r_i\leftrightarrow r_j$的**逆变换**为$r_i\leftrightarrow r_j$. 所以我们有以下三种初等变换的逆变换（这里只提行的逆变换）：

(1)初等变换$r_i\leftrightarrow r_j$的逆变换：$r_i\leftrightarrow r_j$；

(2)初等变换 $k\times r_i(k\neq 0)$ 的逆变换：$\frac{1}{k}\times r_i$；

(3)初等变换 r_j+kr_i 的逆变换：r_j-kr_i.

所以每个初等变换是可逆的且与其逆变换类型相同.

定义 2 矩阵 $\boldsymbol{A}$ 和矩阵 $\boldsymbol{B}$ **等价**，如果矩阵 $\boldsymbol{A}$ 经过有限次的初等变换变成矩阵 $\boldsymbol{B}$，记为

$$\boldsymbol{A}\to\boldsymbol{B}.$$

矩阵之间的等价关系具有数学上一般等价关系的基本性质：

(1)反身性，即 $\boldsymbol{A}\to\boldsymbol{A}$；

(2)对称性，即若 $\boldsymbol{A}\to\boldsymbol{B}$，则 $\boldsymbol{B}\to\boldsymbol{A}$；

(3)传递性，即若 $\boldsymbol{A}\to\boldsymbol{B}$，$\boldsymbol{B}\to\boldsymbol{C}$，则 $\boldsymbol{A}\to\boldsymbol{C}$.

引例 1 设矩阵 $\boldsymbol{A}=\begin{pmatrix}3&2&9&6\\-1&-3&4&-17\\1&4&-7&3\\-1&-4&7&-3\end{pmatrix}$，对其作如下初等行变换：

$$\boldsymbol{A}\xrightarrow{r_1\leftrightarrow r_3}\begin{pmatrix}1&4&-7&3\\-1&-3&4&-17\\3&2&9&6\\-1&-4&7&-3\end{pmatrix}\xrightarrow[\substack{r_3-3r_1\\r_4+r_1}]{r_2+r_1}\begin{pmatrix}1&4&-7&3\\0&1&-3&-14\\0&-10&30&-3\\0&0&0&0\end{pmatrix}$$

$$\xrightarrow{r_3+10r_2}\begin{pmatrix}1&4&-7&3\\0&1&-3&-14\\0&0&0&-143\\0&0&0&0\end{pmatrix}=\boldsymbol{B},$$

这里的矩阵 $\boldsymbol{B}$ 由于具有阶梯形状，我们称之为行阶梯形矩阵. 一般地，我们如下定义行阶梯形矩阵：

定义 3 将满足以下条件的矩阵称为**行阶梯形矩阵**：

(1)零行(该行元素全为零)位于矩阵的下方；

(2)各非零行首非零元(从左到右第一个不为零的元)的列标随着行标的增大而严格增大.

进一步地，对以上矩阵 $\boldsymbol{B}$ 再作初等行变换，有

$$B \xrightarrow{-\frac{1}{143}\times r_3} \begin{pmatrix} 1 & 4 & -7 & 3 \\ 0 & 1 & -3 & -14 \\ 0 & 0 & 0 & 1 \\ 0 & 0 & 0 & 0 \end{pmatrix} \xrightarrow[r_1-3r_3]{r_2+14r_1} \begin{pmatrix} 1 & 4 & -7 & 0 \\ 0 & 1 & -3 & 0 \\ 0 & 0 & 0 & 1 \\ 0 & 0 & 0 & 0 \end{pmatrix}$$

$$\xrightarrow{r_1-4r_2} \begin{pmatrix} 1 & 0 & 5 & 0 \\ 0 & 1 & -3 & 0 \\ 0 & 0 & 0 & 1 \\ 0 & 0 & 0 & 0 \end{pmatrix} = C,$$

这里的矩阵 C 由于具有特殊形状，故称为行最简形矩阵.一般地，我们如下定义行最简形矩阵：

定义 4 将满足以下条件的矩阵称为**行最简形矩阵**：

(1)该矩阵为行阶梯形矩阵；

(2)各非零行的首非零元都是 1；

(3)每个非零行的首非零元除自己外，其他元素均为零.

再对以上矩阵 B 作初等列变换，有

$$C \xrightarrow[c_3+3c_2]{c_3-5c_1} \begin{pmatrix} 1 & 0 & 0 & 0 \\ 0 & 1 & 0 & 0 \\ 0 & 0 & 0 & 1 \\ 0 & 0 & 0 & 0 \end{pmatrix} \xrightarrow{c_3 \leftrightarrow c_4} \begin{pmatrix} 1 & 0 & 0 & 0 \\ 0 & 1 & 0 & 0 \\ 0 & 0 & 1 & 0 \\ 0 & 0 & 0 & 0 \end{pmatrix} = D,$$

这里的矩阵 D 左上角是一个单位矩阵，其余位置上的元素均为零，一般地，我们将这样的矩阵称为**标准形矩阵**.

例 1 设矩阵

$$A = \begin{pmatrix} 1 & 0 & 3 \\ 0 & 4 & 4 \\ 0 & 0 & 2 \end{pmatrix}, B = \begin{pmatrix} 1 & 0 \\ 0 & 0 \end{pmatrix}, C = \begin{pmatrix} 2 & 0 \\ 0 & 0 \\ 0 & 1 \end{pmatrix}, D = \begin{pmatrix} 1 & 0 & 7 & 0 \\ 0 & 1 & -1 & 0 \\ 0 & 0 & 0 & 1 \\ 0 & 0 & 0 & 0 \end{pmatrix},$$

哪些矩阵为行阶梯形矩阵，哪些矩阵为行最简形矩阵，哪些矩阵为标准形矩阵？

解 有定义容易判断矩阵 A,B,D 均为行阶梯形矩阵，B,D 均为行阶梯形矩阵，只有矩阵 B 是标准形矩阵.

例 1 中给出的矩阵 A 可以通过若干次初等变换最终变成标准形矩阵，那么我们自然要问：

问题1 任意给定一个 $m\times n$ 矩阵 $\boldsymbol{A}$,是否都可以经过若干次的初等变换变成标准形矩阵?

以下定理回答了上面问题.

定理1 所有的非零矩阵 $\boldsymbol{A}=(a_{ij})_{m\times n}$ 都可以经过有限次的初等变换变成标准形矩阵

$$\boldsymbol{S}=\begin{pmatrix}\boldsymbol{E}_r & \boldsymbol{O}_{r\times(n-r)}\\ \boldsymbol{O}_{(m-r)\times r} & \boldsymbol{O}_{(m-r)\times(n-r)}\end{pmatrix},$$

其中 $\boldsymbol{E}_r$ 为 $r(r\geqslant 1)$ 阶单位阵,$\boldsymbol{O}_{r\times(n-r)}$,$\boldsymbol{O}_{(m-r)\times r}$,$\boldsymbol{O}_{(m-r)\times(n-r)}$ 均为零矩阵(如果有的话).

证明 由于 $\boldsymbol{A}=(a_{ij})_{m\times n}$ 为非零矩阵,则至少一个元素不等于零,不妨设 $a_{11}\neq 0$(因为任意非零矩阵总可以经过行的和列的第一类初等变换变成使得最左上角的元素不等于零的矩阵),再用 $\dfrac{-a_{i1}}{a_{11}}$ 乘第一行加到每个第 i 行($i=2,\cdots,m$),然后用 $\dfrac{-a_{j1}}{a_{11}}$ 乘所得矩阵第一列行加到每个第 j 列($j=2,\cdots,m$),最后用 $\dfrac{1}{a_{11}}$ 乘第一行,则矩阵 $\boldsymbol{A}$ 变成

$$\begin{pmatrix}\boldsymbol{E}_1 & \boldsymbol{O}_{1\times(n-1)}\\ \boldsymbol{O}_{(m-1)\times 1} & \boldsymbol{B}_1\end{pmatrix}.$$

若 $\boldsymbol{B}_1=\boldsymbol{Q}$,则矩阵 $\boldsymbol{A}$ 已然经过有限次初等变换化为标准形矩阵 $\boldsymbol{S}$.否则,按上述步骤对矩阵 $\boldsymbol{B}_1$ 继续操作,可得最后结论.

从定理1的证明,还可以得到:

定理2 所有的非零矩阵 $\boldsymbol{A}$ 都可以经过有限次的初等行变换变成行阶梯形矩阵和行最简阶梯形矩阵.

由定理2不难得到以下推论:

推论1 任意可逆矩阵均可仅通过有限次的初等行变换化为同阶的单位矩阵.

以上几个结论都是在讨论普通矩阵可以经过有限次初等变换化为行阶梯形矩阵、行最简形矩阵以及标准形矩阵的事实,那么我们不禁要问:

问题2 将普通矩阵经过有限次初等变换化为行阶梯形矩阵、行最简形矩阵以及标准形矩阵,有何用处?

事实上，将普通矩阵经过初等变换化为行阶梯形矩阵、行最简形矩阵以及标准形矩阵，其作用巨大，其中最直接的应用是在 2.6 节中求矩阵的秩和在 3.1 节中求线性方程组的解.

例 2 将矩阵 $A=\begin{pmatrix}1&-1&0&2&1\\-3&3&0&-7&0\\1&-1&2&3&2\\2&-2&2&5&3\end{pmatrix}$ 用初等变换化为标准形矩阵.

解 $A=\begin{pmatrix}1&-1&0&2&1\\-3&3&0&-7&0\\1&-1&2&3&2\\2&-2&2&5&3\end{pmatrix}\xrightarrow[r_4-2r_1]{\substack{r_2+3r_1\\r_3-r_1}}\begin{pmatrix}1&-1&0&2&1\\0&0&0&-1&3\\0&0&2&1&1\\0&0&2&1&1\end{pmatrix}$

$$\xrightarrow[r_4-r_2]{r_2\leftrightarrow r_3}\begin{pmatrix}1&-1&0&2&1\\0&0&2&1&1\\0&0&0&-1&3\\0&0&0&0&0\end{pmatrix}\xrightarrow[-r_3]{\frac{1}{2}r_2}\begin{pmatrix}1&-1&0&2&1\\0&0&1&\frac{1}{2}&\frac{1}{2}\\0&0&0&1&-3\\0&0&0&0&0\end{pmatrix}$$

$$\xrightarrow[r_2-\frac{1}{2}r_3]{r_1-2r_3}\begin{pmatrix}1&-1&0&0&7\\0&0&1&0&2\\0&0&0&1&-3\\0&0&0&0&0\end{pmatrix}\xrightarrow[c_5-7c_1]{c_2+c_1}\begin{pmatrix}1&0&0&0&0\\0&0&1&0&2\\0&0&0&1&-3\\0&0&0&0&0\end{pmatrix}$$

$$\xrightarrow[c_5+3c_4]{c_5-2c_3}\begin{pmatrix}1&0&0&0&0\\0&0&1&0&0\\0&0&0&1&0\\0&0&0&0&0\end{pmatrix}\xrightarrow[c_3\leftrightarrow c_4]{c_2\leftrightarrow c_3}\begin{pmatrix}1&0&0&0&0\\0&1&0&0&0\\0&0&1&0&0\\0&0&0&0&0\end{pmatrix}.$$

2.5.2 初等矩阵

定义 5 对单位矩阵 E 做一次初等变换所得到的矩阵称为初等矩阵.

由于初等变换有三个类型，所以初等矩阵也有三个类型，如下：

(1)把单位矩阵 E 中第 i,j 行(列) 互换，得到的矩阵记为：

$$
E(i,j)=\begin{pmatrix}
1 & & & & & & & & \\
 & \ddots & & & & & & & \\
 & & 1 & & & & & & \\
 & & & 0 & \cdots & 1 & & & \\
 & & & & 1 & & & & \\
 & & & \vdots & \ddots & \vdots & & & \\
 & & & & & 1 & & & \\
 & & & 1 & \cdots & 0 & & & \\
 & & & & & & 1 & & \\
 & & & & & & & \ddots & \\
 & & & & & & & & 1
\end{pmatrix}\begin{matrix} \\ \\ \\ \leftarrow 第 i 行 \\ \\ \\ \\ \leftarrow 第 j 行 \\ \\ \\ \\ \end{matrix};
$$

(2)把单位矩阵 E 中第 i 行(列) 乘以非零的数 k,得到的矩阵记为:

$$
E(i(k))=\begin{pmatrix}
1 & & & & & & \\
 & \ddots & & & & & \\
 & & 1 & & & & \\
 & & & k & & & \\
 & & & & 1 & & \\
 & & & & & 1 & \\
 & & & & & & 1
\end{pmatrix}\begin{matrix} \\ \\ \\ \leftarrow 第 i 行; \\ \\ \\ \\ \end{matrix}
$$

(3)用数 k 乘单位矩阵 E 第 j 行加到第 i 行(或用数 k 乘单位矩阵 E 第 i 列加到第 j 列),得到的矩阵记为:

$$
E(ij(k))=\begin{pmatrix}
1 & & & & & & \\
 & \ddots & & & & & \\
 & & 1 & \cdots & k & & \\
 & & & \ddots & & & \\
 & & & & 1 & & \\
 & & & & & \ddots & \\
 & & & & & & 1
\end{pmatrix}\begin{matrix} \\ \\ \leftarrow 第 i 行 \\ \\ \leftarrow 第 j 行 \\ \\ \\ \end{matrix}.
$$

命题 1　不难验证初等矩阵有以下基本性质.

(1) $E(i,j)^{-1}=E(i,j)$;$E(i(k))^{-1}=E\left(i\left(\frac{1}{k}\right)\right)$;$E(ij(k))^{-1}=E(ij(-k))$.

(2) $|E(i,j)|=-1$;$|E(i(k))|=k$;$|E(ij(k))|=1$.

由命题1可知,如果一个矩阵为初等矩阵,那么其行列式和逆矩阵的计算是非常简单的.

例3 设矩阵 $\boldsymbol{A}=\begin{pmatrix}1&0&0\\0&1&-2\\0&0&1\end{pmatrix}$,求 $|\boldsymbol{A}|$ 和 $\boldsymbol{A}^{-1}$.

解 根据命题1立即可得

$$|\boldsymbol{A}|=-2 \text{ 且 } \boldsymbol{A}^{-1}=\begin{pmatrix}1&0&0\\0&1&2\\0&0&1\end{pmatrix}.$$

定理3 对一个 $m\times n$ 的矩阵 $\boldsymbol{A}$ 施行一次初等行(列)变换,相当于在这个矩阵的左(右)边乘以同类型的 $m(n)$ 阶初等矩阵.

证明 这里只证明交换矩阵 $\boldsymbol{A}$ 的第 i,j 行等于用 m 阶初等矩阵 $\boldsymbol{E}_m(i,j)$ 左乘 $\boldsymbol{A}$,其他情况类似证明.

将 $\boldsymbol{A}$ 和 m 阶单位矩阵 $\boldsymbol{E}$ 按行分块得:

$$\boldsymbol{A}=\begin{pmatrix}\boldsymbol{A}_1\\\boldsymbol{A}_2\\\vdots\\\boldsymbol{A}_i\\\vdots\\\boldsymbol{A}_j\\\vdots\\\boldsymbol{A}_m\end{pmatrix},\quad \boldsymbol{E}=\begin{pmatrix}\boldsymbol{e}_1\\\boldsymbol{e}_2\\\vdots\\\boldsymbol{e}_i\\\vdots\\\boldsymbol{e}_j\\\vdots\\\boldsymbol{e}_m\end{pmatrix},$$

其中 $\boldsymbol{A}_1,\cdots,\boldsymbol{A}_m$ 为矩阵 $\boldsymbol{A}$ 的各行,$\boldsymbol{e}_1,\cdots,\boldsymbol{e}_m$ 为矩阵 $\boldsymbol{E}$ 的各行.则

$$\boldsymbol{E}_m(i,j)\boldsymbol{A}=\begin{pmatrix}\boldsymbol{e}_1\\\boldsymbol{e}_2\\\vdots\\\boldsymbol{e}_j\\\vdots\\\boldsymbol{e}_i\\\vdots\\\boldsymbol{e}_m\end{pmatrix}\boldsymbol{A}=\begin{pmatrix}\boldsymbol{e}_1\boldsymbol{A}\\\boldsymbol{e}_2\boldsymbol{A}\\\vdots\\\boldsymbol{e}_j\boldsymbol{A}\\\vdots\\\boldsymbol{e}_i\boldsymbol{A}\\\vdots\\\boldsymbol{e}_m\boldsymbol{A}\end{pmatrix}=\begin{pmatrix}\boldsymbol{A}_1\\\boldsymbol{A}_2\\\vdots\\\boldsymbol{A}_j\\\vdots\\\boldsymbol{A}_i\\\vdots\\\boldsymbol{A}_m\end{pmatrix}.$$

这就是说，交换矩阵 $\boldsymbol{A}$ 的第 i,j 行等于用 m 阶初等矩阵 $\boldsymbol{E}_m(i,j)$ 左乘 $\boldsymbol{A}$.

例 4 设有矩阵 $\boldsymbol{A}=\begin{pmatrix}1&0&0\\0&1&0\\3&0&1\end{pmatrix}$，$\boldsymbol{B}=\begin{pmatrix}1&0&0\\0&1&1\\0&0&1\end{pmatrix}$，$\boldsymbol{C}=\begin{pmatrix}-1&2&3\\5&7&9\\2&-3&4\end{pmatrix}$，求 $\boldsymbol{AC}$，$\boldsymbol{A}^2\boldsymbol{CB}^3$.

解 矩阵 $\boldsymbol{A}$，$\boldsymbol{B}$ 显然均为初等矩阵，所以 $\boldsymbol{AC}$ 相当于对 $\boldsymbol{C}$ 作了一次与 $\boldsymbol{E}$ 到 $\boldsymbol{A}$ 相同的初等行变换，$\boldsymbol{A}^2\boldsymbol{CB}^3$ 相当于对 $\boldsymbol{C}$ 作了两次与 $\boldsymbol{E}$ 到 $\boldsymbol{A}$ 相同的初等行变换，然后作了三次与 $\boldsymbol{E}$ 到 $\boldsymbol{B}$ 相同的初等列变换.所以

$$\boldsymbol{AC}=\begin{pmatrix}-1&2&3\\5&7&9\\-1&3&13\end{pmatrix},\boldsymbol{A}^2\boldsymbol{CB}^3=\begin{pmatrix}-1&2&9\\5&7&30\\-4&9&48\end{pmatrix}.$$

结合定理 3 和推论 1，我们容易证明一个刻画某方阵可逆的充分必要条件.读者可以自己写出详细证明.

定理 4 方阵 $\boldsymbol{A}$ 可逆的一个充分必要条件是 $\boldsymbol{A}$ 可以表示为若干初等矩阵的乘积.

又由矩阵等价的定义、定理 1 和定理 4，不难得到关于两个同型矩阵等价的一个充分必要条件.

定理 5 设 $\boldsymbol{A}$，$\boldsymbol{B}$ 均为 $m\times n$ 矩阵，则 $\boldsymbol{A}$ 与 $\boldsymbol{B}$ 等价的一个充分必要条件为存在 m 阶可逆矩阵 $\boldsymbol{P}$ 和 n 阶可逆矩阵 $\boldsymbol{Q}$，使得 $\boldsymbol{B}=\boldsymbol{PAQ}$.

定理 6 设 $\boldsymbol{A}$ 为 n 阶可逆矩阵，$\boldsymbol{E}$ 为 n 阶单位矩阵，若将 $n\times 2n$ 矩阵 $(\boldsymbol{A},\boldsymbol{E})$ 作若干次初等行变换化为 $(\boldsymbol{E},\boldsymbol{B})$，则 $\boldsymbol{B}=\boldsymbol{A}^{-1}$.

证明 由定理 3 和定理 4 可知，将矩阵 $(\boldsymbol{A},\boldsymbol{E})$ 通过初等变换变成 $(\boldsymbol{E},\boldsymbol{B})$，相当于在矩阵 $(\boldsymbol{A},\boldsymbol{E})$ 左侧乘以 $\boldsymbol{A}^{-1}$，即 $(\boldsymbol{E},\boldsymbol{B})=\boldsymbol{A}^{-1}(\boldsymbol{A},\boldsymbol{E})$，从而 $\boldsymbol{B}=\boldsymbol{A}^{-1}$.

事实上，定理 6 给出了求矩阵的逆矩阵的一个新方法，我们称为求逆矩阵的初等变换法.同理，我们还有以下结论：

定理 7 设 $\boldsymbol{A}$ 为 n 阶可逆矩阵，$\boldsymbol{E}$ 为 n 阶单位矩阵，若将 $n\times 2n$ 矩阵 $(\boldsymbol{A},\boldsymbol{B})$ 作若干次初等行变换化为 $(\boldsymbol{E},\boldsymbol{C})$，则 $\boldsymbol{C}=\boldsymbol{A}^{-1}\boldsymbol{B}$.

考虑矩阵方程 $\boldsymbol{AX}=\boldsymbol{B}$（$\boldsymbol{X}$ 为未知矩阵）.特别地，当矩阵 $\boldsymbol{A}$ 可逆，容易知道 $\boldsymbol{AX}=\boldsymbol{B}$ 的解为 $\boldsymbol{X}=\boldsymbol{A}^{-1}\boldsymbol{B}$.所以定理 7 给出了解矩阵方程 $\boldsymbol{AX}=\boldsymbol{B}$（$\boldsymbol{X}$ 为未知矩阵，矩阵 $\boldsymbol{A}$ 可逆）的一个方法.

例 5 用初等行变换法求矩阵 $\boldsymbol{A}=\begin{pmatrix}1&0&1\\2&1&0\\-3&2&-5\end{pmatrix}$ 的逆矩阵.

解　由定理 6,可以考虑矩阵$(\boldsymbol{A},\boldsymbol{E})$并对其作行的初等变换如下:

$$(\boldsymbol{A} \vdots \boldsymbol{E})=\left(\begin{array}{ccc:ccc}1 & 0 & 1 & 1 & 0 & 0\\ 2 & 1 & 0 & 0 & 1 & 0\\ -3 & 2 & -5 & 0 & 0 & 1\end{array}\right)\xrightarrow[r_3+3r_1]{r_2-2r_1}\left(\begin{array}{ccc:ccc}1 & 0 & 1 & 1 & 0 & 0\\ 0 & 1 & -2 & -2 & 1 & 0\\ 0 & 2 & -2 & 3 & 0 & 1\end{array}\right)$$

$$\xrightarrow[r_3+3r_1]{r_2-2r_1}\left(\begin{array}{ccc:ccc}1 & 0 & 1 & 1 & 0 & 0\\ 0 & 1 & -2 & -2 & 1 & 0\\ 0 & 2 & -2 & 3 & 0 & 1\end{array}\right)\xrightarrow[r_1+\frac{1}{2}r_3]{r_2+r_3}\left(\begin{array}{ccc:ccc}1 & 0 & 0 & -\dfrac{5}{2} & 1 & -\dfrac{1}{2}\\ 0 & 1 & 0 & 5 & -1 & 1\\ 0 & 0 & 2 & 7 & -2 & 1\end{array}\right)$$

$$\xrightarrow{\frac{1}{2}r_3}\left(\begin{array}{ccc:ccc}1 & 0 & 0 & -\dfrac{5}{2} & 1 & -\dfrac{1}{2}\\ 0 & 1 & 0 & 5 & -1 & 1\\ 0 & 0 & 1 & \dfrac{7}{2} & -1 & \dfrac{1}{2}\end{array}\right).$$

从而$\boldsymbol{A}$的逆矩阵为$\boldsymbol{A}^{-1}=\begin{pmatrix}-\dfrac{5}{2} & 1 & -\dfrac{1}{2}\\ 5 & -1 & 1\\ \dfrac{7}{2} & -1 & \dfrac{1}{2}\end{pmatrix}$.

例 6　用初等行变换解矩阵方程$\boldsymbol{AX}=\boldsymbol{B}$,其中

$$\boldsymbol{A}=\begin{pmatrix}1 & 2 & 3\\ 2 & 2 & 1\\ 3 & 4 & 3\end{pmatrix},\quad \boldsymbol{B}=\begin{pmatrix}2 & 5\\ 3 & 1\\ 4 & 3\end{pmatrix}.$$

解　因$|\boldsymbol{A}|=2\neq 0$,即$\boldsymbol{A}$可逆,则由定理 7,可以考虑矩阵$(\boldsymbol{A},\boldsymbol{E})$并对其作行的初等变换如下:

$$(\boldsymbol{A} \vdots \boldsymbol{B})=\left(\begin{array}{ccc:cc}1 & 2 & 3 & 2 & 5\\ 2 & 2 & 1 & 3 & 1\\ 3 & 4 & 3 & 4 & 3\end{array}\right)\xrightarrow[r_3-3r_1]{r_2-2r_1}\left(\begin{array}{ccc:cc}1 & 2 & 3 & 2 & 5\\ 0 & -2 & -5 & -1 & -9\\ 0 & -2 & -6 & -2 & -12\end{array}\right)$$

$$\xrightarrow[r_3-r_2]{r_1+r_2}\left(\begin{array}{ccc:cc}1 & 0 & -2 & 1 & -4\\ 0 & -2 & -5 & -1 & -9\\ 0 & 0 & -1 & -1 & -3\end{array}\right)$$

$$\xrightarrow[r_2-5r_3]{r_1-2r_3}\left(\begin{array}{ccc:cc}1 & 0 & 0 & 3 & 2\\ 0 & -2 & 0 & 4 & 6\\ 0 & 0 & -1 & -1 & -3\end{array}\right)$$

$$\xrightarrow[r_3 \div (-1)]{r_2 \div (-2)} \left(\begin{array}{ccc:cc} 1 & 0 & 0 & 3 & 2 \\ 0 & 1 & 0 & -2 & -3 \\ 0 & 0 & 1 & 1 & 3 \end{array}\right).$$

因此原方程的解为 $\boldsymbol{X} = \begin{pmatrix} 3 & 2 \\ -2 & -3 \\ 1 & 3 \end{pmatrix}$.

根据以上讨论,我们自然要问以下三个问题,留给读者思考.

问题 3　根据定理 4 可知任意一个可逆矩阵都可以表成若干初等矩阵的乘积.那么如果给定一个具体可逆矩阵,如何将它表成若干初等矩阵的乘积?

试将 $\boldsymbol{A} = \begin{pmatrix} 1 & 2 \\ 3 & 4 \end{pmatrix}$ 表成若干初等矩阵的乘积.

问题 4　如何解矩阵方程 $\boldsymbol{XA} = \boldsymbol{B}$($\boldsymbol{X}$ 为未知矩阵,方阵 $\boldsymbol{A}$ 可逆)?

问题 5　如何解矩阵方程 $\boldsymbol{AX} = \boldsymbol{B}$($\boldsymbol{X}$ 为未知矩阵,方阵 $\boldsymbol{A}$ 不可逆或 $\boldsymbol{A}$ 不是方阵)?

习题 2.5

1. 化下列矩阵为阶梯形矩阵,行最简形矩阵,标准形矩阵.

$$\begin{pmatrix} 1 & 1 & 0 & 2 \\ 0 & -1 & 2 & -1 \\ 1 & 3 & -4 & 1 \end{pmatrix}.$$

2. 设 $\begin{pmatrix} 0 & 1 & 0 \\ 1 & 0 & 0 \\ 0 & 0 & 1 \end{pmatrix} \boldsymbol{A} \begin{pmatrix} 1 & 0 & 1 \\ 0 & 1 & 0 \\ 0 & 0 & 1 \end{pmatrix} = \begin{pmatrix} 1 & 2 & 3 \\ 4 & 5 & 6 \\ 7 & 8 & 9 \end{pmatrix}$,求矩阵 $\boldsymbol{A}$.

3. 用初等变换法判定矩阵 $\begin{pmatrix} 2 & 2 & -1 \\ 1 & -2 & 4 \\ 5 & 8 & 2 \end{pmatrix}$ 是否可逆,如可逆,求其逆矩阵.

4. 设 $\boldsymbol{A} = \begin{pmatrix} 1 & -1 & 0 \\ 0 & 1 & -1 \\ -1 & 0 & 1 \end{pmatrix}$,$\boldsymbol{AX} = 2\boldsymbol{X} + \boldsymbol{A}$,求 $\boldsymbol{X}$.

2.6 矩阵的秩

学习目标：

1. 了解矩阵秩的概念；

2. 掌握求矩阵的秩的方法.

矩阵的秩是讨论向量组的线性相关性、线性方程组解的存在性等问题的重要数学工具.在上一节已经看到,任意给定矩阵,经过若干次初等变换后,无论是化为行阶梯形矩阵、行最简形矩阵还是标准形矩阵,它们的非零行的行数总是一致的,这是矩阵的一个不变量,我们将它称为矩阵的秩.本节首先介绍矩阵秩的定义,然后再来讨论矩阵秩的应用.

2.6.1 子式及秩的概念

定义1 在 $m\times n$ 矩阵 $\boldsymbol{A}$ 中,任取 k 行 k 列 $(1\leqslant k\leqslant m,1\leqslant k\leqslant n)$,位于这些行列交叉处的 k^2 个元素,不改变它们在 $\boldsymbol{A}$ 中所处的位置次序而得到的 k 阶行列式,称为矩阵 $\boldsymbol{A}$ 的 k 阶**子式**.

注 $m\times n$ 矩阵 $\boldsymbol{A}$ 的 k 阶子式共有 $C_m^k\cdot C_n^k$ 个.

设 $\boldsymbol{A}$ 为 $m\times n$ 矩阵,当 $\boldsymbol{A}=\boldsymbol{O}$ 时,它的任何子式都为零.当 $\boldsymbol{A}\neq\boldsymbol{O}$ 时,它至少有一个元素不为零,即它至少有一个一阶子式不为零.再考察二阶子式,若 $\boldsymbol{A}$ 中有一个二阶子式不为零.则往下考察三阶子式,如此进行下去,最后必达到 $\boldsymbol{A}$ 中有 r 阶子式不为零,而再没有比 r 更高阶的不为零的子式.这个不为零的子式的最高阶数 r 反映了矩阵 $\boldsymbol{A}$ 内在的重要特征,在矩阵的理论与应用中都有重要意义.

定义2 在 $m\times n$ 矩阵 $\boldsymbol{A}$ 中,有一个 r 阶子式不为零,而任意 $r+1$ 阶子式均为零,称数 r 为矩阵 $\boldsymbol{A}$ 的**秩**,记为 $r(\boldsymbol{A})$,并规定零矩阵的秩为零.

从矩阵的定义可以看出,若 $\boldsymbol{A}$ 为 $m\times n$ 矩阵,则 $r(\boldsymbol{A})\leqslant\min(m,n)$.

由行列式的性质可知,当矩阵 $\boldsymbol{A}$ 中所有 $r+1$ 阶子式都为零时,所有高于 $r+1$ 阶的子式也全为零(为什么?).因此 $\boldsymbol{A}$ 的秩 $r(\boldsymbol{A})$ 就是 $\boldsymbol{A}$ 中不为零的子式的最高阶数.

另外,显然有 $r(\boldsymbol{A}^{\mathrm{T}})=r(\boldsymbol{A}),r(k\boldsymbol{A})=r(\boldsymbol{A})$,其中 $k\neq 0$.

例 1 求下列矩阵的秩：

$$A=\begin{pmatrix}1&1&0&0\\1&0&1&1\\2&-1&3&3\end{pmatrix},\quad B=\begin{pmatrix}1&0&1&0\\2&1&-1&-3\\1&0&-3&-1\\0&2&-6&3\end{pmatrix}.$$

解 由于 A 的二阶子式 $\begin{vmatrix}1&0\\0&1\end{vmatrix}=1\neq 0$，且 A 的所有三阶子式（一共 4 个）为

$$\begin{vmatrix}1&1&0\\1&0&1\\2&-1&3\end{vmatrix}=0,\begin{vmatrix}1&1&0\\1&0&1\\2&-1&3\end{vmatrix}=0,\begin{vmatrix}1&0&0\\1&1&1\\2&3&3\end{vmatrix}=0,\begin{vmatrix}1&0&0\\0&1&1\\-1&3&3\end{vmatrix}=0.$$

所以 $r(A)=2$.

又因为

$$|B|=\begin{vmatrix}1&0&1&0\\2&1&-1&-3\\1&0&-3&-1\\0&2&-6&3\end{vmatrix}\xlongequal{c_3-c_1}\begin{vmatrix}1&0&0&0\\2&1&-3&-3\\1&0&-4&-1\\0&2&-6&3\end{vmatrix}=\begin{vmatrix}1&-3&-3\\0&-4&-1\\2&-6&-3\end{vmatrix}$$

$$\xlongequal{r_3-2r_1}\begin{vmatrix}1&-3&-3\\0&-4&-1\\0&0&9\end{vmatrix}=-36\neq 0,$$

所以 $r(B)=4$.

例 2 用定义求矩阵 $A=\begin{pmatrix}2&-1&0&3&-2\\0&3&1&-2&5\\0&0&0&4&-3\\0&0&0&0&0\end{pmatrix}$ 的秩.

解 由于该矩阵仅有三行非零行，因此最多只可能存在 3 阶非零子式. 取该矩阵前三行和第一、二、四列得到 A 的 3 阶子式：

$$\begin{vmatrix}2&-1&3\\0&3&-2\\0&0&4\end{vmatrix}=24\neq 0,$$

因此 $r(A)=3$.

利用定义计算矩阵的秩，需要由高阶到低阶考虑矩阵的子式，当矩阵的行数与列数较高时，按定义求秩是非常麻烦的.

对于形如例 2 中 $\boldsymbol{A}$ 形式的矩阵，它的秩就等于其非零行的行数. 在上一节，我们称这样的矩阵为行阶梯形矩阵，其特点是：

(1) 所有零行在矩阵最后；

(2) 各非零行从左至右第一个非零元素的列标随行标增大而增大.

2.6.2　矩阵秩的基本性质及计算方法

根据矩阵的秩的定义，显然矩阵的秩具有下列基本性质：

(1) 若矩阵 $\boldsymbol{A}$ 中有某个 s 阶子式不为 0，则 $r(\boldsymbol{A}) \geqslant s$；

(2) 若 $\boldsymbol{A}$ 中所有 t 阶子式全为 0，则 $r(\boldsymbol{A}) < t$；

(3) 若 $\boldsymbol{A}$ 为 $m \times n$ 矩阵，则 $0 \leqslant r(\boldsymbol{A}) \leqslant \min\{m,n\}$；

(4) $r(\boldsymbol{A}) = r(\boldsymbol{A}^{\mathrm{T}})$.

特别地，当 $r(\boldsymbol{A}) = \min\{m,n\}$，称矩阵 $\boldsymbol{A}$ 为**满秩矩阵**，否则称为**降秩矩阵**. 所以有：

定理 1　方阵 $\boldsymbol{A}$ 为满秩矩阵的充要条件是 $|\boldsymbol{A}| \neq 0$.

由此可知，n 阶矩阵 $\boldsymbol{A}$ 可逆等价于 $\boldsymbol{A}$ 为满秩方阵，即 $r(\boldsymbol{A}) = n$.

矩阵的秩实际上是由矩阵的子式(行列式) 为零与否来确定的，通过上一节的讨论可知初等变换不会改变行列式为零与否，因此可得：

定理 2　若 $\boldsymbol{A} \to \boldsymbol{B}$，则 $r(\boldsymbol{A}) = r(\boldsymbol{B})$.

证明　由于 $\boldsymbol{A} \to \boldsymbol{B}$，则矩阵 $\boldsymbol{A}$ 经过了有限次初等变换化为 $\boldsymbol{B}$，不失一般性，这里只证矩阵 $\boldsymbol{A}$ 经过一次初等行变换化为 $\boldsymbol{B}$ 时，有 $r(\boldsymbol{A}) = r(\boldsymbol{B})$.

先证明当矩阵 $\boldsymbol{A}$ 经过一次初等行变换化为 $\boldsymbol{B}$ 时，有 $r(\boldsymbol{A}) \leqslant r(\boldsymbol{B})$.

设 $r(\boldsymbol{A}) = r$，则矩阵 $\boldsymbol{A}$ 一定存在一个 r 阶非零子式 $D \neq 0$. 考虑以下初等变换：

当 $\boldsymbol{A} \xrightarrow{r_i \leftrightarrow r_j} \boldsymbol{B}$ 或 $\boldsymbol{A} \xrightarrow{r_i \times k} \boldsymbol{B}$，在 $\boldsymbol{B}$ 中总能找到与 D 对应的 r 阶子式 D_1，并且有 $D_1 = D$ 或 $D_1 = -D$ 或 $D_1 = kD$，因此 $D_1 \neq 0$，所以 $r(\boldsymbol{B}) \geqslant r$.

当 $\boldsymbol{A} \xrightarrow{r_i + kr_j} \boldsymbol{B}$，由上面的讨论可知，我们只需考虑 $\boldsymbol{A} \xrightarrow{r_1 + kr_2} \boldsymbol{B}$ 的情况，则可以讨论以下两种情形：

情形 1　矩阵 $\boldsymbol{A}$ 的 r 阶非零子式 D 不包含 $\boldsymbol{A}$ 的第一行，则 D 也是矩阵 $\boldsymbol{B}$ 的 r 阶非零子式，从而 $r(\boldsymbol{B}) \geqslant r$.

情形 2　矩阵 $\boldsymbol{A}$ 的 r 阶非零子式 D 包含 $\boldsymbol{A}$ 的第一行，则矩阵 $\boldsymbol{B}$ 中与 D 对应的 r 阶子式 D_1 可以表示为

$$D_1=\begin{vmatrix} r_1+kr_2 \\ r_s \\ \vdots \\ r_t \end{vmatrix}=\begin{vmatrix} r_1 \\ r_s \\ \vdots \\ r_t \end{vmatrix}+k\begin{vmatrix} r_2 \\ r_s \\ \vdots \\ r_t \end{vmatrix}=D+kD_2.$$

若 $s=2$,则 $D_1=D\neq 0$;若 $s\neq 2$,D_2 也是矩阵 $\boldsymbol{B}$ 的 r 阶子式,又 $D_1-kD_2=D\neq 0$,从而 D_1,D_2 不同时为零,即矩阵 $\boldsymbol{B}$ 一定存在 r 阶非零子式 D_1 或 D_2,故 $r(\boldsymbol{B})\geqslant r$.

综合以上讨论,当矩阵 $\boldsymbol{A}$ 经过一次初等行变换化为 $\boldsymbol{B}$ 时,有 $r(\boldsymbol{A})\leqslant r(\boldsymbol{B})$.由于初等变换是互逆的,从而也有 $r(\boldsymbol{A})\geqslant r(\boldsymbol{B})$.所以 $r(\boldsymbol{A})=r(\boldsymbol{B})$.

根据定理 2,我们可以利用矩阵的初等变换求矩阵的秩,即将给定矩阵用初等行变换变成行阶梯形矩阵,行阶梯形矩阵中非零行的行数就是该矩阵的秩.

例 3 用初等变换的方法,求矩阵 $\boldsymbol{A}=\begin{pmatrix} 1 & 2 & -3 & 4 & 0 \\ 0 & 1 & 2 & 1 & 1 \\ -1 & -1 & 5 & -3 & 1 \end{pmatrix}$ 的秩.

解 对矩阵 $\boldsymbol{A}$ 作初等行变换,得

$$\boldsymbol{A}\xrightarrow{r_3+r_1}\begin{pmatrix} 1 & 2 & -3 & 4 & 0 \\ 0 & 1 & 2 & 1 & 1 \\ 0 & 1 & 2 & 1 & 1 \end{pmatrix}\xrightarrow{r_3-r_2}\begin{pmatrix} 1 & 2 & -3 & 4 & 0 \\ 0 & 1 & 2 & 1 & 1 \\ 0 & 0 & 0 & 0 & 0 \end{pmatrix}=\boldsymbol{C},$$

故有 $r(\boldsymbol{A})=r(\boldsymbol{C})=2$.

例 4 已知 $\boldsymbol{A}=\begin{pmatrix} 1 & 2 & -1 & 4 & 0 \\ 2 & 5 & 2 & 5 & 3 \\ 0 & -1 & -5 & -4 & 3 \\ 3 & 8 & 5 & 6 & 6 \end{pmatrix}$,求矩阵 $\boldsymbol{A}$ 的秩.

解 用初等变换将矩阵 $\boldsymbol{A}$ 化为阶梯形矩阵,得

$$\boldsymbol{A}=\begin{pmatrix} 1 & 2 & -1 & 4 & 0 \\ 2 & 5 & 2 & 5 & 3 \\ 0 & -1 & -5 & -4 & 3 \\ 3 & 8 & 5 & 6 & 6 \end{pmatrix}\xrightarrow[r_4-3r_1]{r_2-2r_1}\begin{pmatrix} 1 & 2 & -1 & 4 & 0 \\ 0 & 1 & 4 & -3 & 3 \\ 0 & 1 & -5 & -4 & 3 \\ 0 & 2 & 8 & -6 & 6 \end{pmatrix}$$

$$\xrightarrow[r_4-2r_2]{r_3-r_2}\begin{pmatrix} 1 & 2 & -1 & 4 & 0 \\ 0 & 1 & 4 & -3 & 3 \\ 0 & 0 & -9 & -1 & 0 \\ 0 & 0 & 0 & 0 & 0 \end{pmatrix}=\boldsymbol{B}.$$

所以 $r(\boldsymbol{A}) = r(\boldsymbol{B}) = 3$.

2.6.3 有关矩阵秩的几个结论

矩阵的秩在许多问题中有着重要的应用,下面不给证明地介绍几个关于矩阵秩的结论,读者可以自行证明(假定运算是可行的):

(1)$r(\boldsymbol{A}+\boldsymbol{B}) \leqslant r(\boldsymbol{A}) + r(\boldsymbol{B})$;

(2)$r(\boldsymbol{A}) + r(\boldsymbol{B}) - n \leqslant r(\boldsymbol{AB}) \leqslant \min\{r(\boldsymbol{A}), r(\boldsymbol{B})\}$;

(3)若 $\boldsymbol{A}_{s\times n}\boldsymbol{B}_{n\times t} = \boldsymbol{O}$,则 $r(\boldsymbol{A}) + r(\boldsymbol{B}) \leqslant n$;

(4)$\min\{r(\boldsymbol{A}), r(\boldsymbol{B})\} \leqslant r(\boldsymbol{A},\boldsymbol{B}) \leqslant r(\boldsymbol{A}) + r(\boldsymbol{B})$.

例 5 设 $\boldsymbol{A}$ 是 n 阶方阵,且 $\boldsymbol{A}^2 = \boldsymbol{E}$,证明:$r(\boldsymbol{A}+\boldsymbol{E}) + r(\boldsymbol{A}-\boldsymbol{E}) = n$.

证明 由 $\boldsymbol{A}^2 = \boldsymbol{E}$ 可得$(\boldsymbol{A}+\boldsymbol{E})(\boldsymbol{A}-\boldsymbol{E}) = \boldsymbol{O}$,根据结论(3)可得

$$r(\boldsymbol{A}+\boldsymbol{E}) + r(\boldsymbol{A}-\boldsymbol{E}) \leqslant n.$$

又 $|\boldsymbol{A}|^2 = |\boldsymbol{A}^2| = |\boldsymbol{E}| = 1 \neq 0$,可得 $|\boldsymbol{A}| \neq 0$,因此 $r(\boldsymbol{A}) = n$,又由结论(1),可知

$$r(\boldsymbol{A}+\boldsymbol{E}) + r(\boldsymbol{A}-\boldsymbol{E}) \geqslant r((\boldsymbol{A}+\boldsymbol{E}) + (\boldsymbol{A}-\boldsymbol{E})) = r(2\boldsymbol{A}) = r(\boldsymbol{A}) = n,$$

因此综合以上讨论有 $r(\boldsymbol{A}+\boldsymbol{E}) + r(\boldsymbol{A}-\boldsymbol{E}) = n$.

由于矩阵的秩不随初等变换而变化,说明秩是反映矩阵固有性质的一个数,由于矩阵总可经过初等变换化为标准形,标准形矩阵的秩即为左上角单位阵的阶数,很显然有以下结论成立:

定理 3 两个 $m \times n$ 矩阵 $\boldsymbol{A}$ 与 $\boldsymbol{B}$ 等价的充分必要条件为 $r(\boldsymbol{A}) = r(\boldsymbol{B})$.

则容易得出以下推论:

推论 1 设 $\boldsymbol{A}$ 为 $m \times n$ 矩阵,$\boldsymbol{P}$,$\boldsymbol{Q}$ 分别为 m,n 阶可逆矩阵,则

$$r(\boldsymbol{PA}) = r(\boldsymbol{AQ}) = r(\boldsymbol{PAQ}) = r(\boldsymbol{A}).$$

在 2.3 节中,介绍了 n 阶方阵 $\boldsymbol{A}$ 的伴随矩阵 $\boldsymbol{A}^*$,读者可以思考 $r(\boldsymbol{A})$ 与 $r(\boldsymbol{A}^*)$ 之间有什么联系.

通过学习 2.3,2.5 以及 2.6 节,我们可以总结 n 阶方阵 $\boldsymbol{A}$ 可逆的几个充分必要条件,即以下几条是等价的:

(1)n 阶方阵 $\boldsymbol{A}$ 是可逆矩阵;

(2)$|\boldsymbol{A}| \neq 0$;

(3)n 阶方阵 $\boldsymbol{A}$ 可表成若干初等矩阵的乘积;

(4)$r(\boldsymbol{A}) = n$;

(5)n 阶方阵 $\boldsymbol{A}$ 的行最简形矩阵是单位矩阵.

习题 2.6

1.求下列矩阵的秩.

(1) $A=\begin{pmatrix}0&0&1\\2&1&0\\1&0&-1\end{pmatrix}$； (2) $B=\begin{pmatrix}1&-1&1&0\\0&-2&2&-1\\1&3&-1&2\end{pmatrix}$.

2.用矩阵的初等变换求 $B=\begin{pmatrix}1&2&2&11\\1&-3&-3&-14\\3&1&1&8\end{pmatrix}$ 的秩.

3.设 $A=\begin{pmatrix}1&2&4\\2&\lambda&1\\1&1&0\end{pmatrix}$，求 λ，使 $r(A)$ 有最小值.

4.设 A 是 4×3 矩阵，且 A 的秩为 2，而

$$B=\begin{pmatrix}1&0&2\\0&2&0\\-1&0&3\end{pmatrix}.$$

求 $r(AB)$.

5.设 n 阶方阵 A 满足 $r(A)=1$.

(1)证明：存在不全为零的数 $a_1,a_2,\cdots,a_n$ 和不全为零的数 $b_1,b_2,\cdots,b_n$ 使得

$$A=\begin{pmatrix}a_1\\a_2\\\vdots\\a_n\end{pmatrix}(b_1,b_2,\cdots,b_n).$$

(2)求 $A^n(n\geqslant1)$.

总习题二

A 组

1.填空题

(1)设矩阵 $\boldsymbol{A}$ 可逆,$\boldsymbol{XA}=\boldsymbol{B}$,$\boldsymbol{X}=$ ________.

(2)当 a________ 时,$\boldsymbol{A}=\begin{pmatrix}1 & 3\\ -1 & a\end{pmatrix}$ 可逆.

(3)设 $\boldsymbol{A}$ 是 n 阶可逆方阵,k 是不为零的常数,则$(k\boldsymbol{A})^{-1}=$ ________.

(4)设矩阵 $\boldsymbol{A}=\dfrac{1}{2}\begin{pmatrix}0 & 0 & 2\\ 1 & 3 & 0\\ 2 & 5 & 0\end{pmatrix}$,则 $\boldsymbol{A}^{-1}=$ ________.

(5)$\begin{pmatrix}0 & 0 & 1\\ 0 & 1 & 0\\ 1 & 0 & 0\end{pmatrix}^{2017}\begin{pmatrix}1 & 2 & 3\\ 4 & 5 & 6\\ 7 & 8 & 9\end{pmatrix}\begin{pmatrix}1 & 0 & 0\\ 0 & 0 & 1\\ 0 & 1 & 0\end{pmatrix}^{2018}=$ ________.

2.选择题

(1)方阵 $\boldsymbol{A}$ 可逆的充分必要条件是(　　).

A.$\boldsymbol{A}\neq\boldsymbol{O}$　　B.$|\boldsymbol{A}|=0$　　C.$|\boldsymbol{A}|\neq 0$　　D.$\boldsymbol{A}^{*}\neq\boldsymbol{O}$

(2)若 $\boldsymbol{A}$,$\boldsymbol{B}$,$\boldsymbol{C}$ 是同阶矩阵,且 $\boldsymbol{A}$ 可逆,则下列说法中,(　　)必成立.

A.若 $\boldsymbol{AB}=\boldsymbol{AC}$,则 $\boldsymbol{B}=\boldsymbol{C}$　　B.若 $\boldsymbol{AB}=\boldsymbol{BC}$,则 $\boldsymbol{A}=\boldsymbol{C}$

C.若 $\boldsymbol{AB}=\boldsymbol{CA}$,则 $\boldsymbol{B}=\boldsymbol{C}$　　D.若 $\boldsymbol{AB}\neq\boldsymbol{O}$,则可能有 $\boldsymbol{B}=\boldsymbol{O}$

(3)如果 $\boldsymbol{A}$ 的秩为 r 则(　　).

A.$r-1$ 阶子式都不为零　　B.r 阶子式全不为零

C.至多有一个 r 阶子式不为零　　D.至少有一个 r 阶子式不为零

(4)设 $\boldsymbol{A}$,$\boldsymbol{B}$ 均为 n 阶可逆矩阵,且 $\boldsymbol{A}$ 可逆,则下列等式成立的是(　　).

A.$(\boldsymbol{A}+\boldsymbol{B})^{-1}=\boldsymbol{A}^{-1}+\boldsymbol{B}^{-1}$　　B.$(\boldsymbol{AB})^{-1}=\boldsymbol{A}^{-1}\boldsymbol{B}^{-1}$

C.$|\boldsymbol{AB}|=|\boldsymbol{BA}|$　　D.$\boldsymbol{AB}=\boldsymbol{BA}$

(5)设矩阵 $\boldsymbol{A}$,$\boldsymbol{B}$ 都是 $m\times n$ 的矩阵($m\neq n$),则$(\boldsymbol{A}-\boldsymbol{B})^{2}=$(　　).

A.$\boldsymbol{A}^{2}-2\boldsymbol{AB}+\boldsymbol{B}^{2}$　　B.$\boldsymbol{A}^{2}-\boldsymbol{AB}-\boldsymbol{BA}+\boldsymbol{B}^{2}$

C.$\boldsymbol{A}^{2}-\boldsymbol{B}^{2}$　　D.无意义

3.计算题

(1)利用分块计算$\begin{pmatrix}-1 & 2 & 0 & 0\\ 3 & 1 & 0 & 0\\ 0 & 0 & 1 & 2\\ 0 & 0 & -2 & 1\end{pmatrix}\begin{pmatrix}1 & 3 & 0 & 0\\ 4 & -1 & 0 & 0\\ 0 & 0 & 2 & 1\\ 0 & 0 & 3 & 4\end{pmatrix}$.

(2)求矩阵$\boldsymbol{A}=\begin{pmatrix}0 & 2 & -1\\ 1 & 1 & 2\\ 1 & 1 & 1\end{pmatrix}$的逆$\boldsymbol{A}^{-1}$.

(3)求矩阵$\boldsymbol{B}=\begin{pmatrix}1 & 0 & 1 & 0 & 1\\ 0 & 1 & 0 & 1 & 0\\ 2 & 1 & 0 & 2 & 1\\ 0 & 2 & 0 & 2 & 0\end{pmatrix}$的秩$r(\boldsymbol{B})$.

(4)已知$\boldsymbol{A}=\begin{pmatrix}1 & 0 & 2\\ -1 & 2 & 4\\ 3 & 1 & 1\end{pmatrix}$,$\boldsymbol{B}=\begin{pmatrix}2 & 1\\ -1 & 3\\ 0 & 3\end{pmatrix}$,求$(2\boldsymbol{E}-\boldsymbol{A}^{\mathrm{T}})\boldsymbol{B}$.

(5)若三阶矩阵$\boldsymbol{A}$的伴随矩阵为$\boldsymbol{A}^*$,且已知$|\boldsymbol{A}|=\dfrac{1}{2}$,求$|(3\boldsymbol{A})^{-1}-2\boldsymbol{A}^*|$.

(6)已知$\boldsymbol{A}$,$\boldsymbol{B}$均为四阶方阵,且$|\boldsymbol{A}|=-2$,$|\boldsymbol{B}|=3$,求以下行列式:

(a)$|5\boldsymbol{AB}|$;　(b)$|-\boldsymbol{AB}^{\mathrm{T}}|$;　(c)$|(\boldsymbol{AB})^{-1}|$.

B组

1.填空题

(1)(1994,数学一,1)　设$\boldsymbol{\alpha}=(1,2,3)$,$\boldsymbol{\beta}=\left(1,\dfrac{1}{2},\dfrac{1}{3}\right)$,设$\boldsymbol{A}=\boldsymbol{\alpha}^{\mathrm{T}}\boldsymbol{\beta}$,其中$\boldsymbol{\alpha}^{\mathrm{T}}$是$\boldsymbol{\alpha}$的转置,则$\boldsymbol{A}^n=$________.

(2)(1999,数学一,3)　已知$\boldsymbol{A}=\begin{pmatrix}1 & 0 & 1\\ 0 & 2 & 0\\ 1 & 0 & 1\end{pmatrix}$,而$n\geqslant 2$为正整数,则$\boldsymbol{A}^n-2\boldsymbol{A}^{n-1}=$________.

(3)(2003,数学一,2)　设$\boldsymbol{\alpha}$为3维列向量,$\boldsymbol{\alpha}^{\mathrm{T}}$是$\boldsymbol{\alpha}$的转置,若$\boldsymbol{\alpha\alpha}^{\mathrm{T}}=\begin{pmatrix}1 & -1 & 1\\ -1 & 1 & -1\\ 1 & -1 & 1\end{pmatrix}$,则$\boldsymbol{\alpha}^{\mathrm{T}}\boldsymbol{\alpha}$=________.

(4)(2004,数学一,4)　设 $\boldsymbol{A}=\begin{pmatrix}0&-1&0\\1&0&0\\0&0&1\end{pmatrix}$,$\boldsymbol{B}=\boldsymbol{P}^{-1}\boldsymbol{AP}$,其中 $\boldsymbol{P}$ 为 3 阶可逆矩阵,则 $\boldsymbol{B}^{2004}-2\boldsymbol{A}^2=$ ________.

(5)(2013,数学一,4)　设 $\boldsymbol{A}=(a_{ij})$ 是 3 阶非零矩阵,$|\boldsymbol{A}|$为 $\boldsymbol{A}$ 的行列式,A_{ij} 为 a_{ij} 的代数余子式,若 $a_{ij}+A_{ij}=0(i,j=1,2,3)$,则$|\boldsymbol{A}|=$ ________.

(6)(2001,数学一,3)　设矩阵 $\boldsymbol{A}$ 满足 $\boldsymbol{A}^2+\boldsymbol{A}-4\boldsymbol{E}=\boldsymbol{O}$,其中 $\boldsymbol{E}$ 为单位矩阵,则$(\boldsymbol{A}-\boldsymbol{E})^{-1}=$ ________.

(7)(2000,数学一,2)　设 $\boldsymbol{A}=\begin{pmatrix}1&0&0&0\\-2&3&0&0\\0&-4&5&0\\0&0&-6&7\end{pmatrix}$,$\boldsymbol{E}$ 为 4 阶单位矩阵,且 $\boldsymbol{B}=(\boldsymbol{E}+\boldsymbol{A})^{-1}(\boldsymbol{E}-\boldsymbol{A})$,则$(\boldsymbol{E}+\boldsymbol{B})^{-1}=$ ________.

(8)(1995,数学一,1)　设 3 阶方阵 $\boldsymbol{A},\boldsymbol{B}$ 满足关系式 $\boldsymbol{A}^{-1}\boldsymbol{BA}=6\boldsymbol{A}+\boldsymbol{BA}$ 且 $\boldsymbol{A}=\begin{pmatrix}\frac{1}{3}&0&0\\0&\frac{1}{4}&0\\0&0&\frac{1}{7}\end{pmatrix}$,则 $\boldsymbol{B}=$ ________.

2.选择题

(1)(2002,数学一,4)　设 $\boldsymbol{A},\boldsymbol{B}$ 为 n 阶方阵,$\boldsymbol{A}^*,\boldsymbol{B}^*$ 分别为 $\boldsymbol{A},\boldsymbol{B}$ 对应的伴随矩阵,设分块矩阵 $\boldsymbol{C}=\begin{pmatrix}\boldsymbol{A}&\boldsymbol{O}\\\boldsymbol{O}&\boldsymbol{B}\end{pmatrix}$,则 $\boldsymbol{C}$ 的伴随矩阵 $\boldsymbol{C}^*=($　　$)$.

A.$\begin{pmatrix}|\boldsymbol{A}|\boldsymbol{A}^*&\boldsymbol{O}\\\boldsymbol{O}&|\boldsymbol{B}|\boldsymbol{B}^*\end{pmatrix}$　　B.$\begin{pmatrix}|\boldsymbol{B}|\boldsymbol{B}^*&\boldsymbol{O}\\\boldsymbol{O}&|\boldsymbol{A}|\boldsymbol{A}^*\end{pmatrix}$

C.$\begin{pmatrix}|\boldsymbol{A}|\boldsymbol{B}^*&\boldsymbol{O}\\\boldsymbol{O}&|\boldsymbol{B}|\boldsymbol{A}^*\end{pmatrix}$　　D.$\begin{pmatrix}|\boldsymbol{B}|\boldsymbol{A}^*&\boldsymbol{O}\\\boldsymbol{O}&|\boldsymbol{A}|\boldsymbol{B}^*\end{pmatrix}$

(2)(2005,数学一,3)　设 $\boldsymbol{A}=(a_{ij})_{3\times3}$ 满足 $\boldsymbol{A}^*=\boldsymbol{A}^{\mathrm{T}}$,其中 $\boldsymbol{A}^*$ 为 $\boldsymbol{A}$ 的伴随矩阵,$\boldsymbol{A}^{\mathrm{T}}$ 为 $\boldsymbol{A}$ 的转置矩阵.若 a_{11},a_{12},a_{13} 为 3 个相等的正数,则 $a_{11}=($　　$)$.

A.$\frac{\sqrt{3}}{3}$　　B.3　　C.$\frac{1}{3}$　　D.$\sqrt{3}$

(3)(2008,数学一,6) 设$\boldsymbol{A}$为n阶非零矩阵,$\boldsymbol{E}$为n阶单位矩阵,若$\boldsymbol{A}^3=\boldsymbol{O}$.则( ).

A.$\boldsymbol{E}-\boldsymbol{A}$不可逆,$\boldsymbol{E}+\boldsymbol{A}$不可逆 B.$\boldsymbol{E}-\boldsymbol{A}$不可逆,$\boldsymbol{E}+\boldsymbol{A}$可逆

C.$\boldsymbol{E}-\boldsymbol{A}$可逆,$\boldsymbol{E}+\boldsymbol{A}$可逆 D.$\boldsymbol{E}-\boldsymbol{A}$可逆,$\boldsymbol{E}+\boldsymbol{A}$不可逆

(4)(2004,数学一,5) 设$\boldsymbol{A}$为3阶方阵,将$\boldsymbol{A}$的第1列和第2列交换得$\boldsymbol{B}$,再把矩阵$\boldsymbol{B}$的第2列加到第3列得$\boldsymbol{C}$,则满足$\boldsymbol{AQ}=\boldsymbol{C}$的可逆矩阵$\boldsymbol{Q}=$( ).

A.$\begin{pmatrix}0&1&0\\1&0&0\\1&0&1\end{pmatrix}$ B.$\begin{pmatrix}0&1&0\\1&0&1\\0&0&1\end{pmatrix}$ C.$\begin{pmatrix}0&1&0\\1&0&1\\0&1&1\end{pmatrix}$ D.$\begin{pmatrix}0&1&1\\1&0&0\\0&0&1\end{pmatrix}$

(5)(2006,数学一,5) 设$\boldsymbol{A}$为3阶方阵,将$\boldsymbol{A}$的第2行加到第1行得$\boldsymbol{B}$,再把矩阵$\boldsymbol{B}$的第1列的-1倍加到第2列得$\boldsymbol{C}$,记$\boldsymbol{P}=\begin{pmatrix}1&1&0\\0&1&0\\0&0&1\end{pmatrix}$,则( ).

A.$\boldsymbol{C}=\boldsymbol{P}^{-1}\boldsymbol{AP}$ B.$\boldsymbol{C}=\boldsymbol{PAP}^{-1}$ C.$\boldsymbol{C}=\boldsymbol{P}^{\mathrm{T}}\boldsymbol{AP}$ D.$\boldsymbol{C}=\boldsymbol{PAP}^{\mathrm{T}}$

(6)(2011,数学一,6) 设$\boldsymbol{A}$为3阶方阵,将$\boldsymbol{A}$的第2列加到第1列得$\boldsymbol{B}$,再把矩阵$\boldsymbol{B}$的第2行与第3行交换得单位矩阵,记$\boldsymbol{P}_1=\begin{pmatrix}1&0&0\\1&1&0\\0&0&1\end{pmatrix}$,$\boldsymbol{P}_2=\begin{pmatrix}1&0&0\\0&0&1\\0&1&0\end{pmatrix}$,则$\boldsymbol{A}=$( ).

A.$\boldsymbol{P}_1\boldsymbol{P}_2$ B.$\boldsymbol{P}_1^{-1}\boldsymbol{P}_2$ C.$\boldsymbol{P}_2\boldsymbol{P}_1$ D.$\boldsymbol{P}_2\boldsymbol{P}_1^{-1}$

(7)(2012,数学一,7) 设$\boldsymbol{A}$为3阶方阵,$\boldsymbol{P}$为3阶可逆矩阵,且$\boldsymbol{P}^{-1}\boldsymbol{AP}=\begin{pmatrix}1&0&0\\0&1&0\\0&0&2\end{pmatrix}$,若$\boldsymbol{P}=(\alpha_1,\alpha_2,\alpha_3)$,$\boldsymbol{Q}=(\alpha_1+\alpha_2,\alpha_2,\alpha_3)$,则$\boldsymbol{Q}^{-1}\boldsymbol{AQ}=$( ).

A.$\begin{pmatrix}1&0&0\\0&2&0\\0&0&1\end{pmatrix}$ B.$\begin{pmatrix}1&0&0\\0&1&0\\0&0&2\end{pmatrix}$ C.$\begin{pmatrix}2&0&0\\0&1&0\\0&0&2\end{pmatrix}$ D.$\begin{pmatrix}2&0&0\\0&2&0\\0&0&1\end{pmatrix}$

(8)(1995,数学一,1)

设$\boldsymbol{A}=\begin{pmatrix}a_{11}&a_{12}&a_{13}\\a_{21}&a_{22}&a_{23}\\a_{31}&a_{32}&a_{33}\end{pmatrix}$,$\boldsymbol{B}=\begin{pmatrix}a_{21}&a_{22}&a_{23}\\a_{11}&a_{12}&a_{13}\\a_{31}+a_{11}&a_{32}+a_{12}&a_{33}+a_{13}\end{pmatrix}$,若$\boldsymbol{P}_1=$

$\begin{pmatrix}0&1&0\\1&0&0\\0&0&1\end{pmatrix}$, $P_2=\begin{pmatrix}1&0&0\\0&1&0\\1&0&1\end{pmatrix}$,则(　　).

A.$AP_2P_1=B$　B.$AP_1P_2=B$　C.$P_1P_2A=B$　D.$P_2P_1A=B$

(9)(2009,数学一,2)　设A,P均为3阶方阵,P^T为P的转置矩阵且$P^TAP=\begin{pmatrix}1&0&0\\0&1&0\\0&0&2\end{pmatrix}$,若$P=(\alpha_1,\alpha_2,\alpha_3)$,$Q=(\alpha_1+\alpha_2,\alpha_2,\alpha_3)$,则$Q^TAQ=$(　　).

A.$\begin{pmatrix}2&1&0\\1&1&0\\0&0&2\end{pmatrix}$　B.$\begin{pmatrix}1&1&0\\1&2&0\\0&0&2\end{pmatrix}$　C.$\begin{pmatrix}2&0&0\\0&1&0\\0&0&2\end{pmatrix}$　D.$\begin{pmatrix}1&0&0\\0&2&0\\0&0&2\end{pmatrix}$

3.解答题

(1)(2002,数学一,4)　设A的伴随矩阵

$$A^*=\begin{pmatrix}1&0&0&0\\0&1&0&0\\1&0&1&0\\0&-3&0&8\end{pmatrix},$$

且$ABA^{-1}=BA^{-1}+3E$,其中E为4阶单位矩阵,求矩阵B.

(2)(1997,数学一,4)　设A为n阶非奇异矩阵,α为n维列向量,b为常数,记分块矩阵

$$P=\begin{pmatrix}E&O\\-\alpha^TA^*&|A|\end{pmatrix},Q=\begin{pmatrix}A&\alpha\\\alpha^T&b\end{pmatrix},$$

其中A^*为A的伴随矩阵,E为n阶单位矩阵.

(a)计算并化简PQ;(b)证明矩阵Q可逆的充分必要条件是$\alpha^{-1}A^{-1}\alpha\neq b$.

(3)(1998,数学一,2)　设$(2E-C^{-1}B)A^T=C^{-1}$,其中E为4阶单位矩阵,A^T为A的转置矩阵,且

$$B=\begin{pmatrix}1&2&-3&-2\\0&1&2&-3\\0&0&1&2\\0&0&0&1\end{pmatrix},C=\begin{pmatrix}1&2&0&1\\0&1&2&0\\0&0&1&2\\0&0&0&1\end{pmatrix},$$

求矩阵A.

第 3 章　线性方程组

线性方程组是线性代数研究的主要对象之一,它是解决很多实际问题的有力工具,在工程技术、经济管理等领域中都有着非常广泛的应用.

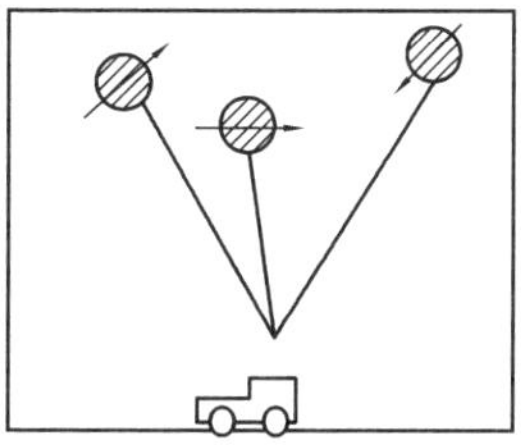

例如,全球定位系统(Global Positioning System, GPS)是美国从20世纪70年代开始研制,历时20年,耗资200亿美元,于1994年全面建成,具有在海、陆、空进行全方位实时三维导航与定位能力的新一代卫星导航与定位系统.那么你知道GPS是如何定位的吗? GPS系统由24颗高轨道同步卫星组成,其基本原理是测量出已知位置的卫星到用户接收机之间的距离,然后综合多颗卫星的数据计算出接收机的具体位置.目前,GPS接收机一般可以同时接收12颗卫星信号,GPS接收机收到3颗卫星的信号可以输出2D(就是2维)数据,只有经纬度,没有高度;如果收到4颗以上卫星的信号,就能输出3D数据,可以提供海拔高度.

设用户接收机的位置坐标为(x,y,z),用户接收机到卫星的距离可通过信号传递的时间测得,由于用户接收机使用的时钟与卫星星载时钟不可能总是同步,所以还要引进一个未知数t,即卫星与接收机之间的时间差,然后用4个方程将这4个未知数解出来,所以如果想知道接收机所处位置的3维数据,至少要能接收到4颗卫星的信号.假设用户接收机在0点时接收到4颗卫星的数据,其中卫星的位置坐标为$(a_i,b_i,c_i)(i=1,2,3,4)$,4颗卫星发送该信号的时间为$t_i(i=1,2,3,4)$,v是光速,则接收机与卫星之间的距离计算为:

$$\begin{cases}(x-a_1)^2+(y-b_1)^2+(z-c_1)^2=v^2(t-t_1)^2\\(x-a_2)^2+(y-b_2)^2+(z-c_2)^2=v^2(t-t_2)^2\\(x-a_3)^2+(y-b_3)^2+(z-c_3)^2=v^2(t-t_3)^2\\(x-a_4)^2+(y-b_4)^2+(z-c_4)^2=v^2(t-t_4)^2\end{cases},\qquad ①$$

将 ① 中前三个方程分别减去第四个方程，化简得

$$
\begin{cases}
k_{11}x + k_{12}y + k_{13}z + k_{14}t = m_1 \\
k_{21}x + k_{22}y + k_{23}z + k_{24}t = m_2 \\
k_{31}x + k_{32}y + k_{33}z + k_{34}t = m_3 \\
(x - a_4)^2 + (y - b_4)^2 + (z - c_4)^4 = v^2(t - t_4)^2
\end{cases}
\quad ②
$$

$(k_{ij}, m_i(i = 1,2,3; j = 1,2,3,4)$ 为常数$)$，

从 ② 的前三个线性方程解得：

$$
\begin{cases}
x = \lambda_{10} + \lambda_{11}t \\
y = \lambda_{20} + \lambda_{21}t \quad (\lambda_{i0}, \lambda_{i1}(i = 1,2,3) \text{ 为常数}), \\
z = \lambda_{30} + \lambda_{31}t
\end{cases}
\quad ③
$$

将③代入②的第4个方程，可以解得$t = t_0$，从而可求出汽车的位置坐标，即

$$(x, y, z) = (x_0, y_0, z_0).$$

本课程中诸多内容都是围绕如何求解 n 元线性方程组来展开的. 本章将运用向量和矩阵的知识，讨论线性方程组在什么情况下有解，并给出求解的方法，然后研究解的结构. 这些都是线性代数最基本的问题.

3.1 消元法

学习目标：

1. 理解高斯消元法的基本思想；
2. 掌握用初等行变换求线性方程组解的方法；
3. 牢记线性方程组解的判定定理.

第 1 章讨论了用行列式求解 n 元线性方程组的克莱姆法则，但克莱姆法则仅适用于方程的个数和未知数的个数相等，且系数行列式不等于零的情形. 然而，在科学技术与经济管理等领域中，许多问题往往归结为更一般的线性方程组的求解，那么我们自然要问：

问题 1 在方程的个数与未知量的个数不相等或者系数行列式等于零的情况下，该如何求解线性方程组呢？

对于此类问题的研究在理论和应用上都具有重要意义，有必要进行更进一步的讨论. 对于一般的线性方程组，可以利用本节介绍的高斯消元法来进行求解.

3.1.1　线性方程组的形式

1）线性方程组的一般形式

关于 n 个未知量 $x_1, x_2, \cdots x_n$ 的 m 个一次方程组成的方程组

$$\begin{cases} a_{11}x_1 + a_{12}x_2 + \cdots + a_{1n}x_n = b_1 \\ a_{21}x_1 + a_{22}x_2 + \cdots + a_{2n}x_n = b_2 \\ \qquad\qquad\vdots \\ a_{m1}x_1 + a_{m2}x_2 + \cdots + a_{mn}x_n = b_m \end{cases}, \tag{3.1.1}$$

称为 n 元线性方程组. 其中 a_{ij} 为第 i 个方程中未知量 x_j 的**系数**，b_i 为第 i 个方程的**常数项**，且 $a_{ij}, b_i(i = 1,2,3,\cdots m; j = 1,2,3,\cdots,n)$ 均为已知数. 使得（3.1.1）中每个方程均成立的未知数 $x_j(j = 1,2,3,\cdots,n)$ 的取值叫作方程组（3.1.1）的**解**.

根据第 2 章矩阵的相关知识，我们也可以借助矩阵乘法的形式来表示线性方程组.

2）线性方程组的矩阵形式

若引入矩阵 $\boldsymbol{A} = (a_{ij})_{m\times n}, \boldsymbol{X} = (x_1, x_2, \cdots, x_n)^{\mathrm{T}}, \boldsymbol{b} = (b_1, b_2, \cdots, b_m)^{\mathrm{T}}$，则又可得线性方程组（3.1.1）的矩阵形式

$$\boldsymbol{AX} = \boldsymbol{b}. \tag{3.1.2}$$

其中 $m \times n$ 矩阵 $\boldsymbol{A}$ 称为线性方程组（3.1.1）的**系数矩阵**.

当 $\boldsymbol{b} \neq \boldsymbol{0}$ 时，称 $\boldsymbol{AX} = \boldsymbol{b}$ 为**非齐次线性方程组**；

当 $\boldsymbol{b} = \boldsymbol{0}$ 时，称

$$\boldsymbol{AX} = \boldsymbol{0} \tag{3.1.3}$$

为**齐次线性方程组**.

事实上，将方程组（3.1.1）中的 $x_j(j = 1,2,3,\cdots,n)$ 替换成 $y_j(j = 1,2,3,\cdots,n)$ 对方程组解的情况不会产生任何实质上的影响，因此方程组的解仅依赖于已知数 a_{ij}, b_i 以及这些数的排列顺序. 也就是说，已知数及其排列顺序决定了方程组. 因此我们也可以将方程组（3.1.1）以下列表格的形式来表现：

x_1	x_2	$\cdots$	x_n	
a_{11}	a_{12}	$\cdots$	a_{1n}	b_1
a_{21}	a_{22}	$\cdots$	a_{2n}	b_2
$\vdots$	$\vdots$		$\vdots$	$\vdots$
a_{m1}	a_{m2}	$\cdots$	a_{mn}	b_m

当然,表格的第一行是可以去掉的.

例如,方程组$\begin{cases}x_1+x_2+x_3=3\\x_1-x_2=0\end{cases}$也可以表示成:

1	1	1	3
1	-1	0	0

通过上述分析不难发现:线性方程组解的情况取决于(3.1.2)中的$\boldsymbol{A}$与$\boldsymbol{b}$,为此令

$$\overline{\boldsymbol{A}}=(\boldsymbol{A},\boldsymbol{b}),$$

我们称$m\times(n+1)$矩阵$\overline{\boldsymbol{A}}$为线性方程组(3.1.2)的**增广矩阵**.显然,一个线性方程组与它的增广矩阵是一一对应的.

3.1.2 消元法

中学数学已介绍过用消元法解简单的线性方程组,下面将要介绍的**高斯消元法**正是这种方法的延续.高斯(Gauss)大约在1800年提出了高斯消元法,并用它解决了天体计算和地球表面测量计算中的最小二乘法问题.虽然高斯因这个技术成功地消去了线性方程组中的变量而出名,但早在1世纪中国古代的数学名著《九章算术》中就出现了运用“高斯”消元的方法求解线性方程组.

高斯消元法的基本思想是对线性方程组进行同解变形,简化未知量的系数,从而得到与原方程组同解且容易直接求解的阶梯形方程组.下面用一个具体的例子介绍这种方法.

例1 用消元法求解线性方程组:

$$\begin{cases}x_1+x_2+x_3-4x_4=1 & ①\\2x_1+3x_2+x_3-5x_4=4. & ②\\x_1+2x_3-7x_4=-1 & ③\end{cases}\tag{3.1.4}$$

解　首先利用①消去②、③中的x_1，为此将①×(-2)加到②上，将①×(-1)加到③上，得

$$\begin{cases} x_1+x_2+x_3-4x_4=1 & ① \\ x_2-x_3+3x_4=2 \quad . & ④ \\ -x_2+x_3-3x_4=-2 & ⑤ \end{cases} \tag{3.1.5}$$

显然，满足式(3.1.4)的解一定满足式(3.1.5)；反之，若将①×2加到④，将①加到⑤，就分别得到②和③，从而式(3.1.5)的解也满足式(3.1.4).因此，经上述变换所得的方程组(3.1.5)与原方程组(3.1.4)的解相同，通常称(3.1.4)与(3.1.5)为**同解方程组**.

进一步地，将④加到⑤又可得一同解方程组

$$\begin{cases} x_1+x_2+x_3-4x_4=1 & ① \\ x_2-x_3+3x_4=2 \quad . & ④ \\ 0=0 \end{cases} \tag{3.1.6}$$

方程组(3.1.6)中有4个未知量、两个方程.不难看出，若把x_3、x_4作为独立参变数，则可解出x_1、x_2.为此先消去①中的x_2，将④×(-1)加到①上，得

$$\begin{cases} x_1+2x_3-7x_4=-1 & ⑥ \\ x_2-x_3+3x_4=2 \quad . & ④ \\ 0=0 \end{cases} \tag{3.1.7}$$

从而移项可得

$$\begin{cases} x_1=-1-2x_3+7x_4 \\ x_2=2+x_3-3x_4 \end{cases} \tag{3.1.8}$$

只要任意取定x_3、x_4，由式(3.1.8)可求出相应的x_1、x_2，进而得到方程组(3.1.4)的一个解.因此该方程组有无穷多解，并且可表示为

$$\begin{cases} x_1=-1-2k_1+7k_2 \\ x_2=2+k_1-3k_2 \\ x_3=k_1 \\ x_4=k_2 \end{cases} \quad (k_1, k_2 \text{ 为任意常数}). \tag{3.1.9}$$

式(3.1.9)表示所求方程组的所有解，我们称它为**通解**.另外，通常称x_3、x_4为**自由未知量**.

从上述解题过程可以看出，用消元法求解线性方程组的具体做法就是对方程组反复实施以下3种变换：

(1)交换某两个方程的位置;

(2)用一个非零的数乘以某一个方程的两边;

(3)将一个方程的倍数加到另一个方程上.

以上 3 种变换称为**线性方程组的初等变换**.

由于一个线性方程组与它的增广矩阵是一一对应的,那么不禁要问:

问题 2 在对一般的线性方程组进行初等变换的过程中,其增广矩阵相应地发生了怎样的变化?

注意到在消元的过程中,我们仅对各方程的系数和常数项进行了运算,因此,对线性方程组的初等变换就相当于对其增广矩阵施以相应的初等行变换,得到与原方程组同解的新方程组的增广矩阵.于是,对方程组的消元过程可用对其增广矩阵进行初等行变换来代替.

例 2 利用对增广矩阵进行初等行变换的方法求解例 1 中的线性方程组.

解 写出增广矩阵,并进行初等行变换

$$\overline{\boldsymbol{A}}=\begin{pmatrix}1&1&1&-4&1\\2&3&1&-5&4\\1&0&2&-7&-1\end{pmatrix}\xrightarrow[r_3-r_1]{r_2-2r_1}\begin{pmatrix}1&1&1&-4&1\\0&1&-1&3&2\\0&-1&1&-3&-2\end{pmatrix}$$

$$\xrightarrow{r_3+r_2}\begin{pmatrix}1&1&1&-4&1\\0&1&-1&3&2\\0&0&0&0&0\end{pmatrix}\xrightarrow{r_1-r_2}\begin{pmatrix}1&0&2&-7&-1\\0&1&-1&3&2\\0&0&0&0&0\end{pmatrix}.$$

最后的矩阵就是方程组(3.1.7)的增广矩阵,可直接得出方程组(3.1.4)的解(3.1.9).

例 3 用初等变换的方法解方程组$\begin{cases}2x_1-x_2+3x_3=1\\4x_1+2x_2+5x_3=4.\\2x_1\qquad\quad+2x_3=6\end{cases}$

解 写出增广矩阵,并进行初等行变换:

$$\overline{\boldsymbol{A}}=\begin{pmatrix}2&-1&3&1\\4&2&5&4\\2&0&2&6\end{pmatrix}\xrightarrow[r_3-r_1]{r_2-2r_1}\begin{pmatrix}2&-1&3&1\\0&4&-1&2\\0&1&-1&5\end{pmatrix}\xrightarrow{r_3\leftrightarrow r_2}\begin{pmatrix}2&-1&3&1\\0&1&-1&5\\0&4&-1&2\end{pmatrix}$$

$$\xrightarrow{r_3-4r_2}\begin{pmatrix}2&-1&3&1\\0&1&-1&5\\0&0&3&-18\end{pmatrix}\xrightarrow[r_3\div 3]{r_1+r_2}\begin{pmatrix}2&0&2&6\\0&1&-1&5\\0&0&1&-6\end{pmatrix}$$

$$\xrightarrow[r_2+r_3]{r_1\div 2}\begin{pmatrix}1&0&1&3\\0&1&0&-1\\0&0&1&-6\end{pmatrix}\xrightarrow{r_1-r_3}\begin{pmatrix}1&0&0&9\\0&1&0&-1\\0&0&1&-6\end{pmatrix},$$

所以$\begin{cases}x_1=9\\x_2=-1.\\x_3=-6\end{cases}$

显而易见,对于一般形式的线性方程组,最基本且较简便的求解方法就是消元法.通过消元法可知线性方程组解的具体情况,如例1中的线性方程组有无穷多解、例3中的线性方程组有唯一解,于是我们想问:

问题3 线性方程组的解到底与什么相关联?

下面来讨论这个问题.我们要研究线性方程组有解的充要条件,并进一步在方程组有解时讨论方程组是有唯一解还是有无穷多解.

3.1.3 线性方程组解的判定

1)非齐次线性方程组解的判定

定理1 n元非齐次线性方程组$\boldsymbol{AX}=\boldsymbol{b}$**有解**的充分必要条件是系数矩阵与增广矩阵有相同的秩r,即$r(\boldsymbol{A})=r(\boldsymbol{A},\boldsymbol{b})=r$.并且:

(1)当$r=n$(未知量个数)时,方程组有**唯一解**;

(2)当$r<n$时,方程组有**无穷多解**.

证明 对线性方程组(3.1.1)的增广矩阵$\overline{\boldsymbol{A}}=(\boldsymbol{A},\boldsymbol{b})$进行适当初等行变换,化为行最简形矩阵:

$$\overline{\boldsymbol{A}}\longrightarrow\begin{pmatrix}1&0&\cdots&0&c_{1,r+1}&\cdots&c_{1n}&d_1\\0&1&\cdots&0&c_{2,r+1}&\cdots&c_{2n}&d_2\\\vdots&\vdots&&\vdots&\vdots&&\vdots&\vdots\\0&0&\cdots&1&c_{r,r+1}&\cdots&c_{rn}&d_r\\0&0&\cdots&0&0&\cdots&0&d_{r+1}\\0&0&\cdots&0&0&\cdots&0&0\\\vdots&\vdots&&\vdots&\vdots&&\vdots&\vdots\\0&0&\cdots&0&0&\cdots&0&0\end{pmatrix},\qquad(3.1.10)$$

与(3.1.10)相对应的线性方程组为:

$$\begin{cases} x_1 + c_{1,r+1}x_{r+1} + \cdots + c_{1n}x_n = d_1 \\ x_2 + c_{2,r+1}x_{r+1} + \cdots + c_{2n}x_n = d_2 \\ \vdots \\ x_r + c_{r,r+1}x_{r+1} + \cdots + c_{rn}x_n = d_r \\ 0 = d_{r+1} \\ 0 = 0 \\ \vdots \\ 0 = 0 \end{cases}. \tag{3.1.11}$$

显然,方程组(3.1.1)与方程组(3.1.11)是同解方程组,于是要研究方程组(3.1.1)的解,就变为研究方程组(3.1.11)的解.

①若 $d_{r+1} \neq 0$,则方程组(3.1.11)无解,那么方程组(3.1.1)也无解.

②若 $d_{r+1} = 0$,则方程组(3.1.11)有解,那么方程组(3.1.1)也有解.

对于情形①,表现为增广矩阵与系数矩阵的秩不相等,而情形②表现为增广矩阵与系数矩阵的秩相等.

情形②又分两种情况:

(a)当 $r = n$ 时,方程组(3.1.11)的形式为

$$\begin{cases} x_1 + c_{12}x_2 + \cdots + c_{1n}x_n = d_1 \\ x_2 + \cdots + c_{2n}x_n = d_2 \\ \vdots \\ x_n = d_n \end{cases},$$

由最后一个方程开始,逐个算出 $x_n, x_{n-1}, \cdots, x_1$ 的值,从而得到线性方程组(3.1.1)的唯一解.

(b)当 $r < n$ 时,方程组(3.1.11)可改写为

$$\begin{cases} x_1 = d_1 - c_{1,r+1}x_{r+1} - \cdots - c_{1n}x_n \\ x_2 = d_2 - c_{2,r+1}x_{r+1} - \cdots - c_{2n}x_n \\ \vdots \\ x_r = d_r - c_{r,r+1}x_{r+1} - \cdots - c_{rn}x_n \end{cases},$$

其中,$x_{r+1}, x_{r+2}, \cdots, x_n$ 是自由未知量,若任给一组数 $l_1, l_2, \cdots l_{n-r}$ 代入上式可得方程组的一组解:

$$
\begin{cases}
x_1 = d_1 - c_{1,r+1}l_1 - \cdots - c_{1n}l_{n-r} \\
x_2 = d_2 - c_{2,r+1}l_1 - \cdots - c_{2n}l_{n-r} \\
\vdots \\
x_r = d_r - c_{r,r+1}l_1 - \cdots - c_{rn}l_{n-r} \\
x_{r+1} = l_1 \\
x_{r+2} = l_2 \\
\vdots \\
x_n = l_{n-r}
\end{cases},
$$

由此可见，当 $r < n$ 时，方程组(3.1.11)有无穷多解.其中，$x_{r+1}, x_{r+2}, \cdots, x_n$ 是自由未知量.由此定理 1 得证.

定理 1 的逆否命题也成立，于是得到如下推论：

推论 1　n 元非齐次线性方程组 $\boldsymbol{AX} = \boldsymbol{b}$ **无解**的充分必要条件是系数矩阵与增广矩阵的秩不相等，即 $r(\boldsymbol{A}) \neq r(\overline{\boldsymbol{A}})$.

注　定理 1 及推论 1 给出了线性方程组是否有解的定性理论，而其证明过程则提供了**求解非齐次线性方程组的方法**.即：

(1)对增广矩阵 $\overline{\boldsymbol{A}}$ 施行适当的初等行变换，将其化为行阶梯形矩阵 $\boldsymbol{B}$；

(2)若 $r(\overline{\boldsymbol{A}}) \neq r(\boldsymbol{A})$，则原方程组无解；

(3)若 $r(\overline{\boldsymbol{A}}) = r(\boldsymbol{A})$，则原方程组有解，进一步将矩阵 $\boldsymbol{B}$ 化为行最简形矩阵 $\boldsymbol{C}$，便可直接写出其全部解.其中当 $r(\overline{\boldsymbol{A}}) = r(\boldsymbol{A}) = r < n$(未知量个数)时，需要在行最简形矩阵 $\boldsymbol{C}$ 中找出一个不等于零的 r 阶子式，然后将该 r 阶子式各列对应的 r 个未知量作为非自由未知量，余下的 $n - r$ 个作为自由未知量，写出通解.

例 4　解线性方程组

$$
\begin{cases}
x_1 - x_2 + 3x_3 - x_4 = 1 \\
2x_1 - x_2 - x_3 + 4x_4 = 2 \\
3x_1 - 2x_2 + 2x_3 + 3x_4 = 3 \\
x_1 - 4x_3 + 5x_4 = -1
\end{cases}.
$$

解　对 $\overline{\boldsymbol{A}}$ 进行初等行变换可化为行阶梯形矩阵：

$$\overline{A}=\begin{pmatrix}1&-1&3&-1&1\\2&-1&-1&4&2\\3&-2&2&3&3\\1&0&-4&5&-1\end{pmatrix}\xrightarrow[r_4-r_1]{\substack{r_2-2r_1\\r_3-3r_1}}\begin{pmatrix}1&-1&3&-1&1\\0&1&-7&6&0\\0&1&-7&6&0\\0&1&-7&6&-2\end{pmatrix}$$

$$\xrightarrow[r_4-r_2]{r_3-r_2}\begin{pmatrix}1&-1&3&-1&1\\0&1&-7&6&0\\0&0&0&0&0\\0&0&0&0&-2\end{pmatrix}\xrightarrow{r_3\leftrightarrow r_4}\begin{pmatrix}1&-1&3&-1&1\\0&1&-7&6&0\\0&0&0&0&-2\\0&0&0&0&0\end{pmatrix}.$$

显然 $r(\overline{A})=3$,$r(A)=2$,因线性方程组的系数矩阵的秩与增广矩阵的秩不相等,所以方程组无解.

例 5 解线性方程组

$$\begin{cases}x_1-x_2+x_3=1\\x_1-2x_2-x_3=2\\3x_1-x_2+6x_3=3\\2x_1-2x_2+3x_3=0\end{cases}.$$

解 对增广矩阵施行初等行变换,化为行阶梯形矩阵:

$$\overline{A}=\begin{pmatrix}1&-1&1&1\\1&-2&-1&2\\3&-1&6&3\\2&-2&3&0\end{pmatrix}\xrightarrow[r_4-2r_1]{\substack{r_2-r_1\\r_3-3r_1}}\begin{pmatrix}1&-1&1&1\\0&-1&-2&1\\0&2&3&0\\0&0&1&-2\end{pmatrix}$$

$$\xrightarrow{r_3+2r_2}\begin{pmatrix}1&-1&1&1\\0&-1&-2&1\\0&0&-1&2\\0&0&1&-2\end{pmatrix}\xrightarrow{(-1)\cdot r_2}\begin{pmatrix}1&-1&1&1\\0&1&2&-1\\0&0&-1&2\\0&0&1&-2\end{pmatrix}$$

$$\xrightarrow{r_4+r_3}\begin{pmatrix}1&-1&1&1\\0&1&2&-1\\0&0&-1&2\\0&0&0&0\end{pmatrix}\xrightarrow{(-1)\cdot r_3}\begin{pmatrix}1&-1&1&1\\0&1&2&-1\\0&0&1&-2\\0&0&0&0\end{pmatrix}=\boldsymbol{B}.$$

显然 $r(\overline{A})=r(A)=3$,恰好等于未知量的个数,所以方程组有唯一解.对 $\boldsymbol{B}$ 进一步施行初等行变换,将它化为行最简形矩阵.

$$\boldsymbol{B}\xrightarrow[r_2-2r_3]{r_1-r_3}\begin{pmatrix}1&-1&0&3\\0&1&0&3\\0&0&1&-2\\0&0&0&0\end{pmatrix}\xrightarrow{r_1+r_2}\begin{pmatrix}1&0&0&6\\0&1&0&3\\0&0&1&-2\\0&0&0&0\end{pmatrix}.$$

则得方程组的唯一解为 $x_1=6,x_2=3,x_3=-2$.

例 6 解线性方程组

$$\begin{cases}x_1+x_3-x_4-3x_5=-2\\x_1+2x_2-x_3-x_5=1\\4x_1+6x_2-2x_3-4x_4+3x_5=7\\2x_1-2x_2+4x_3-7x_4+4x_5=1\end{cases}.$$

解 对增广矩阵施行初等行变换,化为行阶梯形矩阵.

$$\overline{\boldsymbol{A}}=\begin{pmatrix}1&0&1&-1&-3&-2\\1&2&-1&0&-1&1\\4&6&-2&-4&3&7\\2&-2&4&-7&4&1\end{pmatrix}\xrightarrow[r_4-2r_1]{\substack{r_2-r_1\\r_3-4r_1}}\begin{pmatrix}1&0&1&-1&-3&-2\\0&2&-2&1&2&3\\0&6&-6&0&15&15\\0&-2&2&-5&10&5\end{pmatrix}$$

$$\xrightarrow[r_4+r_2]{r_3-3r_2}\begin{pmatrix}1&0&1&-1&-3&-2\\0&2&-2&1&2&3\\0&0&0&-3&9&6\\0&0&0&-4&12&8\end{pmatrix}\xrightarrow{r_3\div(-3)}\begin{pmatrix}1&0&1&-1&-3&-2\\0&2&-2&1&2&3\\0&0&0&1&-3&-2\\0&0&0&-4&12&8\end{pmatrix}$$

$$\xrightarrow{r_4+4r_3}\begin{pmatrix}1&0&1&-1&-3&-2\\0&2&-2&1&2&3\\0&0&0&1&-3&-2\\0&0&0&0&0&0\end{pmatrix}=\boldsymbol{B}.$$

显然 $r(\overline{\boldsymbol{A}})=r(\boldsymbol{A})=3<5$(未知量的个数),所以方程组有无穷多解.对 $\boldsymbol{B}$ 进一步施行初等行变换,将它化为行最简形矩阵 $\boldsymbol{C}$.

$$\boldsymbol{B}\xrightarrow[r_2-r_3]{r_1+r_3}\begin{pmatrix}1&0&1&0&-6&-4\\0&2&-2&0&5&5\\0&0&0&1&-3&-2\\0&0&0&0&0&0\end{pmatrix}\xrightarrow{\frac{1}{2}r_2}\begin{pmatrix}1&0&1&0&-6&-4\\0&1&-1&0&\frac{5}{2}&\frac{5}{2}\\0&0&0&1&-3&-2\\0&0&0&0&0&0\end{pmatrix}=\boldsymbol{C}$$

该矩阵对应的线性方程组为

$$\begin{cases} x_1+x_3-6x_5=-4 \\ x_2-x_3+\dfrac{5}{2}x_5=\dfrac{5}{2}. \\ x_4-3x_5=-2 \end{cases}$$

由于在行最简形矩阵 $\boldsymbol{C}$ 中,位于1、2、3行与1、2、4列交叉处元素构成的三阶子式不等于零,于是可以将1、2、4列对应的未知量 x_1、x_2、x_4 作为非自由未知量,余下的 x_3、x_5 为自由未知量,则有

$$\begin{cases} x_1=-4-x_3+6x_5 \\ x_2=\dfrac{5}{2}+x_3-\dfrac{5}{2}x_5, \\ x_4=-2+3x_5 \end{cases}$$

令 $x_3=k_1,x_5=k_2$,原方程组的通解可表示为

$$\begin{cases} x_1=-4-k_1+6k_2 \\ x_2=\dfrac{5}{2}+k_1-\dfrac{5}{2}k_2 \\ x_3=k_1 \\ x_4=-2+3k_2 \\ x_5=k_2 \end{cases} \quad (k_1,k_2\text{ 为任意常数}).$$

注 增广矩阵中不为零的 r 阶子式不一定唯一.比如在本例的 $\boldsymbol{C}$ 中,位于第1、2、3行及第1、3、4列交叉处元素构成的三阶子式也不为零.此时也可以将 x_2、x_5 作为自由未知量,故方程组通解的表示式可以不一样,但解集是相同的.

例7 设线性方程组 $\begin{cases} x_1+x_2+x_3+x_4=1 \\ 3x_1+2x_2+x_3+x_4=3 \\ x_2+3x_3+2x_4=0 \\ 5x_1+4x_2+3x_3+bx_4=a \end{cases}$,

求 a,b 的值,使得方程组(1) 无解;(2) 有唯一解;(3) 有无穷多个解,并求出其通解.

解 对该线性方程组的增广矩阵进行初等行变换,得

$$\overline{\boldsymbol{A}}=\begin{pmatrix} 1&1&1&1&1 \\ 3&2&1&1&3 \\ 0&1&3&2&0 \\ 5&4&3&b&a \end{pmatrix} \to \begin{pmatrix} 1&1&1&1&1 \\ 0&1&2&2&0 \\ 0&0&1&0&0 \\ 0&0&0&b-3&a-5 \end{pmatrix}.$$

显然有:

(1)当 $b-3\neq 0$,即 $b\neq 3$ 时,有 $r(\overline{\boldsymbol{A}})=r(\boldsymbol{A})=4$(未知量个数),此时方程组有唯一解;

(2)当 $b-3=0$ 且 $a-5\neq 3$,即 $b=3$ 且 $a\neq 5$ 时,有 $r(\overline{\boldsymbol{A}})=4$,$r(\boldsymbol{A})=3$,此时方程组无解;

(3)当 $b-3=0$ 且 $a-5=0$,即 $b=3$ 且 $a=5$ 时,有 $r(\overline{\boldsymbol{A}})=r(\boldsymbol{A})=3<4$(未知量个数),此时方程组有无穷多解.继续初等行变换为行最简形矩阵:

$$\overline{\boldsymbol{A}}\to\begin{pmatrix}1&1&1&1&1\\0&1&2&2&0\\0&0&1&0&0\\0&0&0&0&0\end{pmatrix}\to\begin{pmatrix}1&0&0&-1&1\\0&1&0&2&0\\0&0&1&0&0\\0&0&0&0&0\end{pmatrix},$$

得到同解方程组

$$\begin{cases}x_1-x_4=1\\x_2+2x_4=0.\\x_3=0\end{cases}$$

令自由未知量 $x_4=k$,则方程组的通解为

$$\begin{cases}x_1=1+k\\x_2=-2k\\x_3=0\\x_4=k\end{cases}\quad(k\text{ 为任意常数}).$$

2)齐次线性方程组解的判定

考虑齐次线性方程组 $\boldsymbol{AX}=\boldsymbol{0}$,其中 $\boldsymbol{A}$ 为 $m\times n$ 矩阵,$\boldsymbol{X}$ 为 $n\times 1$ 矩阵,$\boldsymbol{0}$ 为 $m\times 1$ 零矩阵,由于其增广矩阵 $\overline{\boldsymbol{A}}=(\boldsymbol{A},\boldsymbol{0})$ 最后一列全为零,所以任何一个齐次线性方程组均满足 $r(\overline{\boldsymbol{A}})=r(\boldsymbol{A})$,因此齐次线性方程组 $\boldsymbol{AX}=\boldsymbol{0}$ 总是有解的.事实上,$\boldsymbol{X}=\boldsymbol{0}$ 就是方程组(3.1.3)的解,这个解称为齐次线性方程组 $\boldsymbol{AX}=\boldsymbol{0}$ 的**零解**.对于齐次线性方程组,我们更为关心的是:

问题 4 $\boldsymbol{AX}=\boldsymbol{0}$ 是否有非零解?

由于齐次线性方程组 $\boldsymbol{AX}=\boldsymbol{0}$ 是非齐次线性方程组 $\boldsymbol{AX}=\boldsymbol{b}$ 的特殊情况,故将定理 1 及推论 1 应用到齐次线性方程组可得下述定理,从而回答问题 4.

定理 2 n 元齐次线性方程组 $\boldsymbol{AX}=\boldsymbol{0}$ **只有零解**的充要条件是系数矩阵的秩

等于未知量的个数;**有非零解**(即**无穷多解**)的充要条件是系数矩阵的秩小于未知量的个数.

推论2 对于 n 元齐次线性方程组 $\boldsymbol{A}_{m\times n}\boldsymbol{X}=\boldsymbol{0}$,如果方程的个数少于未知量的个数,即 $m<n$,则齐次线性方程组 $\boldsymbol{AX}=\boldsymbol{0}$ 必有非零解.

证明 当 $m<n$ 时,对于 $m\times n$ 矩阵 $\boldsymbol{A}$ 有 $r(\boldsymbol{A})\leqslant\min\{m,n\}=m<n$,由定理2得证.

注 解齐次线性方程组 $\boldsymbol{AX}=\boldsymbol{0}$ 的方法与解非齐次线性方程组 $\boldsymbol{AX}=\boldsymbol{b}$ 的方法一致,由于齐次线性方程组的常数项全为零,在行初等变换时不变,因此也可以仅对 $\boldsymbol{A}$ 而不是 $\overline{\boldsymbol{A}}=(\boldsymbol{A},\boldsymbol{b})$ 作初等行变换来求解.

例8 解齐次线性方程组 $\begin{cases}x_1+3x_2+3x_3+2x_4+x_5=0\\2x_1+6x_2+9x_3+5x_4+3x_5=0\\-x_1-3x_2+3x_3+2x_5=0\end{cases}$.

解 将系数矩阵施行初等行变换:

$$\boldsymbol{A}=\begin{pmatrix}1&3&3&2&1\\2&6&9&5&3\\-1&-3&3&0&2\end{pmatrix}\xrightarrow[r_3+r_1]{r_2-2r_1}\begin{pmatrix}1&3&3&2&1\\0&0&3&1&1\\0&0&6&2&3\end{pmatrix}$$

$$\xrightarrow{r_3-2r_2}\begin{pmatrix}1&3&3&2&1\\0&0&3&1&1\\0&0&0&0&1\end{pmatrix}\xrightarrow[r_2-r_3]{r_1-r_3}\begin{pmatrix}1&3&3&2&0\\0&0&3&1&0\\0&0&0&0&1\end{pmatrix}$$

$$\xrightarrow{r_1-r_2}\begin{pmatrix}1&3&0&1&0\\0&0&3&1&0\\0&0&0&0&1\end{pmatrix}\xrightarrow{r_2\div 3}\begin{pmatrix}1&3&0&1&0\\0&0&1&\frac{1}{3}&0\\0&0&0&0&1\end{pmatrix}.$$

显然 $r(\overline{\boldsymbol{A}})=r(\boldsymbol{A})=3<5$(未知量的个数),所以方程组有非零解,即无穷多解,将 x_2、x_4 作为自由未知量,令 $x_2=k_1,x_4=k_2$,可得通解为

$$\begin{cases}x_1=-3k_1-k_2\\x_2=k_1\\x_3=-\dfrac{1}{3}k_2\\x_4=k_2\\x_5=0\end{cases}\qquad(k_1,k_2\text{ 为任意常数}).$$

特别地,当齐次线性方程组 $\boldsymbol{AX}=\boldsymbol{0}$ 的方程个数等于未知量个数时,其系数矩阵 $\boldsymbol{A}$ 为 n 阶方阵.由定理2可以得到:

推论3 含有 n 个未知量及 n 个方程的齐次线性方程组**只有零解**的充要条件是系数行列式 $|\boldsymbol{A}|\neq 0$;**有非零解**的充要条件是 $|\boldsymbol{A}|=0$.

例9 讨论当 λ 取何值时,齐次线性方程组

$$\begin{cases}(\lambda+3)x_1+x_2+2x_3=0\\ \lambda x_1+(\lambda-1)x_2+x_3=0\\ 3(\lambda+1)x_1+\lambda x_2+(\lambda+3)x_3=0\end{cases}$$

有非零解?并求出它的通解.

解 由推论3知,当系数行列式等于零时,齐次线性方程组有非零解,即

$$|\boldsymbol{A}|=\begin{vmatrix}\lambda+3 & 1 & 2\\ \lambda & \lambda-1 & 1\\ 3(\lambda+1) & \lambda & \lambda+3\end{vmatrix}=\lambda^2(\lambda-1)=0,$$

显然有:当 $\lambda=0$ 或 $\lambda=1$ 时,$|\boldsymbol{A}|=0$,齐次线性方程组有非零解.

(1)当 $\lambda=0$ 时,仅对系数矩阵作初等行变换有

$$\boldsymbol{A}=\begin{pmatrix}3 & 1 & 2\\ 0 & -1 & 1\\ 3 & 0 & 3\end{pmatrix}\to\begin{pmatrix}1 & 0 & 1\\ 0 & 1 & -1\\ 0 & 0 & 0\end{pmatrix},$$

令自由未知量 $x_3=k$,则方程组的通解为

$$\begin{cases}x_1=-k\\ x_2=k\\ x_3=k\end{cases}\quad(k\text{ 为任意常数}).$$

(2)当 $\lambda=1$ 时,对系数矩阵作初等行变换有

$$\boldsymbol{A}=\begin{pmatrix}4 & 1 & 2\\ 1 & 0 & 1\\ 6 & 1 & 4\end{pmatrix}\to\begin{pmatrix}1 & 0 & 1\\ 0 & 1 & -2\\ 0 & 0 & 0\end{pmatrix},$$

令自由未知量 $x_3=k$,则方程组的通解为

$$\begin{cases}x_1=-k\\ x_2=2k\\ x_3=k\end{cases}\quad(k\text{ 为任意常数}).$$

习题 3.1

1.选择题

(1)设$\boldsymbol{A}$为$m\times n$的矩阵,齐次线性方程组$\boldsymbol{AX}=\boldsymbol{0}$仅有零解的充分必要条件是系数矩阵的秩$r(\boldsymbol{A})$(   ).

A.小于m　　B.小于n　　C.等于m　　D.等于n

(2)设齐次线性方程组$\boldsymbol{AX}=\boldsymbol{0}$仅有零解,则对应的非齐次线性方程组$\boldsymbol{AX}=\boldsymbol{b}$(   ).

A.必有无穷多解　B.必有唯一解　C.必定无解　D.以上均不对

(3)设$\boldsymbol{A}$为$m\times n$的矩阵,如果$m<n$,则(   ).

A.$\boldsymbol{AX}=\boldsymbol{b}$必有无穷多解　　B.$\boldsymbol{AX}=\boldsymbol{b}$必有唯一解

C.$\boldsymbol{AX}=\boldsymbol{0}$必有非零解　　D.$\boldsymbol{AX}=\boldsymbol{0}$只有零解

2.解齐次线性方程组$\begin{cases}3x_1-5x_2+x_3-2x_4=0\\2x_1+3x_2-5x_3+x_4=0\\-x_1+7x_2-4x_3+3x_4=0\\4x_1+15x_2-7x_3+9x_4=0\end{cases}$.

3.解非齐次线性方程组$\begin{cases}x_1-x_2+4x_3+3x_4=1\\2x_1+x_2+6x_3+5x_4=2\\x_1+2x_2+2x_3+2x_4=2\end{cases}$.

4.当k取何值时,齐次线性方程组$\begin{cases}kx_1+x_2+x_3=0\\x_1+kx_2-x_3=0\\2x_1-x_2+x_3=0\end{cases}$有非零解?并求出全部解.

5.讨论λ取何值时,非齐次线性方程组$\begin{cases}-2x_1+x_2+x_3=-2\\x_1-2x_2+x_3=\lambda\\x_1+x_2-2x_3=\lambda^2\end{cases}$无解、有唯一解、有无穷多解?在有解时求出其解.

3.2 向量组的线性组合

学习目标：

1. 理解 n 维向量的概念；
2. 掌握向量的线性运算；
3. 理解线性表示的问题等价于线性方程组解的问题；
4. 掌握能否线性表示的判别方法.

消元法揭示了线性方程组解的存在与否依赖于各方程之间的关系，为了进一步研究线性方程组解的结构问题，需要引入 n 维向量及其线性相关性理论.本节的概念和理论对后面章节中所讨论的抽象向量也是适用的.

3.2.1 n 维向量的概念

在平面解析几何中，坐标平面上每个点的位置可以用它的坐标来描述，点的坐标是一个有序数组 (x,y)；一个企业一年中从 1 月到 12 月每月的产值也可用一个有序数组 $(a_1,a_2,\cdots,a_{12})$ 来表示；一个 n 元方程 $a_1x_1+a_2x_2+\cdots+a_nx_n=b$ 同样 可以用一个有序数组 $(a_1,a_2,\cdots,a_n,b)$ 来表示.可见有序数组的应用非常广泛，有必要对它们进行深入的讨论.

定义 1 由 n 个有次序的数组成的数组

$$(a_1,a_2,\cdots,a_n) \tag{3.2.1}$$

或

$$\begin{pmatrix} a_1 \\ a_2 \\ \vdots \\ a_n \end{pmatrix} \tag{3.2.2}$$

称为一个 n **维向量**，简称**向量**.

这 n 个数称为该向量的 n **个分量**，a_i 称为**第 i 个分量**.

所有分量均为 0 的向量，称为**零向量**，记作 $\boldsymbol{0}$；分量都是实数的向量称为**实向量**；分量有复数的向量称为**复向量**.如不作特别说明，本书中向量均指实向量.

其中，式(3.2.1)称为一个**行向量**，式(3.2.2)称为一个**列向量**，二者总被视为两个不同的向量.一般地，我们常用黑体的小写英文字母和希腊字母，如 $\boldsymbol{a},\boldsymbol{b},\boldsymbol{\alpha},\boldsymbol{\beta},\boldsymbol{\gamma}$ 等来表示列向量，用 $\boldsymbol{a}^{\mathrm{T}},\boldsymbol{b}^{\mathrm{T}},\boldsymbol{\alpha}^{\mathrm{T}},\boldsymbol{\beta}^{\mathrm{T}},\boldsymbol{\gamma}^{\mathrm{T}}$ 等表示行向量.行向量和列向量只是两种不同的写法，意义是相同的.本书中，在所讨论向量没有特别指明的情况下都被视为列向量.

若干个同维数的列向量(或行向量)所组成的集合称为**向量组**.

例如，一个 m 行 n 列矩阵 $\boldsymbol{A}=\begin{pmatrix} a_{11} & a_{12} & \cdots & a_{1n} \\ a_{21} & a_{22} & \cdots & a_{2n} \\ \vdots & \vdots & & \vdots \\ a_{m1} & a_{m2} & \cdots & a_{mn} \end{pmatrix}$ 的每一列

$$\boldsymbol{\alpha}_j=\begin{pmatrix} a_{1j} \\ a_{2j} \\ \vdots \\ a_{mj} \end{pmatrix} \quad (j=1,2,\cdots,n)$$

组成的向量组 $\boldsymbol{\alpha}_1,\boldsymbol{\alpha}_2,\cdots,\boldsymbol{\alpha}_n$ 称为矩阵 $\boldsymbol{A}$ 的**列向量组**；而由矩阵 $\boldsymbol{A}$ 的每一行

$$\boldsymbol{\beta}_i^{\mathrm{T}}=(a_{i1},a_{i2},\cdots,a_{in}) \quad (i=1,2,\cdots,m)$$

组成的向量组 $\boldsymbol{\beta}_1^{\mathrm{T}},\boldsymbol{\beta}_2^{\mathrm{T}},\cdots,\boldsymbol{\beta}_m^{\mathrm{T}}$ 称为矩阵 $\boldsymbol{A}$ 的**行向量组**.

于是矩阵 $\boldsymbol{A}$ 可记为

$$\boldsymbol{A}=(\boldsymbol{\alpha}_1,\boldsymbol{\alpha}_2,\cdots,\boldsymbol{\alpha}_n) \text{ 或 } \boldsymbol{A}=\begin{pmatrix} \boldsymbol{\beta}_1^{\mathrm{T}} \\ \boldsymbol{\beta}_2^{\mathrm{T}} \\ \vdots \\ \boldsymbol{\beta}_m^{\mathrm{T}} \end{pmatrix}.$$

这样，矩阵 $\boldsymbol{A}$ 就与其列向量组或行向量组之间建立了一一对应关系.

特别地，n 维向量的全体所组成的集合 $\mathbf{R}^n=\{\boldsymbol{x}=(x_1,\cdots,x_n)^{\mathrm{T}} \mid x_1,\cdots x_n\in\mathbf{R}\}$ 称为 **n 维向量空间**.

3.2.2 向量的线性运算

问题 1 向量能否像矩阵一样进行加法、减法、数乘的运算呢?

事实上，向量即为特殊的矩阵，其中 n 维列向量可视为 $n\times 1$ 矩阵，n 维行向量可视为 $1\times n$ 矩阵，因此 n 维向量可以按照矩阵的运算法则进行运算.通常将向量的加法与数乘运算统称为**向量的线性运算**.

定义 2　设有两个 n 维向量

$$\boldsymbol{\alpha}=\begin{pmatrix}a_1\\a_2\\\vdots\\a_n\end{pmatrix},\quad \boldsymbol{\beta}=\begin{pmatrix}b_1\\b_2\\\vdots\\b_n\end{pmatrix},$$

若它们的各分量都对应相等,即 $a_i=b_i(i=1,2,\cdots,n)$,则称向量 $\boldsymbol{\alpha}$ 与 $\boldsymbol{\beta}$ 相等,记作 $\boldsymbol{\alpha}=\boldsymbol{\beta}$.

定义 3　设有两个 n 维向量

$$\boldsymbol{\alpha}=\begin{pmatrix}a_1\\a_2\\\vdots\\a_n\end{pmatrix},\quad \boldsymbol{\beta}=\begin{pmatrix}b_1\\b_2\\\vdots\\b_n\end{pmatrix},$$

则由它们的各对应分量之和组成的向量称为**向量 $\boldsymbol{\alpha}$ 与 $\boldsymbol{\beta}$ 的和**,记作 $\boldsymbol{\alpha}+\boldsymbol{\beta}$,即$\begin{pmatrix}a_1+b_1\\a_2+b_2\\\vdots\\a_n+b_n\end{pmatrix}$.

定义 4　n 维向量 $\boldsymbol{\alpha}=\begin{pmatrix}a_1\\a_2\\\vdots\\a_n\end{pmatrix}$ 的各个分量都乘以实数 k 所组成的向量,称为**数 k 与向量 α 的乘积**(简称**数乘**),记为 $k\boldsymbol{\alpha}$,即$\begin{pmatrix}ka_1\\ka_2\\\vdots\\ka_n\end{pmatrix}$.

由向量的加法及数乘的定义,可定义**向量的减法**:

$$\boldsymbol{\alpha}-\boldsymbol{\beta}=\boldsymbol{\alpha}+(-\boldsymbol{\beta})=\begin{pmatrix}a_1-b_1\\a_2-b_2\\\vdots\\a_n-b_n\end{pmatrix}.$$

向量的线性运算与列(行)矩阵的运算规律相同,从而也满足下列运算律(其中 $\boldsymbol{\alpha},\boldsymbol{\beta}$ 为 n 维向量,k,l 为任意实数):

(1)$\boldsymbol{\alpha}+\boldsymbol{\beta}=\boldsymbol{\beta}+\boldsymbol{\alpha}$;

(2)$(\boldsymbol{\alpha}+\boldsymbol{\beta})+\boldsymbol{\gamma}=\boldsymbol{\alpha}+(\boldsymbol{\beta}+\boldsymbol{\gamma})$;

(3)$\boldsymbol{\alpha}+\boldsymbol{0}=\boldsymbol{\alpha}$;

(4)$\boldsymbol{\alpha}+(-\boldsymbol{\alpha})=\boldsymbol{0}$;

(5)$1\cdot\boldsymbol{\alpha}=\boldsymbol{\alpha}$;

(6)$k(l\boldsymbol{\alpha})=(kl)\boldsymbol{\alpha}$;

(7)$(k+l)\boldsymbol{\alpha}=k\boldsymbol{\alpha}+l\boldsymbol{\alpha}$;

(8)$k(\boldsymbol{\alpha}+\boldsymbol{\beta})=k\boldsymbol{\alpha}+k\boldsymbol{\beta}$.

例 1 某公司销售四种商品 A、B、C、D,本年度第 1、2、3 月的销量(单位:件)如下表所示:

	A	B	C	D
1 月	58	55	79	47
2 月	44	46	62	45
3 月	32	56	66	49

(1)该公司本年度第一季度四种商品的销量各是多少?

(2)若已知销售商品 B 的利润为 300 元/件,问该公司本年度前三个月商品 B 的获利分别是多少?

解 (1)设向量 $\boldsymbol{\alpha}_i^{\mathrm{T}}(i=1,2,3)$ 表示第 i 月四种商品的销量,即有:

$$\boldsymbol{\alpha}_1^{\mathrm{T}}=(58,55,79,47)$$

$$\boldsymbol{\alpha}_2^{\mathrm{T}}=(44,46,62,45)$$

$$\boldsymbol{\alpha}_3^{\mathrm{T}}=(32,56,66,49)$$

则该公司本年度第一季度四种商品的销量可表示为:

$$\boldsymbol{\alpha}_1^{\mathrm{T}}+\boldsymbol{\alpha}_2^{\mathrm{T}}+\boldsymbol{\alpha}_3^{\mathrm{T}}=(134,157,207,141),$$

即四种商品第一季度销量分别为 134 件、157 件、207 件、141 件.

(2)设向量 $\boldsymbol{\beta}$ 表示商品 B 前三个月的销量,即有 $\boldsymbol{\beta}=(55,46,56)^{\mathrm{T}}$,则获利可以表示为

$$300\boldsymbol{\beta}=300(55,46,56)^{\mathrm{T}}=(16\ 500,13\ 800,16\ 800)^{\mathrm{T}},$$

即 B 商品 1 月获利为 16 500 元,2 月获利为 13 800 元,3 月获利为 16 800 元.

3.2.3 向量组的线性组合

考察线性方程组

$$\begin{cases} a_{11}x_1 + a_{12}x_2 + \cdots + a_{1n}x_n = b_1 \\ a_{21}x_1 + a_{22}x_2 + \cdots + a_{2n}x_n = b_2 \\ \qquad\vdots \\ a_{m1}x_1 + a_{m2}x_2 + \cdots + a_{mn}x_n = b_m \end{cases}. \tag{3.2.3}$$

若对系数矩阵按列分块，记 $\boldsymbol{\alpha}_1 = \begin{pmatrix} a_{11} \\ a_{21} \\ \vdots \\ a_{m1} \end{pmatrix}, \boldsymbol{\alpha}_2 = \begin{pmatrix} a_{12} \\ a_{22} \\ \vdots \\ a_{m2} \end{pmatrix}, \cdots, \boldsymbol{\alpha}_n = \begin{pmatrix} a_{1n} \\ a_{2n} \\ \vdots \\ a_{mn} \end{pmatrix}$，$\boldsymbol{\beta} = \begin{pmatrix} b_1 \\ b_2 \\ \vdots \\ b_m \end{pmatrix}$，则按照向量的线性运算，线性方程组(3.2.3)也可以写成如下的**向量形式**：

$$x_1\boldsymbol{\alpha}_1 + x_2\boldsymbol{\alpha}_2 + \cdots + x_n\boldsymbol{\alpha}_n = \boldsymbol{\beta}. \tag{3.2.4}$$

其中，$\boldsymbol{X} = (x_1, x_2, \cdots, x_n)^{\mathrm{T}}$ 称为方程组的**解向量**.

例如，方程组 $\begin{cases} x_1 + x_2 + x_3 = 3 \\ x_1 - x_2 = 0 \end{cases}$ 也可以写成 $\begin{pmatrix} 1 \\ 1 \end{pmatrix} x_1 + \begin{pmatrix} 1 \\ -1 \end{pmatrix} x_2 + \begin{pmatrix} 1 \\ 0 \end{pmatrix} x_3 = \begin{pmatrix} 3 \\ 0 \end{pmatrix}$.

于是，线性方程组(3.2.3)是否有解，就相当于是否存在一组数 $k_1, k_2, \cdots, k_n$ 使得下列线性关系式成立：

$$k_1\boldsymbol{\alpha}_1 + k_2\boldsymbol{\alpha}_2 + \cdots + k_n\boldsymbol{\alpha}_n = \boldsymbol{\beta}.$$

在讨论这一问题之前，先介绍几个有关向量组的概念.

定义 5 给定向量组 $\boldsymbol{A}: \boldsymbol{\alpha}_1, \boldsymbol{\alpha}_2, \cdots, \boldsymbol{\alpha}_s$，对于任何一组实数 $k_1, k_2, \cdots, k_s$，表达式

$$k_1\boldsymbol{\alpha}_1 + k_2\boldsymbol{\alpha}_2 + \cdots + k_s\boldsymbol{\alpha}_s,$$

称为向量组 $\boldsymbol{A}$ 的一个**线性组合**，其中 $k_1, k_2, \cdots, k_s$ 称为这个线性组合的**组合系数**.

定义 6 给定向量 $\boldsymbol{\beta}$ 与向量组 $\boldsymbol{A}: \boldsymbol{\alpha}_1, \boldsymbol{\alpha}_2, \cdots, \boldsymbol{\alpha}_s$，如果存在一组实数 $k_1, k_2, \cdots, k_s$，使

$$\boldsymbol{\beta} = k_1\boldsymbol{\alpha}_1 + k_2\boldsymbol{\alpha}_2 + \cdots + k_s\boldsymbol{\alpha}_s,$$

则称向量 $\boldsymbol{\beta}$ 是向量组 $\boldsymbol{A}$ 的线性组合，又称向量 $\boldsymbol{\beta}$ 能由向量组 $\boldsymbol{A}$ **线性表示**.

例如，设向量 $\boldsymbol{\alpha} = (1,1,0)^{\mathrm{T}}, \boldsymbol{\beta} = (1,-1,1)^{\mathrm{T}}, \boldsymbol{\gamma} = (2,0,1)^{\mathrm{T}}$，则 $\boldsymbol{\gamma} = \boldsymbol{\alpha} + \boldsymbol{\beta}$，因

此向量 $\boldsymbol{\gamma}$ 是向量 $\boldsymbol{\alpha}$、$\boldsymbol{\beta}$ 的线性组合,组合系数为 1、1.

问题 2 零向量是否能由任意一组向量线性表示呢?

由定义 6 可以看出,只要将组合系数全部取为零,即得零向量是任一向量组的线性组合.

从线性方程组(3.2.3)的向量形式(3.2.4)可知,线性方程组 $x_1\boldsymbol{\alpha}_1+x_2\boldsymbol{\alpha}_2+\cdots+x_n\boldsymbol{\alpha}_n=\boldsymbol{\beta}$ 是否有解的问题就等价于向量 $\boldsymbol{\beta}$ 能否由向量组 $\boldsymbol{A}:\boldsymbol{\alpha}_1,\boldsymbol{\alpha}_2,\cdots,\boldsymbol{\alpha}_n$ 线性表示的问题.根据 3.1 节关于线性方程组解的不同情况的讨论,可以得到如下结论:

定理 1 设向量组 $\boldsymbol{A}:\boldsymbol{\alpha}_1,\boldsymbol{\alpha}_2,\cdots,\boldsymbol{\alpha}_s$ 与向量 $\boldsymbol{\beta}$($\boldsymbol{\alpha}_1,\boldsymbol{\alpha}_2,\cdots,\boldsymbol{\alpha}_s,\boldsymbol{\beta}$ 都是 n 维向量),记矩阵 $\boldsymbol{A}=(\boldsymbol{\alpha}_1,\boldsymbol{\alpha}_2,\cdots,\boldsymbol{\alpha}_s)$,$\boldsymbol{X}=(x_1,x_2,\cdots,x_s)^{\mathrm{T}}$,$\overline{\boldsymbol{A}}=(\boldsymbol{A},\boldsymbol{\beta})$,则下列 3 个命题等价:

(1) 向量 $\boldsymbol{\beta}$ 能由向量组 $\boldsymbol{A}$ 线性表示;

(2) 线性方程组 $\boldsymbol{AX}=\boldsymbol{\beta}$ 有解;

(3) 线性方程组 $\boldsymbol{AX}=\boldsymbol{\beta}$ 的增广矩阵的秩等于其系数矩阵的秩,即 $r(\boldsymbol{A})=r(\overline{\boldsymbol{A}})$.

根据定理 1,可以直接使用矩阵的初等变换来判断向量 $\boldsymbol{\beta}$ 能否由向量组 $\boldsymbol{A}:\boldsymbol{\alpha}_1,\boldsymbol{\alpha}_2,\cdots,\boldsymbol{\alpha}_s$ 线性表示,并且在 $\boldsymbol{\beta}$ 能由向量组 $\boldsymbol{A}$ 线性表示时求出相关的组合系数 $k_1,k_2,\cdots,k_s$,具体做法如下:

记矩阵 $\boldsymbol{A}=(\boldsymbol{\alpha}_1,\boldsymbol{\alpha}_2,\cdots,\boldsymbol{\alpha}_s)$,$\overline{\boldsymbol{A}}=(\boldsymbol{A},\boldsymbol{\beta})$.对矩阵 $\overline{\boldsymbol{A}}$ 施行初等行变换,将其化为行阶梯形矩阵 $\boldsymbol{B}$,比较 $r(\boldsymbol{A})$ 与 $r(\overline{\boldsymbol{A}})$.如果 $r(\boldsymbol{A})\neq r(\overline{\boldsymbol{A}})$,那么向量 $\boldsymbol{\beta}$ 不能由向量组 $\boldsymbol{A}$ 线性表示;如果 $r(\boldsymbol{A})=r(\overline{\boldsymbol{A}})$,那么向量 $\boldsymbol{\beta}$ 能由向量组 $\boldsymbol{A}$ 线性表示,继续对行阶梯形矩阵 $\boldsymbol{B}$ 施行初等行变换,使它变成行最简形矩阵 $\boldsymbol{C}$.此时,行最简形矩阵 $\boldsymbol{C}$ 的最后一个列向量能由其余列向量线性表示,它的组合系数就是向量 $\boldsymbol{\beta}$ 关于向量组 $\boldsymbol{A}$ 的组合系数.例如

$$\overline{\boldsymbol{A}}\to\begin{pmatrix}1&0&0&0&1\\0&1&0&0&2\\0&0&0&1&3\end{pmatrix},$$

则 $\boldsymbol{\beta}=\boldsymbol{\alpha}_1+2\boldsymbol{\alpha}_2+3\boldsymbol{\alpha}_4$.

例 2 设 n 维单位向量组 $\boldsymbol{E}$:

$$e_1=\begin{pmatrix}1\\0\\\vdots\\0\end{pmatrix},e_2=\begin{pmatrix}0\\1\\\vdots\\0\end{pmatrix},\cdots,e_n=\begin{pmatrix}0\\0\\\vdots\\1\end{pmatrix},$$

那么任意向量 $\boldsymbol{\alpha}=(a_1,a_2,\cdots,a_n)^{\mathrm{T}}$ 都能由向量组 $\boldsymbol{E}$ 线性表示.这因为

$$\boldsymbol{\alpha}=a_1\boldsymbol{e}_1+a_2\boldsymbol{e}_2+\cdots+a_n\boldsymbol{e}_n.$$

例 3　判断向量 $\boldsymbol{\beta}=(-1,1,5)^{\mathrm{T}}$ 能否由向量组:

$$\boldsymbol{\alpha}_1=(1,2,3)^{\mathrm{T}},\boldsymbol{\alpha}_2=(0,1,4)^{\mathrm{T}},\boldsymbol{\alpha}_3=(2,3,6)^{\mathrm{T}}$$

线性表示.若能,写出表达式;若不能,说明理由.

解　记 $\overline{\boldsymbol{A}}=(\boldsymbol{\alpha}_1,\boldsymbol{\alpha}_2,\boldsymbol{\alpha}_3,\boldsymbol{\beta})$,对矩阵 $\overline{\boldsymbol{A}}$ 施行初等行变换,化为行阶梯形矩阵,即

$$\overline{\boldsymbol{A}}=\begin{pmatrix}1&0&2&-1\\2&1&3&1\\3&4&6&5\end{pmatrix}\xrightarrow[r_3-3r_1]{r_2-2r_1}\begin{pmatrix}1&0&2&-1\\0&1&-1&3\\0&4&0&8\end{pmatrix}\xrightarrow{r_3-4r_2}\begin{pmatrix}1&0&2&-1\\0&1&-1&3\\0&0&4&-4\end{pmatrix}.$$

显然 $r(\boldsymbol{A})=r(\overline{\boldsymbol{A}})=3$,故向量 $\boldsymbol{\beta}$ 能由向量组 $\boldsymbol{\alpha}_1,\boldsymbol{\alpha}_2,\boldsymbol{\alpha}_3$ 线性表示.再对上述最后一个矩阵施行初等行变换,化为行最简形矩阵.

$$\begin{pmatrix}1&0&2&-1\\0&1&-1&3\\0&0&4&-4\end{pmatrix}\xrightarrow{r_3\div4}\begin{pmatrix}1&0&2&-1\\0&1&-1&3\\0&0&1&-1\end{pmatrix}\xrightarrow[r_2+r_3]{r_1-2r_3}\begin{pmatrix}1&0&0&1\\0&1&0&2\\0&0&1&-1\end{pmatrix}.$$

所以 $\boldsymbol{\beta}=\boldsymbol{\alpha}_1+2\boldsymbol{\alpha}_2-\boldsymbol{\alpha}_3$.

3.2.4　向量组间的线性表示

定义 7　设有两个向量组 $\boldsymbol{A}:\boldsymbol{\alpha}_1,\boldsymbol{\alpha}_2,\cdots,\boldsymbol{\alpha}_s$ 及 $\boldsymbol{B}:\boldsymbol{\beta}_1,\boldsymbol{\beta}_2,\cdots,\boldsymbol{\beta}_t$.如果向量组 $\boldsymbol{B}$ 中的每个向量都能由向量组 $\boldsymbol{A}$ 线性表示,那么称向量组 $\boldsymbol{B}$ 能由向量组 $\boldsymbol{A}$ **线性表示**.如果向量组 $\boldsymbol{A}$ 与向量组 $\boldsymbol{B}$ 能相互线性表示,那么称这两个**向量组等价**.

把向量组 $\boldsymbol{A}$ 与 $\boldsymbol{B}$ 所构成的矩阵分别记作

$$\boldsymbol{A}=(\boldsymbol{\alpha}_1,\boldsymbol{\alpha}_2,\cdots,\boldsymbol{\alpha}_s)\text{ 与 }\boldsymbol{B}=(\boldsymbol{\beta}_1,\boldsymbol{\beta}_2,\cdots,\boldsymbol{\beta}_t).$$

按定义,若向量组 $\boldsymbol{B}$ 能由向量组 $\boldsymbol{A}$ 线性表示,则对每个向量 $\boldsymbol{\beta}_j(j=1,2,\cdots,t)$ 都存在数 $k_{1j},k_{2j},\cdots,k_{sj}$,使

$$\boldsymbol{\beta}_j = k_{1j}\boldsymbol{\alpha}_1 + k_{2j}\boldsymbol{\alpha}_2 + \cdots + k_{sj}\boldsymbol{\alpha}_s = (\boldsymbol{\alpha}_1,\boldsymbol{\alpha}_2,\cdots,\boldsymbol{\alpha}_s)\begin{pmatrix} k_{1j} \\ k_{2j} \\ \vdots \\ k_{sj} \end{pmatrix},$$

从而

$$(\boldsymbol{\beta}_1,\boldsymbol{\beta}_2,\cdots,\boldsymbol{\beta}_t) = (\boldsymbol{\alpha}_1,\boldsymbol{\alpha}_2,\cdots,\boldsymbol{\alpha}_s)\begin{pmatrix} k_{11} & k_{12} & \cdots & k_{1t} \\ k_{21} & k_{22} & \cdots & k_{2t} \\ \vdots & \vdots & & \vdots \\ k_{s1} & k_{s2} & \cdots & k_{st} \end{pmatrix}.$$

即 $\boldsymbol{B} = \boldsymbol{AK}$,这里矩阵 $\boldsymbol{K} = (k_{ij})_{s\times t}$ 称为这一线性表示的**系数矩阵**.

由此可知,如果 $\boldsymbol{C}_{n\times t} = \boldsymbol{A}_{n\times s}\boldsymbol{B}_{s\times t}$,那么矩阵 $\boldsymbol{C}$ 的列向量组能由矩阵 $\boldsymbol{A}$ 的列向量组线性表示,$\boldsymbol{B}$ 为这一线性表示的系数矩阵:

$$(\boldsymbol{c}_1,\boldsymbol{c}_2,\cdots,\boldsymbol{c}_t) = (\boldsymbol{\alpha}_1,\boldsymbol{\alpha}_2,\cdots,\boldsymbol{\alpha}_s)\begin{pmatrix} b_{11} & b_{12} & \cdots & b_{1t} \\ b_{21} & b_{22} & \cdots & b_{2t} \\ \vdots & \vdots & & \vdots \\ b_{s1} & b_{s2} & \cdots & b_{st} \end{pmatrix}.$$

同时 $\boldsymbol{C}$ 的行向量组能由 $\boldsymbol{B}$ 的行向量组线性表示,$\boldsymbol{A}$ 为这一线性表示的系数矩阵:

$$\begin{pmatrix} \boldsymbol{d}_1^{\mathrm{T}} \\ \boldsymbol{d}_2^{\mathrm{T}} \\ \vdots \\ \boldsymbol{d}_n^{\mathrm{T}} \end{pmatrix} = \begin{pmatrix} a_{11} & a_{12} & \cdots & a_{1s} \\ a_{21} & a_{22} & \cdots & a_{2s} \\ \vdots & \vdots & & \vdots \\ a_{n1} & a_{n2} & \cdots & a_{ns} \end{pmatrix}\begin{pmatrix} \boldsymbol{\beta}_1^{\mathrm{T}} \\ \boldsymbol{\beta}_2^{\mathrm{T}} \\ \vdots \\ \boldsymbol{\beta}_s^{\mathrm{T}} \end{pmatrix}.$$

根据以上讨论,提出以下两个问题,供读者思考.

问题 3 如果矩阵 $\boldsymbol{A}$ 经过初等行变换可以化为矩阵 $\boldsymbol{B}$,那么 $\boldsymbol{A}$ 的行向量组与 $\boldsymbol{B}$ 的行向量组是否等价?

问题 4 如果矩阵 $\boldsymbol{A}$ 经过初等列变换可以化为矩阵 $\boldsymbol{B}$,那么 $\boldsymbol{A}$ 的列向量组与 $\boldsymbol{B}$ 的列向量组是否等价?

显然,设矩阵 $\boldsymbol{A}$ 经过初等行变换变成矩阵 $\boldsymbol{B}$,那么 $\boldsymbol{B}$ 的每个行向量都是 $\boldsymbol{A}$ 的行向量组的线性组合,即 $\boldsymbol{B}$ 的行向量组能由 $\boldsymbol{A}$ 的行向量组的线性表示.由于初等行变换是可逆的,因此矩阵 $\boldsymbol{B}$ 也可以经过初等行变换变成 $\boldsymbol{A}$,故 $\boldsymbol{A}$ 的行向量组也能由 $\boldsymbol{B}$ 的行向量组线性表示.于是 $\boldsymbol{A}$ 的行向量组与 $\boldsymbol{B}$ 的行向量组等价.

类似地,如果矩阵$\boldsymbol{A}$经初等列变换变成$\boldsymbol{B}$,那么$\boldsymbol{A}$的列向量组与$\boldsymbol{B}$的列向量组等价.

习题 3.2

1.设向量$\boldsymbol{\alpha}=(1,1,0)^{\mathrm{T}},\boldsymbol{\beta}=(0,1,1)^{\mathrm{T}},\boldsymbol{\gamma}=(3,4,0)^{\mathrm{T}}$,求:

(1)$\boldsymbol{\alpha}-\boldsymbol{\beta}$;

(2)$3\boldsymbol{\alpha}+2\boldsymbol{\beta}-\boldsymbol{\gamma}$.

2.设向量$\boldsymbol{\alpha}=(2,1,-2)^{\mathrm{T}},\boldsymbol{\beta}=(-4,2,3)^{\mathrm{T}},\boldsymbol{\gamma}=(-8,8,5)^{\mathrm{T}}$,求数$k$使得$2\boldsymbol{\alpha}+k\boldsymbol{\beta}=\boldsymbol{\gamma}$.

3.判断向量$\boldsymbol{\beta}=(2,5,-1,4)^{\mathrm{T}}$能否由向量组:

$$\boldsymbol{\alpha}_1=(1,0,2,1)^{\mathrm{T}},\boldsymbol{\alpha}_2=(1,2,0,1)^{\mathrm{T}},\boldsymbol{\alpha}_3=(2,1,3,0)^{\mathrm{T}}$$

线性表示.若能,写出表达式;若不能,说明理由.

4.设向量组$\boldsymbol{A}$:$\boldsymbol{\alpha}_1=(1,2,0)^{\mathrm{T}},\boldsymbol{\alpha}_2=(1,a+2,-3a)^{\mathrm{T}},\boldsymbol{\alpha}_3=(-1,-b-2,a+2b)^{\mathrm{T}}$与向量$\boldsymbol{\beta}=(1,3,-3)^{\mathrm{T}}$,问$a,b$为何值时:

(1)$\boldsymbol{\beta}$不能由$\boldsymbol{\alpha}_1,\boldsymbol{\alpha}_2,\boldsymbol{\alpha}_3$线性表示;

(2)$\boldsymbol{\beta}$能由$\boldsymbol{\alpha}_1,\boldsymbol{\alpha}_2,\boldsymbol{\alpha}_3$唯一地线性表示,并写出表示式;

(3)$\boldsymbol{\beta}$能由$\boldsymbol{\alpha}_1,\boldsymbol{\alpha}_2,\boldsymbol{\alpha}_3$线性表示,但表示式不唯一,并写出两个表示式.

5.设向量$\boldsymbol{\alpha}_1=(1,1,0)^{\mathrm{T}},\boldsymbol{\alpha}_2=(5,3,2)^{\mathrm{T}},\boldsymbol{\alpha}_3=(1,3,-1)^{\mathrm{T}},\boldsymbol{\alpha}_4=(-2,2,-3)^{\mathrm{T}}$,$\boldsymbol{A}$是三阶矩阵,且有$\boldsymbol{A}\boldsymbol{\alpha}_1=\boldsymbol{\alpha}_2,\boldsymbol{A}\boldsymbol{\alpha}_2=\boldsymbol{\alpha}_3,\boldsymbol{A}\boldsymbol{\alpha}_3=\boldsymbol{\alpha}_4$,试求$\boldsymbol{A}\boldsymbol{\alpha}_4$.

3.3　向量组的线性相关性

学习目标:

1.深入理解向量组线性相关与线性无关的概念;

2.掌握判定向量组线性相关与线性无关的常用方法.

若向量$\boldsymbol{\beta}$是向量组$\boldsymbol{\alpha}_1,\boldsymbol{\alpha}_2,\cdots,\boldsymbol{\alpha}_s$的线性组合,则表明向量$\boldsymbol{\beta},\boldsymbol{\alpha}_1,\boldsymbol{\alpha}_2,\cdots,\boldsymbol{\alpha}_s$之间有线性关系.例如$\boldsymbol{\alpha}_4=\boldsymbol{\alpha}_1+3\boldsymbol{\alpha}_2-\boldsymbol{\alpha}_3$,这说明向量$\boldsymbol{\alpha}_1,\boldsymbol{\alpha}_2,\boldsymbol{\alpha}_3,\boldsymbol{\alpha}_4$之间有线性

关系.然而,4维单位向量组$\boldsymbol{e}_1=(1,0,0,0)^{\mathrm{T}},\boldsymbol{e}_2=(0,1,0,0)^{\mathrm{T}},\boldsymbol{e}_3=(0,0,1,0)^{\mathrm{T}},\boldsymbol{e}_4=(0,0,0,1)^{\mathrm{T}}$中任一向量都不能表示为其余向量的线性组合,这说明向量$\boldsymbol{e}_1,\boldsymbol{e}_2,\boldsymbol{e}_3,\boldsymbol{e}_4$之间没有线性关系.显然,这两个向量组有着本质的区别,为此本节将讨论这两种不同类型的向量组.

问题1 应该如何区分向量组是否具有线性关系呢?

对于给定向量组$\boldsymbol{\alpha}_1,\boldsymbol{\alpha}_2,\cdots,\boldsymbol{\alpha}_s$,考虑线性关系式

$$k_1\boldsymbol{\alpha}_1+k_2\boldsymbol{\alpha}_2+\cdots+k_s\boldsymbol{\alpha}_s=\boldsymbol{0}, \tag{3.3.1}$$

其中$k_1,k_2,\cdots,k_s$为常数,显然,当$k_1=k_2=\cdots=k_s=0$时,等式(3.3.1)对任意一组向量必定成立.例如:当组合系数全为零时,对于上述两组向量都有$0\cdot\boldsymbol{\alpha}_1+0\cdot\boldsymbol{\alpha}_2+0\cdot\boldsymbol{\alpha}_3+0\cdot\boldsymbol{\alpha}_4=\boldsymbol{0}$及$0\cdot\boldsymbol{e}_1+0\cdot\boldsymbol{e}_2+0\cdot\boldsymbol{e}_3+0\cdot\boldsymbol{e}_4=\boldsymbol{0}$成立.因此,此时不能区分向量组是否有线性关系.但对于向量组$\boldsymbol{\alpha}_1,\boldsymbol{\alpha}_2,\boldsymbol{\alpha}_3,\boldsymbol{\alpha}_4$,还可以取不全为零的数$k_1=1,k_2=3,k_3=-1,k_4=-1$使得$\boldsymbol{\alpha}_1+3\boldsymbol{\alpha}_2-\boldsymbol{\alpha}_3-\boldsymbol{\alpha}_4=\boldsymbol{0}$;而对于向量组$\boldsymbol{e}_1,\boldsymbol{e}_2,\boldsymbol{e}_3,\boldsymbol{e}_4$,要使$k_1\boldsymbol{e}_1+k_2\boldsymbol{e}_2+k_3\boldsymbol{e}_3+k_4\boldsymbol{e}_4=\boldsymbol{0}$只有当$k_1=k_2=k_3=k_4=0$时才成立.因此区分向量组是否具有线性关系,应考虑是否存在不全为零的数$k_1,k_2,\cdots,k_s$使式(3.3.1)成立.下面由此给出向量组线性相关、线性无关的定义.

3.3.1 线性相关性的概念

定义1 对于向量组$\boldsymbol{\alpha}_1,\boldsymbol{\alpha}_2,\cdots,\boldsymbol{\alpha}_s(s\geqslant1)$,若存在不全为零的数$k_1,k_2,\cdots,k_s$使

$$k_1\boldsymbol{\alpha}_1+k_2\boldsymbol{\alpha}_2+\cdots+k_s\boldsymbol{\alpha}_s=\boldsymbol{0},$$

则称向量组$\boldsymbol{\alpha}_1,\boldsymbol{\alpha}_2,\cdots,\boldsymbol{\alpha}_s$**线性相关**;若当且仅当$k_1=k_2=\cdots=k_s=0$时,上面等式才成立,则称向量组$\boldsymbol{\alpha}_1,\boldsymbol{\alpha}_2,\cdots,\boldsymbol{\alpha}_s$**线性无关**.

例1 已知$\boldsymbol{\alpha}_1=(1,-2,3)^{\mathrm{T}},\boldsymbol{\alpha}_2=(0,2,-5)^{\mathrm{T}},\boldsymbol{\alpha}_3=(2,0,-4)^{\mathrm{T}}$,分别讨论向量组$\boldsymbol{\alpha}_1,\boldsymbol{\alpha}_2$及向量组$\boldsymbol{\alpha}_1,\boldsymbol{\alpha}_2,\boldsymbol{\alpha}_3$的线性相关性.

解 (1)设$k_1\boldsymbol{\alpha}_1+k_2\boldsymbol{\alpha}_2=\boldsymbol{0}$,即

$$k_1\begin{pmatrix}1\\-2\\3\end{pmatrix}+k_2\begin{pmatrix}0\\2\\-5\end{pmatrix}=\begin{pmatrix}0\\0\\0\end{pmatrix},$$

根据向量的线性运算有

$$\begin{cases}k_1=0\\-2k_1+2k_2=0,\\3k_1-5k_2=0\end{cases}$$

解得 $k_1=k_2=0$，所以 $\boldsymbol{\alpha}_1,\boldsymbol{\alpha}_2$ 线性无关.

(2) 设 $k_1\boldsymbol{\alpha}_1+k_2\boldsymbol{\alpha}_2+k_3\boldsymbol{\alpha}_3=\boldsymbol{0}$，即

$$k_1\begin{pmatrix}1\\-2\\3\end{pmatrix}+k_2\begin{pmatrix}0\\2\\-5\end{pmatrix}+k_3\begin{pmatrix}2\\0\\-4\end{pmatrix}=\begin{pmatrix}0\\0\\0\end{pmatrix},$$

根据向量的线性运算有

$$\begin{cases}k_1+2k_3=0\\-2k_1+2k_2=0\\3k_1-5k_2-4k_3=0\end{cases},$$

解得

$$\begin{cases}k_1=-2c\\k_2=-2c\\k_3=c\end{cases}\quad(c\text{ 为任意常数}).$$

可取 $c=-1$，即 $k_1=2,k_2=2,k_3=-1$，使得 $2\boldsymbol{\alpha}_1+2\boldsymbol{\alpha}_2-\boldsymbol{\alpha}_3=\boldsymbol{0}$，所以向量组 $\boldsymbol{\alpha}_1,\boldsymbol{\alpha}_2,\boldsymbol{\alpha}_3$ 线性相关.

问题 2 如果一个向量组中包含零向量，那么该向量组的线性相关性如何？

显然，任意一个包含零向量的向量组必定线性相关.(请读者自行证明)

问题 3 如果一个向量组中仅含有一个向量，那么该向量组的线性相关性如何？

根据定义 1 容易知道，当向量组仅含有一个向量时，若该向量是零向量，则向量组线性相关；若该向量是非零向量，则向量组线性无关.(请读者自行证明)

3.3.2 线性相关性的判定

有了线性组合、线性相关和线性无关的概念，现在可以讨论这些概念间的内在联系了.下面给出向量组线性相关、线性无关的充要条件，为研究线性方程组解的结构提供必备的理论基础.

由定义 1 可知，n 维向量组 $\boldsymbol{\alpha}_1,\boldsymbol{\alpha}_2,\cdots,\boldsymbol{\alpha}_s$ 是线性相关还是线性无关，取决于向量方程

$$x_1\boldsymbol{\alpha}_1+x_2\boldsymbol{\alpha}_2+\cdots+x_s\boldsymbol{\alpha}_s=\boldsymbol{0}\qquad(3.3.2)$$

有非零解还是只有零解.

将方程(3.3.2)改写为下列形式

$$(\boldsymbol{\alpha}_1,\boldsymbol{\alpha}_2,\cdots,\boldsymbol{\alpha}_s)\begin{pmatrix}x_1\\x_2\\\vdots\\x_s\end{pmatrix}=\boldsymbol{0},$$

记 $\boldsymbol{X}=(x_1,x_2,\cdots,x_s)^{\mathrm{T}},\boldsymbol{A}=(\boldsymbol{\alpha}_1,\boldsymbol{\alpha}_2,\cdots,\boldsymbol{\alpha}_s)$,即有

$$\boldsymbol{AX}=\boldsymbol{0}. \tag{3.3.3}$$

这是一个齐次线性方程组.根据3.1节的定理2知,齐次线性方程组有非零解的充要条件是 $r(\boldsymbol{A})<s$,只有零解的充要条件是 $r(\boldsymbol{A})=s$.于是可得:

定理1 记矩阵 $\boldsymbol{A}=(\boldsymbol{\alpha}_1,\boldsymbol{\alpha}_2,\cdots,\boldsymbol{\alpha}_s)$,$n$ 维向量组 $\boldsymbol{\alpha}_1,\boldsymbol{\alpha}_2,\cdots,\boldsymbol{\alpha}_s$ **线性相关**的充要条件是以 $x_1,x_2,\cdots,x_s$ 为未知量的齐次线性方程组 $\boldsymbol{AX}=\boldsymbol{0}$ 有非零解;n 维向量组 $\boldsymbol{\alpha}_1,\boldsymbol{\alpha}_2,\cdots,\boldsymbol{\alpha}_s$ **线性无关**的充要条件是以 $x_1,x_2,\cdots,x_s$ 为未知量的齐次线性方程组 $\boldsymbol{AX}=\boldsymbol{0}$ 只有零解.

推论1 n 维向量组 $\boldsymbol{\alpha}_1=\begin{pmatrix}a_{11}\\a_{21}\\\vdots\\a_{n1}\end{pmatrix},\boldsymbol{\alpha}_2=\begin{pmatrix}a_{12}\\a_{22}\\\vdots\\a_{n2}\end{pmatrix},\cdots,\boldsymbol{\alpha}_s=\begin{pmatrix}a_{1s}\\a_{2s}\\\vdots\\a_{ns}\end{pmatrix}$ **线性相关**的充要条件是矩阵 $\boldsymbol{A}=(\boldsymbol{\alpha}_1,\boldsymbol{\alpha}_2,\cdots,\boldsymbol{\alpha}_s)=\begin{pmatrix}a_{11}&a_{12}&\cdots&a_{1s}\\a_{21}&a_{22}&\cdots&a_{2s}\\\vdots&\vdots&&\vdots\\a_{n1}&a_{n2}&\cdots&a_{ns}\end{pmatrix}$ 的秩 $r(\boldsymbol{A})$ 小于向量的个数 s.

推论2 n 维向量组 $\boldsymbol{\alpha}_1,\boldsymbol{\alpha}_2,\cdots,\boldsymbol{\alpha}_s$ **线性无关**的充要条件是矩阵 $\boldsymbol{A}=(\boldsymbol{\alpha}_1,\boldsymbol{\alpha}_2,\cdots,\boldsymbol{\alpha}_s)$ 的秩 $r(\boldsymbol{A})=s$.

推论3 当向量组中所含向量的个数大于向量的维数时,此向量组必线性相关.

证明 设 $s>n$,则 n 维向量组 $\boldsymbol{\alpha}_1,\boldsymbol{\alpha}_2,\cdots,\boldsymbol{\alpha}_s$ 构成一个 $n\times s$ 矩阵 $\boldsymbol{A}=(\boldsymbol{\alpha}_1,\boldsymbol{\alpha}_2,\cdots,\boldsymbol{\alpha}_s)$ 的秩满足 $r(\boldsymbol{A})\leqslant\min\{n,s\}=n<s$,由推论1可知,向量组 $\boldsymbol{\alpha}_1,\boldsymbol{\alpha}_2,\cdots,\boldsymbol{\alpha}_s$ 线性相关.

例2 已知 $\boldsymbol{\alpha}_1=(1,0,2,1)^{\mathrm{T}},\boldsymbol{\alpha}_2=(1,2,0,1)^{\mathrm{T}},\boldsymbol{\alpha}_3=(2,1,3,0)^{\mathrm{T}},\boldsymbol{\alpha}_4=(2,5,-1,4)^{\mathrm{T}}$,判断向量组 $\boldsymbol{\alpha}_1,\boldsymbol{\alpha}_2,\boldsymbol{\alpha}_3$ 及向量组 $\boldsymbol{\alpha}_1,\boldsymbol{\alpha}_2,\boldsymbol{\alpha}_3,\boldsymbol{\alpha}_4$ 的线性相关性.

解 进行初等行变换有

$$\boldsymbol{A}=(\boldsymbol{\alpha}_1,\boldsymbol{\alpha}_2,\boldsymbol{\alpha}_3,\boldsymbol{\alpha}_4)=\begin{pmatrix}1&1&2&2\\0&2&1&5\\2&0&3&-1\\1&1&0&4\end{pmatrix}\to\begin{pmatrix}1&0&0&1\\0&1&0&3\\0&0&1&-1\\0&0&0&0\end{pmatrix},$$

由于仅作初等行变换,各列次序保持不变,矩阵$(\boldsymbol{\alpha}_1,\boldsymbol{\alpha}_2,\boldsymbol{\alpha}_3)$经初等行变换得到的矩阵就是上面矩阵中前三列构成的矩阵,从而

$$r(\boldsymbol{\alpha}_1,\boldsymbol{\alpha}_2,\boldsymbol{\alpha}_3)=3(\text{向量个数}),$$

所以由推论 2 知$\boldsymbol{\alpha}_1,\boldsymbol{\alpha}_2,\boldsymbol{\alpha}_3$线性无关.而

$$r(\boldsymbol{A})=3<4(\text{向量个数}),$$

所以由推论 1 知$\boldsymbol{\alpha}_1,\boldsymbol{\alpha}_2,\boldsymbol{\alpha}_3,\boldsymbol{\alpha}_4$线性相关.

注 不难证明,若一个矩阵$\boldsymbol{A}$经初等行变换后得到另一个矩阵$\boldsymbol{B}$,则$\boldsymbol{A}$与$\boldsymbol{B}$的列向量组具有完全相同的线性关系.记$\boldsymbol{\alpha}_1,\boldsymbol{\alpha}_2,\cdots,\boldsymbol{\alpha}_m$与$\boldsymbol{\beta}_1,\boldsymbol{\beta}_2,\cdots,\boldsymbol{\beta}_m$分别为$\boldsymbol{A}$与$\boldsymbol{B}$的列向量组,则$k_1\boldsymbol{\alpha}_1+k_2\boldsymbol{\alpha}_2+\cdots+k_m\boldsymbol{\alpha}_m=\boldsymbol{0}$当且仅当$k_1\boldsymbol{\beta}_1+k_2\boldsymbol{\beta}_2+\cdots+k_m\boldsymbol{\beta}_m=\boldsymbol{0}$.利用此结论,可以容易地写出例 2 中$\boldsymbol{\alpha}_4$被线性表出的关系式,即$\boldsymbol{\alpha}_4=\boldsymbol{\alpha}_1+3\boldsymbol{\alpha}_2-\boldsymbol{\alpha}_3$.

推论 4 n个n维向量$\boldsymbol{\alpha}_1,\boldsymbol{\alpha}_2,\cdots,\boldsymbol{\alpha}_n$**线性相关**的充要条件是矩阵$\boldsymbol{A}=(\boldsymbol{\alpha}_1,\boldsymbol{\alpha}_2,\cdots,\boldsymbol{\alpha}_n)$的行列式$|\boldsymbol{A}|=0$;向量组$\boldsymbol{\alpha}_1,\boldsymbol{\alpha}_2,\cdots,\boldsymbol{\alpha}_n$**线性无关**的充要条件是$|\boldsymbol{A}|\neq 0$.

例 3 证明n维单位向量组$\boldsymbol{e}_1=\begin{pmatrix}1\\0\\\vdots\\0\end{pmatrix},\boldsymbol{e}_2=\begin{pmatrix}0\\1\\\vdots\\0\end{pmatrix},\cdots,\boldsymbol{e}_n=\begin{pmatrix}0\\0\\\vdots\\1\end{pmatrix}$线性无关.

证明 设向量组$\boldsymbol{E}$构成的矩阵为$\boldsymbol{E}=(\boldsymbol{e}_1,\boldsymbol{e}_2,\cdots,\boldsymbol{e}_n)$,则$\boldsymbol{E}$是$n$阶单位矩阵.显然有$|\boldsymbol{E}|=1\neq 0$,所以根据推论 4 知向量组$\boldsymbol{E}$是线性无关的.

定理 2 如果一个向量组中有一部分向量(部分组)线性相关,则整个向量组线性相关.

证明 设向量组$\boldsymbol{\alpha}_1,\boldsymbol{\alpha}_2,\cdots,\boldsymbol{\alpha}_m$中有$r$个$(r\leqslant m)$向量的部分组线性相关,不妨设$\boldsymbol{\alpha}_1,\boldsymbol{\alpha}_2,\cdots,\boldsymbol{\alpha}_r$线性相关,则存在不全为零的数$k_1,k_2,\cdots,k_r$,使

$$k_1\boldsymbol{\alpha}_1+k_2\boldsymbol{\alpha}_2+\cdots+k_r\boldsymbol{\alpha}_r=\boldsymbol{0}.$$

因而存在一组不全为零的数 $k_1,k_2,\cdots,k_r,0,\cdots,0$,使

$$k_1\boldsymbol{\alpha}_1+k_2\boldsymbol{\alpha}_2+\cdots+k_r\boldsymbol{\alpha}_r+0\cdot\boldsymbol{\alpha}_{r+1}+\cdots+0\cdot\boldsymbol{\alpha}_m=\boldsymbol{0},$$

即 $\boldsymbol{\alpha}_1,\boldsymbol{\alpha}_2,\cdots,\boldsymbol{\alpha}_m$ 线性相关.

由于定理2的逆否命题也成立,于是可得:

推论5 如果一个向量组线性无关,则它的任何一个部分向量组必线性无关.

定理3 设向量组 $\boldsymbol{\alpha}_1,\boldsymbol{\alpha}_2,\cdots,\boldsymbol{\alpha}_m$ 线性无关,而向量组 $\boldsymbol{\alpha}_1,\boldsymbol{\alpha}_2,\cdots,\boldsymbol{\alpha}_m,\boldsymbol{\beta}$ 线性相关,则向量 $\boldsymbol{\beta}$ 可由 $\boldsymbol{\alpha}_1,\boldsymbol{\alpha}_2,\cdots,\boldsymbol{\alpha}_m$ 线性表示,且线性表示式唯一.

证明 先证向量 $\boldsymbol{\beta}$ 可由 $\boldsymbol{\alpha}_1,\boldsymbol{\alpha}_2,\cdots,\boldsymbol{\alpha}_m$ 的线性表示.

因为 $\boldsymbol{\alpha}_1,\boldsymbol{\alpha}_2,\cdots,\boldsymbol{\alpha}_m,\boldsymbol{\beta}$ 线性相关,则存在一组不全为零的数 $k_1,k_2,\cdots,k_m,k$ 使

$$k_1\boldsymbol{\alpha}_1+k_2\boldsymbol{\alpha}_2+\cdots+k_m\boldsymbol{\alpha}_m+k\boldsymbol{\beta}=\boldsymbol{0},\tag{3.3.4}$$

于是只要证明 $k\neq 0$,就可得 $\boldsymbol{\beta}$ 是 $\boldsymbol{\alpha}_1,\boldsymbol{\alpha}_2,\cdots,\boldsymbol{\alpha}_m$ 的线性组合.用反证法,假设 $k=0$,则 $k_1,k_2,\cdots,k_m$ 必不全为零,且此时式(3.3.4)变为

$$k_1\boldsymbol{\alpha}_1+k_2\boldsymbol{\alpha}_2+\cdots+k_m\boldsymbol{\alpha}_m=\boldsymbol{0},$$

于是得到向量组 $\boldsymbol{\alpha}_1,\boldsymbol{\alpha}_2,\cdots,\boldsymbol{\alpha}_m$ 线性相关,与已知条件矛盾.所以只有 $k\neq 0$,故有

$$\boldsymbol{\beta}=\left(-\frac{k_1}{k}\right)\boldsymbol{\alpha}_1+\left(-\frac{k_2}{k}\right)\boldsymbol{\alpha}_2+\cdots+\left(-\frac{k_m}{k}\right)\boldsymbol{\alpha}_m.$$

再证上面的表达式唯一.假设 $\boldsymbol{\beta}$ 由 $\boldsymbol{\alpha}_1,\boldsymbol{\alpha}_2,\cdots,\boldsymbol{\alpha}_m$ 线性表示的表达式不唯一,设

$$\boldsymbol{\beta}=\lambda_1\boldsymbol{\alpha}_1+\lambda_2\boldsymbol{\alpha}_2+\cdots+\lambda_m\boldsymbol{\alpha}_m \text{ 且 } \boldsymbol{\beta}=\mu_1\boldsymbol{\alpha}_1+\mu_1\boldsymbol{\alpha}_2+\cdots+\mu_m\boldsymbol{\alpha}_m,$$

两式相减,得

$$(\lambda_1-\mu_1)\boldsymbol{\alpha}_1+(\lambda_2-\mu_2)\boldsymbol{\alpha}_2+\cdots+(\lambda_m-\mu_m)\boldsymbol{\alpha}_m=\boldsymbol{0},$$

因 $\boldsymbol{\alpha}_1,\boldsymbol{\alpha}_2,\cdots,\boldsymbol{\alpha}_m$ 线性无关,得

$$\lambda_1-\mu_1=\lambda_2-\mu_2=\cdots=\lambda_m-\mu_m=0,$$

必有 $\lambda_1=\mu_1,\lambda_2=\mu_2,\cdots,\lambda_m=\mu_m$,所以线性表示式唯一.

例4 设向量组 $\boldsymbol{\alpha}_1,\boldsymbol{\alpha}_2,\boldsymbol{\alpha}_3$ 线性相关,而向量组 $\boldsymbol{\alpha}_2,\boldsymbol{\alpha}_3,\boldsymbol{\alpha}_4$ 线性无关.证明:向量 $\boldsymbol{\alpha}_1$ 能由 $\boldsymbol{\alpha}_2,\boldsymbol{\alpha}_3$ 线性表示.

证明 因为向量组 $\boldsymbol{\alpha}_2,\boldsymbol{\alpha}_3,\boldsymbol{\alpha}_4$ 线性无关,则由推论5知 $\boldsymbol{\alpha}_2,\boldsymbol{\alpha}_3$ 线性无关.又向量组 $\boldsymbol{\alpha}_1,\boldsymbol{\alpha}_2,\boldsymbol{\alpha}_3$ 线性相关,故由定理3知向量 $\boldsymbol{\alpha}_1$ 能由 $\boldsymbol{\alpha}_2,\boldsymbol{\alpha}_3$ 线性表示.

定理4 向量组 $\boldsymbol{\alpha}_1,\boldsymbol{\alpha}_2,\cdots,\boldsymbol{\alpha}_m(m\geqslant 2)$ **线性相关**的充要条件是向量组中至少有一个向量可由余下的 $m-1$ 个向量线性表示.

证明　(1) 必要性.

设 $\boldsymbol{\alpha}_1,\boldsymbol{\alpha}_2,\cdots,\boldsymbol{\alpha}_m$ 线性相关,则一定存在不全为零的数 $k_1,k_2,\cdots,k_m$ 使

$$k_1\boldsymbol{\alpha}_1+k_2\boldsymbol{\alpha}_2+\cdots+k_m\boldsymbol{\alpha}_m=\boldsymbol{0}$$

成立.不妨设 $k_i\neq 0$,则有

$$\boldsymbol{\alpha}_i=\left(-\frac{k_1}{k_i}\right)\boldsymbol{\alpha}_1+\cdots+\left(-\frac{k_{i-1}}{k_i}\right)\boldsymbol{\alpha}_{i-1}+\left(-\frac{k_{i+1}}{k_i}\right)\boldsymbol{\alpha}_{i+1}+\cdots+\left(-\frac{k_m}{k_i}\right)\boldsymbol{\alpha}_m.$$

所以,若 $\boldsymbol{\alpha}_1,\boldsymbol{\alpha}_2,\cdots,\boldsymbol{\alpha}_m$ 线性相关,则其中至少有一个向量是其余向量的线性组合,而且,在找到的不全为零的数组中,不等于零的数所对应的向量都可由其余的向量线性表示.

(2) 充分性.

设 $\boldsymbol{\alpha}_1,\boldsymbol{\alpha}_2,\cdots,\boldsymbol{\alpha}_m$ 中有向量 $\boldsymbol{\alpha}_i$ 是其余向量的线性组合,即

$$\boldsymbol{\alpha}_i=k_1\boldsymbol{\alpha}_1+\cdots+k_{i-1}\boldsymbol{\alpha}_{i-1}+k_{i+1}\boldsymbol{\alpha}_{i+1}+\cdots+k_m\boldsymbol{\alpha}_m,$$

则有

$$k_1\boldsymbol{\alpha}_1+\cdots+k_{i-1}\boldsymbol{\alpha}_{i-1}+(-1)\boldsymbol{\alpha}_i+k_{i+1}\boldsymbol{\alpha}_{i+1}+\cdots+k_m\boldsymbol{\alpha}_m=\boldsymbol{0}.$$

其中至少有向量 $\boldsymbol{\alpha}_i$ 的系数为 -1,不等于零,所以 $\boldsymbol{\alpha}_1,\boldsymbol{\alpha}_2,\cdots,\boldsymbol{\alpha}_m$ 线性相关.

定理5　设向量组 $\boldsymbol{\alpha}_1,\boldsymbol{\alpha}_2,\cdots,\boldsymbol{\alpha}_r$ 可由向量组 $\boldsymbol{\beta}_1,\boldsymbol{\beta}_2,\cdots,\boldsymbol{\beta}_s$ 线性表示,若 $r>s$,则向量组 $\boldsymbol{\alpha}_1,\boldsymbol{\alpha}_2,\cdots,\boldsymbol{\alpha}_r$ **线性相关.**

证明　已知向量 $\boldsymbol{\alpha}_j(j=1,2,\cdots,r)$ 可由向量组 $\boldsymbol{\beta}_1,\boldsymbol{\beta}_2,\cdots,\boldsymbol{\beta}_s$ 线性表示,因此,不妨设

$$\boldsymbol{\alpha}_j=a_{1j}\boldsymbol{\beta}_1+a_{2j}\boldsymbol{\beta}_2+\cdots+a_{sj}\boldsymbol{\beta}_s\quad(j=1,2,\cdots,r),$$

用矩阵乘法形式表示上面 r 个等式,即

$$(\boldsymbol{\alpha}_1,\boldsymbol{\alpha}_2,\cdots,\boldsymbol{\alpha}_r)=(\boldsymbol{\beta}_1,\boldsymbol{\beta}_2,\cdots,\boldsymbol{\beta}_s)\begin{pmatrix}a_{11}&a_{12}&\cdots&a_{1r}\\a_{21}&a_{22}&\cdots&a_{2r}\\\vdots&\vdots&&\vdots\\a_{s1}&a_{s2}&\cdots&a_{sr}\end{pmatrix}=(\boldsymbol{\beta}_1,\boldsymbol{\beta}_2,\cdots,\boldsymbol{\beta}_s)\boldsymbol{A},$$

$\boldsymbol{A}=(a_{ij})$ 是一个 $s\times r$ 矩阵,于是

$$k_1\boldsymbol{\alpha}_1+k_2\boldsymbol{\alpha}_2+\cdots+k_r\boldsymbol{\alpha}_r=(\boldsymbol{\alpha}_1,\boldsymbol{\alpha}_2,\cdots,\boldsymbol{\alpha}_r)\begin{pmatrix}k_1\\k_2\\\vdots\\k_r\end{pmatrix}=(\boldsymbol{\beta}_1,\boldsymbol{\beta}_2,\cdots,\boldsymbol{\beta}_s)\boldsymbol{AK},\quad(3.3.5)$$

其中 $\boldsymbol{K}=(k_1,k_2,\cdots,k_r)^{\mathrm{T}}$.

按线性相关的定义,若能找到不全为零的数 $k_1,k_2,\cdots,k_r$ 使式(3.3.5) 等于零向量,就可证明向量组 $\boldsymbol{\alpha}_1,\boldsymbol{\alpha}_2,\cdots,\boldsymbol{\alpha}_r$ 线性相关.

现考虑齐次线性方程组

$$\boldsymbol{AX}=\boldsymbol{0}.$$

由已知得

$$r(\boldsymbol{A})\leqslant \min(r,s)=s<r,$$

即系数矩阵的秩小于未知量的个数,则齐次线性方程组 $\boldsymbol{AX}=\boldsymbol{0}$ 有非零解.设 $\boldsymbol{K}$ 是它的非零解,即 $\boldsymbol{AK}=\boldsymbol{0}$,代入式(3.3.5) 得

$$k_1\boldsymbol{\alpha}_1+k_2\boldsymbol{\alpha}_2+\cdots+k_r\boldsymbol{\alpha}_r=\boldsymbol{0},$$

其中数 $k_1,k_2,\cdots,k_r$ 不全为零,所以向量组 $\boldsymbol{\alpha}_1,\boldsymbol{\alpha}_2,\cdots,\boldsymbol{\alpha}_r$ 线性相关.

事实上,由定理 5 的逆否命题也成立即得如下等价结论:

推论 6 设向量组 $\boldsymbol{\alpha}_1,\boldsymbol{\alpha}_2,\cdots,\boldsymbol{\alpha}_r$ 可由向量组 $\boldsymbol{\beta}_1,\boldsymbol{\beta}_2,\cdots,\boldsymbol{\beta}_s$ 线性表示,若 $\boldsymbol{\alpha}_1,\boldsymbol{\alpha}_2,\cdots,\boldsymbol{\alpha}_r$ 线性无关,则 $r\leqslant s$.

推论 7 任意两个等价的线性无关向量组,它们所含向量个数相等.

证明 设向量组 Ⅰ 与 Ⅱ 是等价的,且都是线性无关向量组,分别含有 r 与 s 个向量,则线性无关向量组 Ⅰ 可由向量组 Ⅱ 线性表示,由推论 6 得 $r\leqslant s$;同样,线性无关向量组 Ⅱ 也可由向量 Ⅰ 线性表示,则有 $s\leqslant r$,所以 $r=s$.

习题 3.3

1.设矩阵 $\boldsymbol{A}=(a_{ij})_{m\times n}$,则齐次线性方程组 $\boldsymbol{AX}=\boldsymbol{0}$ 仅有零解的充要条件是(　　).

A.$\boldsymbol{A}$ 的行向量组线性无关　　B.$\boldsymbol{A}$ 的行向量组线性相关

C.$\boldsymbol{A}$ 的列向量组线性无关　　D.$\boldsymbol{A}$ 的列向量组线性相关

2.已知向量组 $\boldsymbol{\alpha}_1=(1,2,4)^{\mathrm{T}},\boldsymbol{\alpha}_2=(0,1,2)^{\mathrm{T}},\boldsymbol{\alpha}_3=(2,-3,a)^{\mathrm{T}}$,问 a 取何值时,$\boldsymbol{\alpha}_1,\boldsymbol{\alpha}_2,\boldsymbol{\alpha}_3$ 线性相关?线性无关?

3.设 $\boldsymbol{\alpha}_1,\boldsymbol{\alpha}_2$ 线性无关,$\boldsymbol{\alpha}_1+\boldsymbol{\beta},\boldsymbol{\alpha}_2+\boldsymbol{\beta}$ 线性相关,求向量 $\boldsymbol{\beta}$ 由 $\boldsymbol{\alpha}_1,\boldsymbol{\alpha}_2$ 线性表示的表示式.

4.已知向量组 $\boldsymbol{\alpha}_1,\boldsymbol{\alpha}_2,\boldsymbol{\alpha}_3$ 线性无关,且 $\boldsymbol{\beta}_1=\boldsymbol{\alpha}_1+\boldsymbol{\alpha}_2,\boldsymbol{\beta}_2=\boldsymbol{\alpha}_2+\boldsymbol{\alpha}_3,\boldsymbol{\beta}_3=\boldsymbol{\alpha}_3+\boldsymbol{\alpha}_1$,证明:向量组 $\boldsymbol{\beta}_1,\boldsymbol{\beta}_2,\boldsymbol{\beta}_3$ 线性无关.

5.设 t_1,t_2,t_3 为互不相等的常数,讨论向量组

$$\boldsymbol{\alpha}_1=(1,t_1,t_1^2)^{\mathrm{T}},\boldsymbol{\alpha}_2=(1,t_2,t_2^2)^{\mathrm{T}},\boldsymbol{\alpha}_3=(1,t_3,t_3^2)^{\mathrm{T}}$$

的线性相关性.

3.4 向量组的秩

学习目标:

1.理解向量组的极大无关组概念;

2.理解向量组的秩与矩阵的秩之间的关系;

3.掌握用矩阵的初等变换求向量组的秩和极大无关组的方法.

向量组中线性无关部分组所含向量的最多个数在一定程度上反映了原向量组线性相关的"程度".本节将给出向量组线性相关"程度"大小的数量指标——**向量组的秩**,它揭示了向量组中各向量间的关系.该指标在线性方程组解的理论研究中起着重要的作用.

3.4.1 极大线性无关向量组

3.3 节讨论向量组的线性相关性时,由定理 4 可知,当一个向量组线性相关时,至少有一个向量可以由其余向量线性表示.现在要讨论的是:

问题 1 在一个向量组中是否存在一部分向量,使得该向量组中任一向量都可以被它们线性表示?

实际上,在一个向量组中,通常有很多线性无关的部分向量组,总可以从中选取出一个含有向量个数最多的线性无关部分向量组(即有一部分向量组线性无关,而再添加原向量组中任一其他向量则线性相关).具有这种性质的部分向量组对于以后的讨论是非常重要的,为此,给出以下定义:

定义 1 设有向量组 $\boldsymbol{A}:\boldsymbol{\alpha}_1,\boldsymbol{\alpha}_2,\cdots,\boldsymbol{\alpha}_m$,若在向量组 $\boldsymbol{A}$ 中能选出 r 个向量 $\boldsymbol{\alpha}_{i_1},\boldsymbol{\alpha}_{i_2},\cdots,\boldsymbol{\alpha}_{i_r}$,满足以下条件:

(1)向量组 $\boldsymbol{A}_0:\boldsymbol{\alpha}_{i_1},\boldsymbol{\alpha}_{i_2},\cdots,\boldsymbol{\alpha}_{i_r}$ 线性无关;

(2)向量组 $\boldsymbol{A}:\boldsymbol{\alpha}_1,\boldsymbol{\alpha}_2,\cdots,\boldsymbol{\alpha}_m$ 中任一向量均可由向量组 $\boldsymbol{A}_0:\boldsymbol{\alpha}_{i_1},\boldsymbol{\alpha}_{i_2},\cdots,\boldsymbol{\alpha}_{i_r}$ 线性表示.

则称向量组 $\boldsymbol{A}_0:\boldsymbol{\alpha}_{i_1},\boldsymbol{\alpha}_{i_2},\cdots,\boldsymbol{\alpha}_{i_r}$ 为向量组 $\boldsymbol{A}:\boldsymbol{\alpha}_1,\boldsymbol{\alpha}_2,\cdots,\boldsymbol{\alpha}_m$ 的一个**极大线性无关**

向量组(简称为**极大无关组**).

显然,由定义 1 可以得出下面的结论:

定理 1 一个线性无关向量组的极大无关组就是它本身.

同时,我们还可以证明以下结论:

定理 2 任一向量组都与它的极大无关组等价.

证明 设$\boldsymbol{A}_0:\boldsymbol{\alpha}_{i_1},\boldsymbol{\alpha}_{i_2},\cdots,\boldsymbol{\alpha}_{i_r}$为向量组$\boldsymbol{A}:\boldsymbol{\alpha}_1,\boldsymbol{\alpha}_2,\cdots,\boldsymbol{\alpha}_m$的一个极大无关组.

(1) 先证极大无关组$\boldsymbol{A}_0:\boldsymbol{\alpha}_{i_1},\boldsymbol{\alpha}_{i_2},\cdots,\boldsymbol{\alpha}_{i_r}$可由向量组$\boldsymbol{A}:\boldsymbol{\alpha}_1,\boldsymbol{\alpha}_2,\cdots,\boldsymbol{\alpha}_m$线性表示.由于$\boldsymbol{\alpha}_{i_1},\boldsymbol{\alpha}_{i_2},\cdots,\boldsymbol{\alpha}_{i_r}$是向量组$\boldsymbol{\alpha}_1,\boldsymbol{\alpha}_2,\cdots,\boldsymbol{\alpha}_m$的一部分,所以有

$$a_{i_j}=0\cdot\boldsymbol{\alpha}_1+0\cdot\boldsymbol{\alpha}_2+\cdots+1\cdot\boldsymbol{\alpha}_{i_j}+\cdots+0\cdot\boldsymbol{\alpha}_m\quad(j=1,2,\cdots,r).$$

(2) 再证向量组$\boldsymbol{A}:\boldsymbol{\alpha}_1,\boldsymbol{\alpha}_2,\cdots,\boldsymbol{\alpha}_m$可由极大无关组$\boldsymbol{A}_0:\boldsymbol{\alpha}_{i_1},\boldsymbol{\alpha}_{i_2},\cdots,\boldsymbol{\alpha}_{i_r}$线性表示.对于$\boldsymbol{\alpha}_j(j=1,2,\cdots,m)$,当$j$是$i_1,i_2,\cdots,i_r$中的一个数时,显然$\boldsymbol{\alpha}_j$可以由$\boldsymbol{A}_0:\boldsymbol{\alpha}_{i_1},\boldsymbol{\alpha}_{i_2},\cdots,\boldsymbol{\alpha}_{i_r}$线性表示;当$j$不是$i_1,i_2,\cdots,i_r$中的数时,由极大无关组的定义可知$\boldsymbol{\alpha}_j,\boldsymbol{\alpha}_{i_1},\boldsymbol{\alpha}_{i_2},\cdots,\boldsymbol{\alpha}_{i_r}$线性相关,根据 3.3 节定理 3 有$\boldsymbol{\alpha}_j$可以由$\boldsymbol{\alpha}_{i_1},\boldsymbol{\alpha}_{i_2},\cdots,\boldsymbol{\alpha}_{i_r}$线性表示,从而说明向量组$\boldsymbol{A}:\boldsymbol{\alpha}_1,\boldsymbol{\alpha}_2,\cdots,\boldsymbol{\alpha}_m$可由极大无关组$\boldsymbol{A}_0:\boldsymbol{\alpha}_{i_1},\boldsymbol{\alpha}_{i_2},\cdots,\boldsymbol{\alpha}_{i_r}$线性表示.故向量组与它的极大无关组等价.

例 1 求向量组$\boldsymbol{\alpha}_1=(1,2,2)^{\mathrm{T}},\boldsymbol{\alpha}_2=(1,0,-1)^{\mathrm{T}},\boldsymbol{\alpha}_3=(2,2,1)^{\mathrm{T}},\boldsymbol{\alpha}_4=(2,4,4)^{\mathrm{T}}$的极大无关组,并把其余向量都用该极大无关组线性表示.

解 对$\boldsymbol{\alpha}_1,\boldsymbol{\alpha}_2,\boldsymbol{\alpha}_3,\boldsymbol{\alpha}_4$构成的矩阵作初等行变换

$$(\boldsymbol{\alpha}_1,\boldsymbol{\alpha}_2,\boldsymbol{\alpha}_3,\boldsymbol{\alpha}_4)=\begin{pmatrix}1&1&2&2\\2&0&2&4\\2&-1&1&4\end{pmatrix}\xrightarrow[r_3-2r_1]{r_2-2r_1}\begin{pmatrix}1&1&2&2\\0&-2&-2&0\\0&-3&-3&0\end{pmatrix}$$

$$\xrightarrow{r_2\div(-2)}\begin{pmatrix}1&1&2&2\\0&1&1&0\\0&-3&-3&0\end{pmatrix}\xrightarrow{r_3+3r_2}\begin{pmatrix}1&1&2&2\\0&1&1&0\\0&0&0&0\end{pmatrix}=\boldsymbol{B},$$

由于仅作初等行变换,由上可见

$$(\boldsymbol{\alpha}_1,\boldsymbol{\alpha}_2)\rightarrow\begin{pmatrix}1&1\\0&1\\0&0\end{pmatrix},$$

因为矩阵$(\boldsymbol{\alpha}_1,\boldsymbol{\alpha}_2)$的秩为 2,等于向量个数,所以向量$\boldsymbol{\alpha}_1,\boldsymbol{\alpha}_2$线性无关.同样可得矩阵$(\boldsymbol{\alpha}_1,\boldsymbol{\alpha}_2,\boldsymbol{\alpha}_3)$和$(\boldsymbol{\alpha}_1,\boldsymbol{\alpha}_2,\boldsymbol{\alpha}_4)$的秩都为 2,均小于向量个数,因此,$\boldsymbol{\alpha}_1,\boldsymbol{\alpha}_2,\boldsymbol{\alpha}_3$及$\boldsymbol{\alpha}_1,\boldsymbol{\alpha}_2,\boldsymbol{\alpha}_4$都线性相关.由 3.3 节定理 3 可知,$\boldsymbol{\alpha}_3,\boldsymbol{\alpha}_4$都可以由$\boldsymbol{\alpha}_1,\boldsymbol{\alpha}_2$线性表示,则根据定义 1 得:向量组$\boldsymbol{\alpha}_1,\boldsymbol{\alpha}_2$是向量组$\boldsymbol{\alpha}_1,\boldsymbol{\alpha}_2,\boldsymbol{\alpha}_3,\boldsymbol{\alpha}_4$的一个极大无关组.

进一步地,我们有

$$B \xrightarrow{r_1 - r_2} \begin{pmatrix} 1 & 0 & 1 & 2 \\ 0 & 1 & 1 & 0 \\ 0 & 0 & 0 & 0 \end{pmatrix}.$$

从而得到 $\boldsymbol{\alpha}_3 = \boldsymbol{\alpha}_1 + \boldsymbol{\alpha}_2, \boldsymbol{\alpha}_4 = 2\boldsymbol{\alpha}_1$.

问题 2 例 1 中向量组是否还存在其他的极大无关组? 一般地,一个向量组的极大无关组是否唯一?

由上面的例 1 可以看到,部分向量组 $\boldsymbol{\alpha}_1, \boldsymbol{\alpha}_3; \boldsymbol{\alpha}_2, \boldsymbol{\alpha}_3; \boldsymbol{\alpha}_2, \boldsymbol{\alpha}_4$ 以及 $\boldsymbol{\alpha}_3, \boldsymbol{\alpha}_4$ 都符合定义 1 的条件,即这四个部分向量组也都是原向量组的极大无关组.由此可见,**一个向量组的极大无关组不一定是唯一的**.然而,例 1 中各个极大无关组所含向量的个数都是 2 个,并且等于矩阵$(\boldsymbol{\alpha}_1, \boldsymbol{\alpha}_2, \boldsymbol{\alpha}_3, \boldsymbol{\alpha}_4)$的秩.下面将说明极大无关组的这个特性.

定理 3 一个向量组的任意两个极大无关组必等价,且所含向量的个数相等.

证明 由于向量组与其极大无关组等价,且等价关系具有传递性,所以一个向量组的任意两个极大无关组等价.又由 3.3 节推论 7 可知,它们所含向量个数相等.

3.4.2 向量组的秩

定义 2 向量组 $\boldsymbol{\alpha}_1, \boldsymbol{\alpha}_2, \cdots, \boldsymbol{\alpha}_m$ 的极大无关组所含向量的个数称为该向量组的**秩**,记为 $r(\boldsymbol{\alpha}_1, \boldsymbol{\alpha}_2, \cdots, \boldsymbol{\alpha}_m)$.

规定:零向量组的秩为 0.

例如,例 1 中的极大无关组 $\boldsymbol{\alpha}_1, \boldsymbol{\alpha}_2$ 所含向量个数为 2,故

$$r(\boldsymbol{\alpha}_1, \boldsymbol{\alpha}_2, \boldsymbol{\alpha}_3, \boldsymbol{\alpha}_4) = 2.$$

3.4.3 矩阵与向量组秩的关系

若将矩阵 $\boldsymbol{A}_{m \times n}$ 的每一列(行)看作 $m(n)$ 维向量,这 $n(m)$ 个 $m(n)$ 维向量组的秩与矩阵 $\boldsymbol{A}$ 的秩有着密切联系.事实上,有:

定理 4 设 $\boldsymbol{A}$ 为 $m \times n$ 矩阵,则矩阵 $\boldsymbol{A}$ 的秩等于它的列向量组的秩,也等于它的行向量组的秩.

证明 设有矩阵

$$A=\begin{pmatrix}a_{11} & a_{12} & \cdots & a_{1n}\\ a_{21} & a_{22} & \cdots & a_{2n}\\ \vdots & \vdots & & \vdots\\ a_{m1} & a_{m2} & \cdots & a_{mn}\end{pmatrix},$$

将 A 矩阵中各列向量记作

$$\alpha_i=(a_{1i},a_{2i},\cdots,a_{mi})^{\mathrm{T}}\quad(i=1,2,\cdots,n).$$

(1)若 $r(\alpha_1,\alpha_2,\cdots,\alpha_n)=n$,则 $\alpha_1,\alpha_2,\cdots,\alpha_n$ 线性无关,由3.3节推论2可知 $r(A)=n$,于是定理成立.

(2)若 $r(\alpha_1,\alpha_2,\cdots,\alpha_n)=r<n$,则 $\alpha_1,\alpha_2,\cdots,\alpha_n$ 的极大无关组包含 r 个向量,不妨设 $\alpha_1,\alpha_2,\cdots,\alpha_r$ 为 $\alpha_1,\alpha_2,\cdots,\alpha_n$ 的极大无关组,则矩阵

$$B=(\alpha_1,\alpha_2,\cdots,\alpha_r)=\begin{pmatrix}a_{11} & a_{12} & \cdots & a_{1r}\\ a_{21} & a_{22} & \cdots & a_{2r}\\ \vdots & \vdots & & \vdots\\ a_{m1} & a_{m2} & \cdots & a_{mr}\end{pmatrix}$$

的秩为 r,因 B 包含在 A 中,故有

$$r(A)\geqslant r(B)=r.$$

再证 $r(A)\leqslant r$.若 $r=m$,显然有 $r(A)=m=r$.不妨设 $r<m$,则只要证 A 中所有的 $r+1$ 阶子式全为零.用反证法证明,假设 A 中有一个 $r+1$ 阶子式不等于零,显然这个 $r+1$ 阶子式所在列对应的 $r+1$ 个向量构成矩阵的秩等于 $r+1$,于是这 $r+1$ 个向量线性无关,可由极大无关组 $\alpha_1,\alpha_2,\cdots,\alpha_r$ 线性表示,则得 $r+1\leqslant r$,矛盾.所以 $r(A)\leqslant r$.

于是得 $r(A)=r$,所以矩阵 A 的秩等于 A 的各列构成向量组的秩.

由于 $r(A)=r(A^{\mathrm{T}})$,则 A 的各行向量就是 A^{T} 的各列向量,于是矩阵 A 的秩也等于 A 的各行构成向量组的秩.

推论1　矩阵 A 的行向量组的秩与列向量组的秩相等.

注　由于对矩阵 A 仅施以初等行变换得到矩阵 B 后,B 的列向量组与 A 的列向量组间有相同的线性关系,即行的初等变换保持了列向量间的线性无关性和线性相关性,因此它提供了**求极大无关组的方法**:

以向量组中各向量为列向量组成矩阵后,只作初等行变换将该矩阵化为行阶梯形矩阵,则行阶梯形矩阵中非零行的首个非零元所在列对应的列向量可构成一个极大无关组.

同理,也可以向量组中各向量为行向量组成矩阵后,通过作初等列变换来求向量组的极大无关组.

例 2 设向量组 $\boldsymbol{A}$:

$$\boldsymbol{\alpha}_1=\begin{pmatrix}2\\1\\4\\3\end{pmatrix},\boldsymbol{\alpha}_2=\begin{pmatrix}-1\\1\\-6\\6\end{pmatrix},\boldsymbol{\alpha}_3=\begin{pmatrix}-1\\-2\\2\\-9\end{pmatrix},\boldsymbol{\alpha}_4=\begin{pmatrix}1\\1\\-2\\7\end{pmatrix}\boldsymbol{\alpha}_5=\begin{pmatrix}2\\4\\4\\9\end{pmatrix}.$$

求向量组 $\boldsymbol{A}$ 的秩及一个极大无关组,并把向量组 $\boldsymbol{A}$ 中其余向量用该极大无关组线性表示.

解 (1)对矩阵 $\boldsymbol{A}=(\boldsymbol{\alpha}_1,\boldsymbol{\alpha}_2,\boldsymbol{\alpha}_3,\boldsymbol{\alpha}_4,\boldsymbol{\alpha}_5)$ 施行初等行变换将其化为行阶梯形矩阵 $\boldsymbol{B}$,就可以看出矩阵 $\boldsymbol{B}$ 的列向量之间的线性关系,这就是矩阵 $\boldsymbol{A}$ 的列向量之间的线性关系.

$$\boldsymbol{A}=\begin{pmatrix}2&-1&-1&1&2\\1&1&-2&1&4\\4&-6&2&-2&4\\3&6&-9&7&9\end{pmatrix}\rightarrow\begin{pmatrix}1&1&-2&1&4\\0&1&-1&1&0\\0&0&0&1&-3\\0&0&0&0&0\end{pmatrix}=\boldsymbol{B}.$$

由矩阵 $\boldsymbol{B}$ 有 3 个非零行且非零行的第一个非零元素分别在 1、2、4 列,我们知道向量组 $\boldsymbol{\alpha}_1,\boldsymbol{\alpha}_2,\boldsymbol{\alpha}_4$ 线性无关,且有 $r(\boldsymbol{A})=r(\boldsymbol{B})=3$.因此,向量组 $\boldsymbol{A}$ 中任意 4 个向量线性相关.所以,向量组 $\boldsymbol{\alpha}_1,\boldsymbol{\alpha}_2,\boldsymbol{\alpha}_4$ 是向量组 $\boldsymbol{A}$ 的一个极大无关组,从而 $r(\boldsymbol{\alpha}_1,\boldsymbol{\alpha}_2,\boldsymbol{\alpha}_3,\boldsymbol{\alpha}_4,\boldsymbol{\alpha}_5)=3$.

(2)为了把 $\boldsymbol{\alpha}_3,\boldsymbol{\alpha}_5$ 用 $\boldsymbol{\alpha}_1,\boldsymbol{\alpha}_2,\boldsymbol{\alpha}_4$ 线性表示,继续对矩阵 $\boldsymbol{B}$ 施行初等行变换,使它变成行最简形矩阵 $\boldsymbol{C}$.

$$\boldsymbol{B}\rightarrow\begin{pmatrix}1&0&-1&0&4\\0&1&-1&0&3\\0&0&0&1&-3\\0&0&0&0&0\end{pmatrix}=\boldsymbol{C}.$$

由矩阵 $\boldsymbol{C}$ 的列向量之间的线性关系,可以得到矩阵 $\boldsymbol{A}$ 的列向量之间的如下线性关系:

$$\boldsymbol{\alpha}_3=-\boldsymbol{\alpha}_1-\boldsymbol{\alpha}_2,\boldsymbol{\alpha}_5=4\boldsymbol{\alpha}_1+3\boldsymbol{\alpha}_2-3\boldsymbol{\alpha}_4.$$

例 3 设 $\boldsymbol{A}_{m\times k}$ 及 $\boldsymbol{B}_{k\times n}$ 为两个矩阵,求证:$r(\boldsymbol{AB})\leqslant\min\{r(\boldsymbol{A}),r(\boldsymbol{B})\}$.

证明 设 $\boldsymbol{C}=\boldsymbol{AB},\boldsymbol{B}=(b_{ij})_{k\times n}$,将 $\boldsymbol{A}$、$\boldsymbol{C}$ 按列分块

$$\boldsymbol{A}=(\boldsymbol{\alpha}_1,\boldsymbol{\alpha}_2,\cdots,\boldsymbol{\alpha}_k),\boldsymbol{C}=(\boldsymbol{\gamma}_1,\boldsymbol{\gamma}_2,\cdots,\boldsymbol{\gamma}_n),$$

则由 $\boldsymbol{C}=\boldsymbol{AB}$ 得

$$\boldsymbol{C}=(\boldsymbol{\gamma}_1,\boldsymbol{\gamma}_2,\cdots,\boldsymbol{\gamma}_n)=(\boldsymbol{\alpha}_1,\boldsymbol{\alpha}_2,\cdots,\boldsymbol{\alpha}_k)\begin{pmatrix} b_{11} & b_{12} & \cdots & b_{1n} \\ b_{21} & b_{22} & \cdots & b_{2n} \\ \vdots & \vdots & & \vdots \\ b_{k1} & b_{k2} & \cdots & b_{kn} \end{pmatrix}$$

$$=\left(\sum_{i=1}^{k} b_{i1}\boldsymbol{\alpha}_i,\sum_{i=1}^{k} b_{i2}\boldsymbol{\alpha}_i,\cdots,\sum_{i=1}^{k} b_{in}\boldsymbol{\alpha}_i\right),$$

所以有

$$\boldsymbol{\gamma}_j=\sum_{i=1}^{k} b_{ij}\boldsymbol{\alpha}_i \quad (j=1,2,\cdots,n).$$

即 $\boldsymbol{AB}$ 的列向量组 $\boldsymbol{\gamma}_1,\boldsymbol{\gamma}_2,\cdots,\boldsymbol{\gamma}_n$ 可由 $\boldsymbol{A}$ 的列向量组 $\boldsymbol{\alpha}_1,\boldsymbol{\alpha}_2,\cdots,\boldsymbol{\alpha}_k$ 线性表示，故 $\boldsymbol{\gamma}_1,\boldsymbol{\gamma}_2,\cdots,\boldsymbol{\gamma}_n$ 的极大性无关组可由 $\boldsymbol{\alpha}_1,\boldsymbol{\alpha}_2,\cdots,\boldsymbol{\alpha}_k$ 的极大无关组线性表示. 根据 3.3 节推论 6 得

$$r(\boldsymbol{AB})\leqslant r(\boldsymbol{A}).$$

由上述证明结果可得 $r(\boldsymbol{AB})=r(\boldsymbol{B}^{\mathrm{T}}\boldsymbol{A}^{\mathrm{T}})\leqslant r(\boldsymbol{B}^{\mathrm{T}})=r(\boldsymbol{B})$，故

$$r(\boldsymbol{AB})\leqslant \min\{r(\boldsymbol{A}),r(\boldsymbol{B})\}.$$

由例 3 的证明可推出下列结论：

定理 5　若向量组 $\boldsymbol{B}$ 能由向量组 $\boldsymbol{A}$ 线性表示，则 $r(\boldsymbol{B})\leqslant r(\boldsymbol{A})$.

例 4　设 $\boldsymbol{A}$ 及 $\boldsymbol{B}$ 均为 $m\times n$ 矩阵，求证：$r(\boldsymbol{A}+\boldsymbol{B})\leqslant r(\boldsymbol{A})+r(\boldsymbol{B})$.

证明　设 $r(\boldsymbol{A})=s$，$r(\boldsymbol{B})=t$，并将 $\boldsymbol{A}$ 及 $\boldsymbol{B}$ 按列分块，即 $\boldsymbol{A}=(\boldsymbol{\alpha}_1,\boldsymbol{\alpha}_2,\cdots,\boldsymbol{\alpha}_n)$，$\boldsymbol{B}=(\boldsymbol{\beta}_1,\boldsymbol{\beta}_2,\cdots,\boldsymbol{\beta}_n)$，则

$$\boldsymbol{A}+\boldsymbol{B}=(\boldsymbol{\alpha}_1+\boldsymbol{\beta}_1,\boldsymbol{\alpha}_2+\boldsymbol{\beta}_2,\cdots,\boldsymbol{\alpha}_n+\boldsymbol{\beta}_n).$$

设 $\boldsymbol{A}$ 及 $\boldsymbol{B}$ 的列向量组的极大无关组分别为 $\boldsymbol{\alpha}_{k_1},\boldsymbol{\alpha}_{k_2},\cdots,\boldsymbol{\alpha}_{k_s};\boldsymbol{\beta}_{l_1},\boldsymbol{\beta}_{l_2},\cdots,\boldsymbol{\beta}_{l_t}$ 显然 $\boldsymbol{A}+\boldsymbol{B}$ 的每个列向量 $\boldsymbol{\alpha}_i+\boldsymbol{\beta}_i$ 都可以用向量组 $\boldsymbol{\alpha}_{k_1},\boldsymbol{\alpha}_{k_2},\cdots,\boldsymbol{\alpha}_{k_s};\boldsymbol{\beta}_{l_1},\boldsymbol{\beta}_{l_2},\cdots,\boldsymbol{\beta}_{l_t}$ 线性表示，故由定理 5 可得

$$r(\boldsymbol{A}+\boldsymbol{B})=r(\boldsymbol{\alpha}_1+\boldsymbol{\beta}_1,\boldsymbol{\alpha}_2+\boldsymbol{\beta}_2,\cdots,\boldsymbol{\alpha}_n+\boldsymbol{\beta}_n)\leqslant s+t=r(\boldsymbol{A})+r(\boldsymbol{B}).$$

习题 3.4

1. 判断下列命题是否正确：

(1) 设 $\boldsymbol{A}$ 为 n 阶矩阵，若 $r(\boldsymbol{A})=r<n$，则矩阵 $\boldsymbol{A}$ 的任意 r 个列向量都线性无关；

(2)设 $\boldsymbol{A}$ 为 $m\times n$ 阶矩阵,若矩阵 $\boldsymbol{A}$ 的 n 个列向量都线性无关,则 $r(\boldsymbol{A})=n$;

(3)若向量组 $\boldsymbol{\alpha}_1,\boldsymbol{\alpha}_2,\cdots,\boldsymbol{\alpha}_s$ 的秩为 s,则向量组 $\boldsymbol{\alpha}_1,\boldsymbol{\alpha}_2,\cdots,\boldsymbol{\alpha}_s$ 中任一部分组都线性无关.

2.求下列向量组的秩及一个极大无关组,并把其余向量(若存在的话)用该极大无关组表示出来.

(1)$\boldsymbol{\alpha}_1=(1,1,1)^{\mathrm{T}},\boldsymbol{\alpha}_2=(1,1,0)^{\mathrm{T}},\boldsymbol{\alpha}_3=(1,0,0)^{\mathrm{T}},\boldsymbol{\alpha}_4=(1,2,3)^{\mathrm{T}}$;

(2)$\boldsymbol{\alpha}_1=(1,1,0)^{\mathrm{T}},\boldsymbol{\alpha}_2=(0,2,0)^{\mathrm{T}},\boldsymbol{\alpha}_3=(0,0,3)^{\mathrm{T}}$;

(3)$\boldsymbol{\alpha}_1=(2,1,1,1)^{\mathrm{T}},\boldsymbol{\alpha}_2=(-1,1,7,10)^{\mathrm{T}},\boldsymbol{\alpha}_3=(3,1,-1,-2)^{\mathrm{T}},\boldsymbol{\alpha}_4=(8,5,9,11)^{\mathrm{T}}$.

3.已知向量组 $\boldsymbol{\alpha}_1=(a,3,1)^{\mathrm{T}},\boldsymbol{\alpha}_2=(2,b,3)^{\mathrm{T}},\boldsymbol{\alpha}_3=(1,2,1)^{\mathrm{T}},\boldsymbol{\alpha}_4=(2,3,1)^{\mathrm{T}}$ 的秩为 2,求 a,b 的值.

4.设 $\boldsymbol{A}$ 为 n 阶矩阵,$\boldsymbol{B}$ 为 $n\times m$ 阶矩阵,$r(\boldsymbol{B})=n$,若 $\boldsymbol{AB}=\boldsymbol{O}$,证明:$\boldsymbol{A}=\boldsymbol{O}$.

5.已知三阶矩阵 $\boldsymbol{A}$ 与三维列向量 $\boldsymbol{\alpha}$ 满足 $\boldsymbol{A}^3\boldsymbol{\alpha}=3\boldsymbol{A\alpha}-2\boldsymbol{A}^2\boldsymbol{\alpha}$,且向量组 $\boldsymbol{\alpha},\boldsymbol{A\alpha},\boldsymbol{A}^2\boldsymbol{\alpha}$ 线性无关.

(1)记 $\boldsymbol{Q}=(\boldsymbol{\alpha},\boldsymbol{A\alpha},\boldsymbol{A}^2\boldsymbol{\alpha})$,求三阶矩阵 $\boldsymbol{B}$,使 $\boldsymbol{AQ}=\boldsymbol{QB}$;

(2)求 $|\boldsymbol{A}|$.

3.5　n 维向量空间

学习目标:

1.理解 n 维向量空间、子空间、基和维数的定义.

2.掌握判断非空集合是否构成向量空间的方法.

3.熟悉 $\boldsymbol{R}^3$ 空间中坐标变换公式、基变换公式、过渡矩阵的相关定义.

前面介绍了 n 维向量的集合 $\boldsymbol{R}^n$,它的元素是 n 元有序数组 $(x_1,x_2,\cdots,x_n)^{\mathrm{T}}$,并在这个集合上定义了线性运算.集合 $\boldsymbol{R}^n$ 若对向量的线性运算封闭则被称为 n 维向量空间.本节介绍 n 维向量空间及其子空间的构造.

3.5.1　n 维向量空间与子空间

全体 n 维实向量的集合记作

$$\boldsymbol{R}^n=\{(x_1,x_2,\cdots,x_n)^{\mathrm{T}}\mid x_i\in\mathbf{R}\}.$$

定义1　设 $\boldsymbol{V}$ 是一个非空的 n 维向量集合,如果 $\boldsymbol{V}$ 满足:

(1) $\forall\boldsymbol{\alpha},\boldsymbol{\beta}\in\boldsymbol{V}$,有 $\boldsymbol{\alpha}+\boldsymbol{\beta}\in\boldsymbol{V}$;

(2) $\forall\boldsymbol{\alpha}\in\boldsymbol{V},\forall\lambda\in\mathbf{R},\lambda\boldsymbol{\alpha}\in\boldsymbol{V}$,

就称 $\boldsymbol{V}$ 对于线性运算封闭,并称 $\boldsymbol{V}$ 构成(实数域上的)**向量空间**.

向量空间对加法和数乘运算封闭常常称它满足完备性.容易验证以前所提及的向量集 $\boldsymbol{R}^1$、$\boldsymbol{R}^2$、$\boldsymbol{R}^3$ 和 $\boldsymbol{R}^n$ 本身都是典型的向量空间.我们称 $\boldsymbol{R}^n$ 为 **n 维向量空间**,仍记为 $\boldsymbol{R}^n$.

定义2　设 $\boldsymbol{V}$ 是 $\boldsymbol{R}^n$ 的一个非空子集,如果 $\boldsymbol{V}$ 对于线性运算封闭,则称 $\boldsymbol{V}$ 是 $\boldsymbol{R}^n$ 的一个**子空间**.

例1　设 $\boldsymbol{V}_1=\left\{(x_1,x_2,\cdots,x_n)^{\mathrm{T}}\mid x_i\in\mathbf{R},\sum\limits_{i=1}^{n}x_i=1\right\}$,判断它关于 $\boldsymbol{R}^n$ 中的线性运算能否构成向量空间.

解　$\boldsymbol{V}_1$ 是 $\boldsymbol{R}^n$ 的子集,容易发现 $\boldsymbol{V}_1$ 不封闭:若

$$\boldsymbol{\alpha}=(x_1,x_2,\cdots,x_n)^{\mathrm{T}}\in\boldsymbol{V}_1,\boldsymbol{\beta}=(y_1,y_2,\cdots,y_n)^{\mathrm{T}}\in\boldsymbol{V}_1,\sum x_i=1,\sum y_i=1,$$

则 $\boldsymbol{\alpha}+\boldsymbol{\beta}=(x_1+y_1,x_2+y_2,\cdots,x_n+y_n)^{\mathrm{T}}$,因 $\sum\limits_{i=1}^{n}(x_i+y_i)=\sum\limits_{i=1}^{n}x_i+\sum\limits_{i=1}^{n}y_i=2$,所以 $\boldsymbol{\alpha}+\boldsymbol{\beta}\notin\boldsymbol{V}_1$.故 $\boldsymbol{V}_1$ 不能构成向量空间.

例2　集合 $\boldsymbol{V}_2=\{(x_1,x_2,0)^{\mathrm{T}}\mid x_1,x_2\in\mathbf{R}\}$ 是否为 $\boldsymbol{R}^3$ 的一个子空间?

解　$\boldsymbol{V}_2$ 非空,且若 $\boldsymbol{\alpha}=(x_1,x_2,0)^{\mathrm{T}}\in\boldsymbol{V}_2,\boldsymbol{\beta}=(y_1,y_2,0)^{\mathrm{T}}\in\boldsymbol{V}_2,\lambda\in\mathbf{R}$,则:

$$\boldsymbol{\alpha}+\boldsymbol{\beta}=(x_1+y_1,x_2+y_2,0)^{\mathrm{T}}\in\boldsymbol{V}_2,\lambda\boldsymbol{\alpha}=(\lambda x_1,\lambda x_2,0)^{\mathrm{T}}\in\boldsymbol{V}_2$$

因此 $\boldsymbol{V}_2$ 是 $\boldsymbol{R}^3$ 的一个子空间.事实上,$\boldsymbol{V}_2$ 是三维空间 $\boldsymbol{R}^3$ 中的 x_1Ox_2 坐标平面.

例3　集合 $\boldsymbol{V}_3=\left\{(x_1,\cdots,x_n)^{\mathrm{T}}\mid x_i\in\mathbf{R},\sum\limits_{i=1}^{n}x_i=0\right\}$,它是否为 $\boldsymbol{R}^n$ 的子空间?

解　$\boldsymbol{V}_3$ 是 $\boldsymbol{R}^n$ 的子集,易知 $\boldsymbol{V}_3$ 封闭.若

$$\boldsymbol{\alpha}=(x_1,\cdots,x_n)^{\mathrm{T}},\boldsymbol{\beta}=(y_1,\cdots,y_n)^{\mathrm{T}}\in\boldsymbol{V}_3,\sum x_i=0,\sum y_i=0,\forall\lambda\in\mathbf{R},$$

$\boldsymbol{\alpha}+\boldsymbol{\beta}=(x_1+y_1,x_2+y_2,\cdots,x_n+y_n)^{\mathrm{T}}$,因为 $\sum\limits_{i=1}^{n}(x_i+y_i)=\sum\limits_{i=1}^{n}x_i+\sum\limits_{i=1}^{n}y_i=0$,所以 $\boldsymbol{\alpha}+\boldsymbol{\beta}\in\boldsymbol{V}_3$.$\lambda\boldsymbol{\alpha}=(\lambda x_1,\cdots,\lambda x_n)^{\mathrm{T}}$,因为 $\sum\limits_{i=1}^{n}\lambda x_i=\lambda\sum\limits_{i=1}^{n}x_i=0$,所以 $\lambda\boldsymbol{\alpha}\in\boldsymbol{V}_3$.于是 $\boldsymbol{V}_3$ 关于 $\boldsymbol{R}^n$ 中的线性运算封闭,故 $\boldsymbol{V}_3$ 是 $\boldsymbol{R}^n$ 的子空间.

3.5.2 生成空间

我们先来看一个例子.

例 4 设 $\boldsymbol{\alpha},\boldsymbol{\beta}$ 为两个已知的 n 维向量,试判断由 $\boldsymbol{\alpha},\boldsymbol{\beta}$ 的所有线性组合构成的集合

$$\boldsymbol{V}=\{\lambda\boldsymbol{\alpha}+\mu\boldsymbol{\beta}\mid\lambda,\mu\in\mathbf{R}\}$$

是否是一个向量空间.

解 $\boldsymbol{V}$ 是一个向量空间.因为若

$$\boldsymbol{\xi}_1=\lambda_1\boldsymbol{\alpha}+\mu_1\boldsymbol{\beta},\boldsymbol{\xi}_2=\lambda_2\boldsymbol{\alpha}+\mu_2\boldsymbol{\beta},k\in\mathbf{R},$$

则有 $\boldsymbol{\xi}_1+\boldsymbol{\xi}_2=(\lambda_1+\lambda_2)\boldsymbol{\alpha}+(\mu_1+\mu_2)\boldsymbol{\beta}\in\boldsymbol{V},k\boldsymbol{\xi}_1=\lambda_1k\boldsymbol{\alpha}+\mu_1k\boldsymbol{\beta}\in\boldsymbol{V}$,因此 $\boldsymbol{V}$ 是一个向量空间.

一般地,已知 $\boldsymbol{R}^n$ 中向量组 $\boldsymbol{\alpha}_1,\boldsymbol{\alpha}_2,\cdots,\boldsymbol{\alpha}_m$,那么集合

$$\boldsymbol{V}=\{\lambda_1\boldsymbol{\alpha}_1+\lambda_2\boldsymbol{\alpha}_2+\cdots+\lambda_m\boldsymbol{\alpha}_m\mid\lambda_i\in\mathbf{R}\}$$

是一个向量空间.

定义 3 把 $\boldsymbol{R}^n$ 中向量组 $\boldsymbol{\alpha}_1,\boldsymbol{\alpha}_2,\cdots,\boldsymbol{\alpha}_m$ 的所有线性组合构成的向量空间 $\boldsymbol{V}$ 称为此向量组的**生成空间**,记为 $\mathrm{span}\{\boldsymbol{\alpha}_1,\boldsymbol{\alpha}_2,\cdots,\boldsymbol{\alpha}_m\}$,即

$$\boldsymbol{V}=\mathrm{span}\{\boldsymbol{\alpha}_1,\boldsymbol{\alpha}_2,\cdots,\boldsymbol{\alpha}_m\}=\{\lambda_1\boldsymbol{\alpha}_1+\lambda_2\boldsymbol{\alpha}_2+\cdots+\lambda_m\boldsymbol{\alpha}_m\mid\lambda_i\in\mathbf{R}\}.$$

例 5 (1)给定 $\boldsymbol{R}^2$ 中的两个向量:

$$\boldsymbol{e}_1=\begin{pmatrix}1\\0\end{pmatrix},\boldsymbol{e}_2=\begin{pmatrix}0\\1\end{pmatrix},$$

则 $\boldsymbol{V}=\mathrm{span}\{\boldsymbol{e}_1,\boldsymbol{e}_2\}=\{x_1\boldsymbol{e}_1+x_2\boldsymbol{e}_2=(x_1,x_2)^{\mathrm{T}}\mid x_i\in\mathbf{R}\}$,即由 $\{\boldsymbol{e}_1,\boldsymbol{e}_2\}$ 生成的空间为 $\boldsymbol{R}^2$ 空间.

(2) 给定 $\boldsymbol{R}^2$ 中的向量组:

$$\boldsymbol{\beta}_1=\begin{pmatrix}2\\1\end{pmatrix},\boldsymbol{\beta}_2=\begin{pmatrix}1\\2\end{pmatrix},\boldsymbol{\beta}_3=\begin{pmatrix}2\\2\end{pmatrix},$$

因为 $\boldsymbol{e}_1=\boldsymbol{\beta}_3-\boldsymbol{\beta}_2,\boldsymbol{e}_2=\boldsymbol{\beta}_3-\boldsymbol{\beta}_1$,所以 $\forall\boldsymbol{x}\in\boldsymbol{R}^2$,有

$$\boldsymbol{x}=(x_1,x_2)^{\mathrm{T}}=x_1\boldsymbol{e}_1+x_2\boldsymbol{e}_2=-x_2\boldsymbol{\beta}_1-x_1\boldsymbol{\beta}_2+(x_1+x_2)\boldsymbol{\beta}_3,$$

即 $\boldsymbol{V}=\mathrm{span}\{\boldsymbol{\beta}_1,\boldsymbol{\beta}_2,\boldsymbol{\beta}_3\}=\boldsymbol{R}^2$.

思考:此例中有两个不同的向量组,但它们的生成空间是相同的.为什么?

定理 1 设 $\boldsymbol{R}^n$ 中的两个向量组 $\boldsymbol{M}=\{\boldsymbol{\alpha}_1,\boldsymbol{\alpha}_2,\cdots,\boldsymbol{\alpha}_m\},\boldsymbol{N}=\{\boldsymbol{\beta}_1,\boldsymbol{\beta}_2,\cdots,\boldsymbol{\beta}_s\}$,若这两个向量组等价,则它们有相同的生成空间,即

$$\mathrm{span}\{\boldsymbol{\alpha}_1,\boldsymbol{\alpha}_2,\cdots,\boldsymbol{\alpha}_m\}=\mathrm{span}\{\boldsymbol{\beta}_1,\boldsymbol{\beta}_2,\cdots,\boldsymbol{\beta}_s\}.$$

证明 记

$$\boldsymbol{V}_1=\operatorname{span}\{\boldsymbol{\alpha}_1,\boldsymbol{\alpha}_2,\cdots,\boldsymbol{\alpha}_m\}=\{\lambda_1\boldsymbol{\alpha}_1+\lambda_2\boldsymbol{\alpha}_2+\cdots+\lambda_m\boldsymbol{\alpha}_m\mid\lambda_i\in\mathbf{R}\}$$

$$\boldsymbol{V}_2=\operatorname{span}\{\boldsymbol{\beta}_1,\boldsymbol{\beta}_2,\cdots,\boldsymbol{\beta}_s\}=\{\mu_1\boldsymbol{\beta}_1+\mu_2\boldsymbol{\beta}_2+\cdots+\mu_s\boldsymbol{\beta}_s\mid\mu_i\in\mathbf{R}\}$$

设 $\boldsymbol{x}\in\boldsymbol{V}_1$,则 $\boldsymbol{x}$ 可由 $\boldsymbol{\alpha}_1,\boldsymbol{\alpha}_2,\cdots,\boldsymbol{\alpha}_m$ 线性表示.因 $\boldsymbol{\alpha}_1,\boldsymbol{\alpha}_2,\cdots,\boldsymbol{\alpha}_m$ 可由 $\boldsymbol{\beta}_1,\boldsymbol{\beta}_2,\cdots,\boldsymbol{\beta}_s$ 线性表示,故 $\boldsymbol{x}$ 可由 $\boldsymbol{\beta}_1,\boldsymbol{\beta}_2,\cdots,\boldsymbol{\beta}_s$ 线性表示,从而 $\boldsymbol{x}\in\boldsymbol{V}_2$,表明 $\boldsymbol{V}_1\subset\boldsymbol{V}_2$.

类似可推:$\boldsymbol{V}_2\subset\boldsymbol{V}_1$,因此 $\boldsymbol{V}_1=\boldsymbol{V}_2$.

3.5.3 基与维数

下面研究能够“最高效”地生成向量空间或者“最代表”向量空间的向量——基,其关键思想就是向量组的线性无关性.

定义4 设$\boldsymbol{V}$是一个向量空间,$\boldsymbol{\alpha}_1,\boldsymbol{\alpha}_2,\cdots,\boldsymbol{\alpha}_r$ 是$\boldsymbol{V}$中的一组向量,如果满足:

(1)$\boldsymbol{\alpha}_1,\boldsymbol{\alpha}_2,\cdots,\boldsymbol{\alpha}_r$ 线性无关;

(2)$\boldsymbol{V}$ 中的向量都可以由 $\boldsymbol{\alpha}_1,\boldsymbol{\alpha}_2,\cdots,\boldsymbol{\alpha}_r$ 线性表示;

则称 $\boldsymbol{\alpha}_1,\boldsymbol{\alpha}_2,\cdots,\boldsymbol{\alpha}_r$ 是 $\boldsymbol{V}$ 的一个**基**,称 r 为 $\boldsymbol{V}$ 的**维数**,记作 $\dim(\boldsymbol{V})=r$,并称 $\boldsymbol{V}$ 是 r **维向量空间**.

注意 (1)只含零向量的向量空间称为0维向量空间,它没有基;

(2)若把向量空间看作向量组,$\boldsymbol{V}$ 的基就是向量组的最大无关组,$\boldsymbol{V}$ 的维数就是向量组的秩;

(3)向量组的最大无关组不唯一,因此向量空间的基也不唯一.

例6 指出向量空间 $\boldsymbol{R}^1,\boldsymbol{R}^2,\boldsymbol{R}^3,\boldsymbol{R}^n$ 的维数.

解 在 $\boldsymbol{R}^1$ 中,1就是一个基,所以 $\boldsymbol{R}^1$ 是一维向量空间;

在 $\boldsymbol{R}^2$ 中,$(1,0)^{\mathrm{T}},(0,1)^{\mathrm{T}}$ 是一个基,所以 $\boldsymbol{R}^2$ 是二维向量空间;

在 $\boldsymbol{R}^3$ 中,$(1,0,0)^{\mathrm{T}},(0,1,0)^{\mathrm{T}},(0,0,1)^{\mathrm{T}}$ 是一个基,所以 $\boldsymbol{R}^3$ 是三维向量空间;

在 $\boldsymbol{R}^n$ 中,$\boldsymbol{e}_1=(1,0,\cdots,0)^{\mathrm{T}},\boldsymbol{e}_2=(0,1,\cdots,0)^{\mathrm{T}},\cdots,\boldsymbol{e}_n=(0,0,\cdots,1)^{\mathrm{T}}$ 是一个基,所以 $\boldsymbol{R}^n$ 是 n 维向量空间.

例7 向量空间 $\boldsymbol{V}=\{(0,x_2,x_3,\cdots,x_n)^{\mathrm{T}}\mid x_2,x_3,\cdots,x_n\in\mathbf{R}\}$ 的一个基可取

$$\boldsymbol{e}_2=(0,1,0,\cdots,0)^{\mathrm{T}},\cdots,\boldsymbol{e}_n=(0,\cdots,0,1)^{\mathrm{T}},$$

故 $\boldsymbol{V}$ 是 $n-1$ 维向量空间.

例8 给定向量组

$$\boldsymbol{\alpha}_1=(1,-1,0)^{\mathrm{T}},\boldsymbol{\alpha}_2=(2,1,3)^{\mathrm{T}},\boldsymbol{\alpha}_3=(3,1,2)^{\mathrm{T}},\boldsymbol{\beta}=(5,0,7)^{\mathrm{T}}.$$

证明:向量组 $\boldsymbol{\alpha}_1,\boldsymbol{\alpha}_2,\boldsymbol{\alpha}_3$ 是三维空间 $\boldsymbol{R}^3$ 的一个基,并将向量 $\boldsymbol{\beta}$ 用这个基线性

表示.

证明 令矩阵 $\boldsymbol{A}=(\boldsymbol{\alpha}_1,\boldsymbol{\alpha}_2,\boldsymbol{\alpha}_3)$，要证明 $\boldsymbol{\alpha}_1,\boldsymbol{\alpha}_2,\boldsymbol{\alpha}_3$ 是 $\boldsymbol{R}^3$ 的一个基，只需证明 $\boldsymbol{A}\to\boldsymbol{E}$；再令 $\boldsymbol{\beta}=x_1\boldsymbol{\alpha}_1+x_2\boldsymbol{\alpha}_2+x_3\boldsymbol{\alpha}_3$ 即 $\boldsymbol{AX}=\boldsymbol{\beta}$，则需对 $(\boldsymbol{A},\boldsymbol{\beta})$ 进行初等行变换，当 $\boldsymbol{A}$ 化为单位矩阵 $\boldsymbol{E}$ 时，说明 $\boldsymbol{\alpha}_1,\boldsymbol{\alpha}_2,\boldsymbol{\alpha}_3$ 是 $\boldsymbol{R}^3$ 的一个基，并且同时有了向量 $\boldsymbol{\beta}$ 在这个基下的表示系数.

$$(\boldsymbol{A}\quad\boldsymbol{\beta})=\begin{pmatrix}1&2&3&5\\-1&1&1&0\\0&3&2&7\end{pmatrix}\xrightarrow{\text{行变换}}\begin{pmatrix}1&0&0&2\\0&1&0&3\\0&0&1&-1\end{pmatrix},$$

故向量组 $\boldsymbol{\alpha}_1,\boldsymbol{\alpha}_2,\boldsymbol{\alpha}_3$ 是 $\boldsymbol{R}^3$ 的一个基，且 $\boldsymbol{\beta}=2\boldsymbol{\alpha}_1+3\boldsymbol{\alpha}_2-\boldsymbol{\alpha}_3$.

思考：上例若给定两个向量 $\boldsymbol{\beta}_1,\boldsymbol{\beta}_2$，欲将 $\boldsymbol{\beta}_1,\boldsymbol{\beta}_2$ 用基 $\boldsymbol{\alpha}_1,\boldsymbol{\alpha}_2,\boldsymbol{\alpha}_3$ 线性表示，则该如何求解？

定义5 设 $\boldsymbol{V}$ 是 $\boldsymbol{R}^n$ 的 r 维子空间，$\boldsymbol{\alpha}_1,\boldsymbol{\alpha}_2,\cdots,\boldsymbol{\alpha}_r$ 是 $\boldsymbol{V}$ 的一个基，对任意的 $\boldsymbol{\alpha}\in\boldsymbol{V}$，有

$$\boldsymbol{\alpha}=x_1\boldsymbol{\alpha}_1+\cdots+x_r\boldsymbol{\alpha}_r=(x_1,\cdots,x_r)\begin{pmatrix}\boldsymbol{\alpha}_1\\\vdots\\\boldsymbol{\alpha}_r\end{pmatrix}\left(\text{或}(\boldsymbol{\alpha}_1,\cdots,\boldsymbol{\alpha}_r)\begin{pmatrix}x_1\\\vdots\\x_r\end{pmatrix}\right),$$

则称表示系数 $(x_1,\cdots,x_r)$ 为 $\boldsymbol{\alpha}$ 在基 $\boldsymbol{\alpha}_1,\cdots,\boldsymbol{\alpha}_r$ 下的**坐标**.

显然，例8中向量 $\boldsymbol{\beta}$ 在基 $\boldsymbol{\alpha}_1,\boldsymbol{\alpha}_2,\boldsymbol{\alpha}_3$ 下的坐标为 $(2,3,-1)$.

特别地，取 n 维向量空间 $\boldsymbol{R}^n$ 中的单位坐标向量组 $\boldsymbol{e}_1,\boldsymbol{e}_2,\cdots,\boldsymbol{e}_n$ 为 $\boldsymbol{R}^n$ 的基，任意 n 维向量 $\boldsymbol{x}=(x_1,x_2,\cdots,x_n)^{\mathrm{T}}$ 可表示为 $\boldsymbol{x}=x_1\boldsymbol{e}_1+x_2\boldsymbol{e}_2+\cdots+x_n\boldsymbol{e}_n$，可见任一向量在基 $\boldsymbol{e}_1,\boldsymbol{e}_2,\cdots,\boldsymbol{e}_n$ 下的坐标就是该向量的分量.因此，$\boldsymbol{e}_1,\boldsymbol{e}_2,\cdots,\boldsymbol{e}_n$ 叫作 n 维向量空间 $\boldsymbol{R}^n$ 的**自然基**.

3.5.4 $\boldsymbol{R}^3$ 中坐标变换公式

同一个向量在不同的基下有不同的坐标，那么一个向量在不同基下的坐标之间有什么关系呢？

定义6 在 $\boldsymbol{R}^3$ 空间中取定一个基 $\boldsymbol{\alpha}_1,\boldsymbol{\alpha}_2,\boldsymbol{\alpha}_3$（旧基），再取定一个基 $\boldsymbol{\beta}_1,\boldsymbol{\beta}_2,\boldsymbol{\beta}_3$（新基），将 $\boldsymbol{R}^3$ 中任一向量在这两个基下的坐标之间的关系式称为**坐标变换公式**，将用 $\boldsymbol{\alpha}_1,\boldsymbol{\alpha}_2,\boldsymbol{\alpha}_3$ 表示 $\boldsymbol{\beta}_1,\boldsymbol{\beta}_2,\boldsymbol{\beta}_3$ 的表示式称为**基变换公式**，即

$$(\boldsymbol{\beta}_1,\boldsymbol{\beta}_2,\boldsymbol{\beta}_3)=(\boldsymbol{\alpha}_1,\boldsymbol{\alpha}_2,\boldsymbol{\alpha}_3)\boldsymbol{P},$$

其中，表示式的系数矩阵 $\boldsymbol{P}$ 称为从旧基 $\boldsymbol{\alpha}_1,\boldsymbol{\alpha}_2,\boldsymbol{\alpha}_3$ 到新基 $\boldsymbol{\beta}_1,\boldsymbol{\beta}_2,\boldsymbol{\beta}_3$ 的**过渡矩阵**.

下面说明坐标变换公式、基变换公式、过渡矩阵的求解方法.

记 $\boldsymbol{A}=(\boldsymbol{\alpha}_1,\boldsymbol{\alpha}_2,\boldsymbol{\alpha}_3)$，$\boldsymbol{B}=(\boldsymbol{\beta}_1,\boldsymbol{\beta}_2,\boldsymbol{\beta}_3)$，因$(\boldsymbol{\alpha}_1,\boldsymbol{\alpha}_2,\boldsymbol{\alpha}_3)=(\boldsymbol{e}_1,\boldsymbol{e}_2,\boldsymbol{e}_3)\boldsymbol{A}$，则

$$(\boldsymbol{e}_1,\boldsymbol{e}_2,\boldsymbol{e}_3)=(\boldsymbol{\alpha}_1,\boldsymbol{\alpha}_2,\boldsymbol{\alpha}_3)\boldsymbol{A}^{-1},$$

故$(\boldsymbol{\beta}_1,\boldsymbol{\beta}_2,\boldsymbol{\beta}_3)=(\boldsymbol{e}_1,\boldsymbol{e}_2,\boldsymbol{e}_3)\boldsymbol{B}=(\boldsymbol{\alpha}_1,\boldsymbol{\alpha}_2,\boldsymbol{\alpha}_3)\boldsymbol{A}^{-1}\boldsymbol{B}$，即为基变换公式.该表示式的系数矩阵 $\boldsymbol{A}^{-1}\boldsymbol{B}$ 即为从旧基 $\boldsymbol{\alpha}_1,\boldsymbol{\alpha}_2,\boldsymbol{\alpha}_3$ 到新基 $\boldsymbol{\beta}_1,\boldsymbol{\beta}_2,\boldsymbol{\beta}_3$ 的过渡矩阵.

设向量 $\boldsymbol{x}$ 在旧基和新基下的坐标分别为(x_1,x_2,x_3) 和(x_1',x_2',x_3')，即

$$\boldsymbol{x}=(\boldsymbol{\alpha}_1,\boldsymbol{\alpha}_2,\boldsymbol{\alpha}_3)\begin{pmatrix}x_1\\x_2\\x_3\end{pmatrix},\boldsymbol{x}=(\boldsymbol{\beta}_1,\boldsymbol{\beta}_2,\boldsymbol{\beta}_3)\begin{pmatrix}x_1'\\x_2'\\x_3'\end{pmatrix},$$

故 $\boldsymbol{A}\begin{pmatrix}x_1\\x_2\\x_3\end{pmatrix}=\boldsymbol{B}\begin{pmatrix}x_1'\\x_2'\\x_3'\end{pmatrix}$，得 $\begin{pmatrix}x_1\\x_2\\x_3\end{pmatrix}=\boldsymbol{A}^{-1}\boldsymbol{B}\begin{pmatrix}x_1'\\x_2'\\x_3'\end{pmatrix}$ 即为旧坐标到新坐标的坐标变换公式.

例 9 已知 $\boldsymbol{R}^3$ 中的两个基为

$$\boldsymbol{\alpha}_1=\begin{pmatrix}1\\1\\1\end{pmatrix},\boldsymbol{\alpha}_2=\begin{pmatrix}1\\0\\-1\end{pmatrix},\boldsymbol{\alpha}_3=\begin{pmatrix}1\\0\\1\end{pmatrix}\text{及}\boldsymbol{\beta}_1=\begin{pmatrix}1\\2\\1\end{pmatrix},\boldsymbol{\beta}_2=\begin{pmatrix}2\\3\\4\end{pmatrix},\boldsymbol{\beta}_3=\begin{pmatrix}3\\4\\3\end{pmatrix},$$

求由基 $\boldsymbol{\alpha}_1,\boldsymbol{\alpha}_2,\boldsymbol{\alpha}_3$ 到基 $\boldsymbol{\beta}_1,\boldsymbol{\beta}_2,\boldsymbol{\beta}_3$ 的过渡矩阵.

解 记矩阵 $\boldsymbol{A}=(\boldsymbol{\alpha}_1,\boldsymbol{\alpha}_2,\boldsymbol{\alpha}_3)$，$\boldsymbol{B}=(\boldsymbol{\beta}_1,\boldsymbol{\beta}_2,\boldsymbol{\beta}_3)$.因 $\boldsymbol{\alpha}_1,\boldsymbol{\alpha}_2,\boldsymbol{\alpha}_3$ 和 $\boldsymbol{\beta}_1,\boldsymbol{\beta}_2,\boldsymbol{\beta}_3$ 均为 $\boldsymbol{R}^3$ 中的基，故 $\boldsymbol{A}$ 和 $\boldsymbol{B}$ 均为三阶可逆矩阵.因为

$$(\boldsymbol{\beta}_1,\boldsymbol{\beta}_2,\boldsymbol{\beta}_3)=(\boldsymbol{\alpha}_1,\boldsymbol{\alpha}_2,\boldsymbol{\alpha}_3)\boldsymbol{A}^{-1}\boldsymbol{B},$$

由过渡矩阵的定义，$\boldsymbol{A}^{-1}\boldsymbol{B}$ 为基 $\boldsymbol{\alpha}_1,\boldsymbol{\alpha}_2,\boldsymbol{\alpha}_3$ 到基 $\boldsymbol{\beta}_1,\boldsymbol{\beta}_2,\boldsymbol{\beta}_3$ 的过渡矩阵.求 $\boldsymbol{A}^{-1}\boldsymbol{B}$：

$$(\boldsymbol{A},\boldsymbol{B})=\begin{pmatrix}1&1&1&1&2&3\\1&0&0&2&3&4\\1&-1&1&1&4&3\end{pmatrix}\xrightarrow{\text{行变换}}\begin{pmatrix}1&0&0&2&3&4\\0&1&0&0&-1&0\\0&0&1&-1&0&-1\end{pmatrix},$$

从而过渡矩阵 $\boldsymbol{A}^{-1}\boldsymbol{B}=\begin{pmatrix}2&3&4\\0&-1&0\\-1&0&-1\end{pmatrix}$.

习题 3.5

1. 判断下列 3 维向量的集合是不是 $\boldsymbol{R}^3$ 的子空间.如果是子空间，则指出其维

数与一组基.

(1) $\boldsymbol{W}_1=\{(x,y,z)^{\mathrm{T}}\mid x>0\}$;

(2) $\boldsymbol{W}_2=\{(x,y,z)^{\mathrm{T}}\mid x=0\}$;

(3) $\boldsymbol{W}_3=\{(x,y,z)^{\mathrm{T}}\mid x+y-2z=0\}$;

(4) $\boldsymbol{W}_4=\{(x,y,z)^{\mathrm{T}}\mid 3x-2y+z=1\}$.

2. 证明:由 $\boldsymbol{\alpha}_1=(1,2,3)^{\mathrm{T}},\boldsymbol{\alpha}_2=(1,2,0)^{\mathrm{T}},\boldsymbol{\alpha}_3=(1,0,0)^{\mathrm{T}}$ 所生成的向量空间就是 $\boldsymbol{R}^3$.

3. 由 $\boldsymbol{\alpha}_1=(1,1,0,0)^{\mathrm{T}},\boldsymbol{\alpha}_2=(1,0,1,1)^{\mathrm{T}}$ 所生成的向量空间记作 $\boldsymbol{V}_1$,由 $\boldsymbol{\beta}_1=(2,-1,3,3)^{\mathrm{T}},\boldsymbol{\beta}_2=(0,1,-1,-1)^{\mathrm{T}}$ 所生成的向量空间记作 $\boldsymbol{V}_2$,证明 $\boldsymbol{V}_1=\boldsymbol{V}_2$.

4. 证明 $\boldsymbol{\alpha}_1=(1,1,1,1)^{\mathrm{T}},\boldsymbol{\alpha}_2=(1,1,-1,-1)^{\mathrm{T}},\boldsymbol{\alpha}_3=(1,-1,1,-1)^{\mathrm{T}},\boldsymbol{\alpha}_4=(1,-1,-1,1)^{\mathrm{T}}$ 是 $\boldsymbol{R}^4$ 的一组基,并求出向量 $\boldsymbol{\beta}_1=(1,2,1,1)^{\mathrm{T}},\boldsymbol{\beta}_2=(2,-1,3,3)^{\mathrm{T}}$ 在这组基下的坐标.

5. 已知 $\boldsymbol{R}^3$ 的两组基为

$$\boldsymbol{\alpha}_1=\begin{pmatrix}0\\1\\1\end{pmatrix},\boldsymbol{\alpha}_2=\begin{pmatrix}1\\0\\1\end{pmatrix},\boldsymbol{\alpha}_3=\begin{pmatrix}1\\1\\0\end{pmatrix},\text{及}\boldsymbol{\beta}_1=\begin{pmatrix}1\\-1\\0\end{pmatrix},\boldsymbol{\beta}_2=\begin{pmatrix}2\\1\\3\end{pmatrix},\boldsymbol{\beta}_3=\begin{pmatrix}3\\1\\2\end{pmatrix},$$

求由基 $\boldsymbol{\alpha}_1,\boldsymbol{\alpha}_2,\boldsymbol{\alpha}_3$ 到基 $\boldsymbol{\beta}_1,\boldsymbol{\beta}_2,\boldsymbol{\beta}_3$ 的过渡矩阵.

3.6 线性方程组解的结构

学习目标:

1. 理解齐次线性方程组基础解系的概念;
2. 掌握求齐次(非齐次)线性方程组通解、求齐次线性方程组基础解系的方法;
3. 熟悉线性方程组解的结构.

3.1 节已经介绍了利用矩阵的初等行变换求解线性方程组的方法,并给出了线性方程组解的情况的重要判定定理. 下面应用向量组的线性相关性理论来研究线性方程组解的结构.

3.6.1 齐次线性方程组解的结构

命题 1 若$\boldsymbol{\xi}_1$为齐次线性方程组$\boldsymbol{AX}=\boldsymbol{0}$的解，$k$为实数，则$k\boldsymbol{\xi}_1$也是该方程组的解.

证明 因$\boldsymbol{\xi}_1$为齐次线性方程组$\boldsymbol{AX}=\boldsymbol{0}$的解，则$\boldsymbol{A\xi}_1=\boldsymbol{0}$，所以$\boldsymbol{A}(k\boldsymbol{\xi}_1)=k(\boldsymbol{A\xi}_1)=\boldsymbol{0}$，因此$k\boldsymbol{\xi}_1$也是该方程组的解.

命题 2 若$\boldsymbol{\xi}_1,\boldsymbol{\xi}_2$是齐次线性方程组$\boldsymbol{AX}=\boldsymbol{0}$的解，则$\boldsymbol{\xi}_1+\boldsymbol{\xi}_2$也是该方程组的解.

证明 因$\boldsymbol{\xi}_1,\boldsymbol{\xi}_2$是$\boldsymbol{AX}=\boldsymbol{0}$的解，则$\boldsymbol{A\xi}_1=\boldsymbol{0},\boldsymbol{A\xi}_2=\boldsymbol{0}$，则$\boldsymbol{A}(\boldsymbol{\xi}_1+\boldsymbol{\xi}_2)=\boldsymbol{A\xi}_1+\boldsymbol{A\xi}_2=\boldsymbol{0}$，即$\boldsymbol{\xi}_1+\boldsymbol{\xi}_2$也是该方程组的解.

由以上两个命题不难得知：若$\boldsymbol{\xi}_1,\boldsymbol{\xi}_2,\cdots,\boldsymbol{\xi}_n$是线性方程组$\boldsymbol{AX}=\boldsymbol{0}$的解，$k_1,k_2,\cdots,k_n$为任何实数，则解的线性组合$k_1\boldsymbol{\xi}_1+k_2\boldsymbol{\xi}_2+\cdots+k_n\boldsymbol{\xi}_n$仍为齐次线性方程组$\boldsymbol{AX}=\boldsymbol{0}$的解.因此我们不难推出：

命题 3 齐次线性方程组若有非零解，则它就有无穷多解.

由3.5节向量空间的定义知：齐次线性方程组$\boldsymbol{AX}=\boldsymbol{0}$的全体解向量所构成的集合$\boldsymbol{S}$构成解空间，当$\boldsymbol{AX}=\boldsymbol{0}$有非零解时，我们希望找到解空间的基，这样就可以表示出该方程组所有的解.下面就来寻找$\boldsymbol{AX}=\boldsymbol{0}$的解空间的基.

设n元齐次线性方程组$\boldsymbol{AX}=\boldsymbol{0}$的系数矩阵的秩$R(\boldsymbol{A})=r<n$.不妨设$\boldsymbol{A}$的前$r$个列向量线性无关，则$\boldsymbol{A}$的行最简形矩阵为

$$\boldsymbol{A}\xrightarrow{\text{行变换}}\begin{pmatrix}1&0&\cdots&0&b_{11}&b_{12}&\cdots&b_{1,n-r}\\0&1&\cdots&0&b_{21}&b_{22}&\cdots&b_{2,n-r}\\\vdots&\vdots&&\vdots&\vdots&\vdots&&\vdots\\0&0&\cdots&1&b_{r1}&b_{r2}&\cdots&b_{r,n-r}\\0&0&\cdots&0&0&0&\cdots&0\\\vdots&\vdots&&\vdots&\vdots&\vdots&&\vdots\\0&0&\cdots&0&0&0&\cdots&0\end{pmatrix},$$

则得到与$\boldsymbol{AX}=\boldsymbol{0}$同解的线性方程组为

$$\begin{cases}x_1=-b_{11}x_{r+1}-\cdots-b_{1,n-r}x_n\\x_2=-b_{21}x_{r+1}-\cdots-b_{2,n-r}x_n\\\vdots\\x_r=-b_{r1}x_{r+1}-\cdots-b_{r,n-r}x_n\end{cases}.$$

在以上方程组中取定后 $n-r$ 个变量 $x_{r+1},x_{r+2},\cdots,x_n$ 的一组值,就唯一确定了前 r 个变量 $x_1,x_2,\cdots,x_r$ 的值,便得到了齐次线性方程组 $\boldsymbol{AX}=\boldsymbol{0}$ 的一个解.下面依次取:

$$\begin{pmatrix} x_{r+1} \\ x_{r+2} \\ \vdots \\ x_n \end{pmatrix} = \begin{pmatrix} c_1 \\ 0 \\ \vdots \\ 0 \end{pmatrix}, \begin{pmatrix} 0 \\ c_2 \\ \vdots \\ 0 \end{pmatrix}, \cdots \begin{pmatrix} 0 \\ 0 \\ \vdots \\ c_{n-r} \end{pmatrix},$$

即 $x_{r+1},x_{r+2},\cdots,x_n$ 可看作自由未知量,相应得到齐次线性方程组 $\boldsymbol{AX}=\boldsymbol{0}$ 的通解:

$$\begin{pmatrix} x_1 \\ \vdots \\ x_r \\ x_{r+1} \\ x_{r+2} \\ \vdots \\ x_n \end{pmatrix} = c_1 \begin{pmatrix} -b_{11} \\ \vdots \\ -b_{r1} \\ 1 \\ 0 \\ \vdots \\ 0 \end{pmatrix} + c_2 \begin{pmatrix} -b_{12} \\ \vdots \\ -b_{r2} \\ 0 \\ 1 \\ \vdots \\ 0 \end{pmatrix} + \cdots + c_{n-r} \begin{pmatrix} -b_{1,n-r} \\ \vdots \\ -b_{r,n-r} \\ 0 \\ 0 \\ \vdots \\ 1 \end{pmatrix}.$$

若记 $\boldsymbol{\xi}_1 = \begin{pmatrix} -b_{11} \\ \vdots \\ -b_{r1} \\ 1 \\ 0 \\ \vdots \\ 0 \end{pmatrix}$, $\boldsymbol{\xi}_2 = \begin{pmatrix} -b_{12} \\ \vdots \\ -b_{r2} \\ 0 \\ 1 \\ \vdots \\ 0 \end{pmatrix}$, $\cdots$, $\boldsymbol{\xi}_{n-r} = \begin{pmatrix} -b_{1,n-r} \\ \vdots \\ -b_{r,n-r} \\ 0 \\ 0 \\ \vdots \\ 1 \end{pmatrix}$, $\boldsymbol{x} = \begin{pmatrix} x_1 \\ \vdots \\ x_r \\ x_{r+1} \\ x_{r+2} \\ \vdots \\ x_n \end{pmatrix}$,则 $\boldsymbol{AX}=\boldsymbol{0}$ 的通解表示为 $\boldsymbol{x}=c_1\boldsymbol{\xi}_1+c_2\boldsymbol{\xi}_2+\cdots+c_{n-r}\boldsymbol{\xi}_{n-r}$($c_1,c_2,\cdots,c_{n-r}$ 为任意常数).

由上式可以看出,齐次线性方程组 $\boldsymbol{AX}=\boldsymbol{0}$ 的任一解向量 $\boldsymbol{x}\in\boldsymbol{S}$ 都可表示成 $\boldsymbol{\xi}_1,\boldsymbol{\xi}_2,\cdots,\boldsymbol{\xi}_{n-r}$ 的线性组合,而且容易证明 $\boldsymbol{\xi}_1,\boldsymbol{\xi}_2,\cdots,\boldsymbol{\xi}_{n-r}$ 线性无关.由3.5节向量空间基的定义可知:$\boldsymbol{\xi}_1,\boldsymbol{\xi}_2,\cdots,\boldsymbol{\xi}_{n-r}$ 为 $\boldsymbol{S}$ 的一组基.上述过程提供了一种求解空间 $\boldsymbol{S}$ 基的一种方法,而向量空间的基不是唯一的.事实上,$\boldsymbol{S}$ 中任意 $n-r$ 个线性无关的向量都可作为 $\boldsymbol{S}$ 的基.

由以上寻找解空间基的过程不难得出如下定理:

定理1 设 n 元齐次线性方程组 $\boldsymbol{AX}=\boldsymbol{0}$ 的解集 $\boldsymbol{S}=\{\boldsymbol{X}\mid\boldsymbol{AX}=\boldsymbol{0},\boldsymbol{X}\in\boldsymbol{R}^n\}$,则有 $R(\boldsymbol{A})+R(\boldsymbol{S})=n$.

定义 1 若齐次线性方程组 $\boldsymbol{AX}=\boldsymbol{0}$ 的有限个解 $\boldsymbol{\xi}_1,\boldsymbol{\xi}_2,\cdots,\boldsymbol{\xi}_{n-r}$ 满足:

(1) $\boldsymbol{\xi}_1,\boldsymbol{\xi}_2,\cdots,\boldsymbol{\xi}_{n-r}$ 线性无关,

(2) $\boldsymbol{AX}=\boldsymbol{0}$ 的任意一个解均可由 $\boldsymbol{\xi}_1,\boldsymbol{\xi}_2,\cdots,\boldsymbol{\xi}_{n-r}$ 线性表示,

则称 $\boldsymbol{\xi}_1,\boldsymbol{\xi}_2,\cdots,\boldsymbol{\xi}_{n-r}$ 是齐次线性方程组 $\boldsymbol{AX}=\boldsymbol{0}$ 的一个**基础解系**.

注意 若 $r=n$,即 $|\boldsymbol{A}|\neq 0$(即 $\boldsymbol{A}$ 可逆)时,齐次线性方程组只有零解,从而 $\boldsymbol{S}=\{0\}$.此时 $\boldsymbol{AX}=\boldsymbol{0}$ 没有基础解系,因此 $R(\boldsymbol{S})=0$,也满足 $R(\boldsymbol{A})+R(\boldsymbol{S})=n$.

例 1 求齐次线性方程组 $\begin{cases} x_1+2x_2+x_3+x_4+x_5=0 \\ 2x_1+4x_2+3x_3+x_4+x_5=0 \\ -x_1-2x_2+x_3+3x_4-3x_5=0 \\ 2x_3+5x_4-2x_5=0 \end{cases}$ 的基础解系.

解 将系数矩阵 $\boldsymbol{A}$ 作行初等变换:

$$\boldsymbol{A}=\begin{pmatrix} 1 & 2 & 1 & 1 & 1 \\ 2 & 4 & 3 & 1 & 1 \\ -1 & -2 & 1 & 3 & -3 \\ 0 & 0 & 2 & 5 & -2 \end{pmatrix} \xrightarrow{\text{行变换}} \begin{pmatrix} 1 & 2 & 1 & 1 & 1 \\ 0 & 0 & 1 & -1 & -1 \\ 0 & 0 & 0 & 1 & 0 \\ 0 & 0 & 0 & 0 & 0 \end{pmatrix},$$

得到行阶梯形矩阵,可知 $R(\boldsymbol{A})=3<n=5$,故方程组有非零解,且其基础解系应含 2 个向量.再进一步将 $\boldsymbol{A}$ 化为行最简形,写出最简形矩阵对应的同解方程组:

$$\boldsymbol{A} \xrightarrow{\text{行变换}} \begin{pmatrix} 1 & 2 & 0 & 0 & 2 \\ 0 & 0 & 1 & 0 & -1 \\ 0 & 0 & 0 & 1 & 0 \\ 0 & 0 & 0 & 0 & 0 \end{pmatrix} \Rightarrow \begin{cases} x_1+2x_2+2x_5=0 \\ x_3-x_5=0 \\ x_4=0 \end{cases} \Rightarrow \begin{cases} x_1=-2x_2-2x_5 \\ x_2=x_2 \\ x_3=x_5 \\ x_4=0 \\ x_5=x_5 \end{cases}$$

确定自由未知量为 x_2,x_5,分别令 $\begin{pmatrix} x_2 \\ x_5 \end{pmatrix}=\begin{pmatrix} 1 \\ 0 \end{pmatrix},\begin{pmatrix} 0 \\ 1 \end{pmatrix}$ 代入求得

$$\begin{pmatrix} x_1 \\ x_2 \\ x_3 \\ x_4 \\ x_5 \end{pmatrix}=\begin{pmatrix} 2 \\ 1 \\ 0 \\ 0 \\ 0 \end{pmatrix},\begin{pmatrix} -2 \\ 0 \\ 1 \\ 0 \\ 1 \end{pmatrix}$$

即为其基础解系.

注意　在上例中，也可取其他变量为自由未知量，但自由未知量的个数是确定的，为方程组未知量的个数 n 减去系数矩阵 $\boldsymbol{A}$ 的秩 r.

例2　已知向量组 $\boldsymbol{\alpha}_1,\boldsymbol{\alpha}_2,\boldsymbol{\alpha}_3$ 是齐次线性方程组 $\boldsymbol{AX}=\boldsymbol{0}$ 的基础解系，设 $\boldsymbol{\beta}_1=\boldsymbol{\alpha}_1+\boldsymbol{\alpha}_2,\boldsymbol{\beta}_2=\boldsymbol{\alpha}_2+\boldsymbol{\alpha}_3,\boldsymbol{\beta}_3=\boldsymbol{\alpha}_3+\boldsymbol{\alpha}_1$，问 $\boldsymbol{\beta}_1,\boldsymbol{\beta}_2,\boldsymbol{\beta}_3$ 是否也能作为 $\boldsymbol{AX}=\boldsymbol{0}$ 的基础解系？

解　记 $\boldsymbol{AX}=\boldsymbol{0}$ 的解集为 $\boldsymbol{S}$，显然 $\boldsymbol{\beta}_1,\boldsymbol{\beta}_2,\boldsymbol{\beta}_3\in\boldsymbol{S}$.下证 $\boldsymbol{\beta}_1,\boldsymbol{\beta}_2,\boldsymbol{\beta}_3$ 线性无关：假设存在一组不全为0的数 k_1,k_2,k_3，使得

$$k_1\boldsymbol{\beta}_1+k_2\boldsymbol{\beta}_2+k_3\boldsymbol{\beta}_3=\boldsymbol{0},$$

即

$$(k_1+k_3)\boldsymbol{\alpha}_1+(k_1+k_2)\boldsymbol{\alpha}_2+(k_2+k_3)\boldsymbol{\alpha}_3=\boldsymbol{0}.$$

由于 $\boldsymbol{\alpha}_1,\boldsymbol{\alpha}_2,\boldsymbol{\alpha}_3$ 为基础解系，故 $\boldsymbol{\alpha}_1,\boldsymbol{\alpha}_2,\boldsymbol{\alpha}_3$ 线性无关，因此 $\begin{cases}k_1+k_3=0\\k_1+k_2=0\\k_2+k_3=0\end{cases}$，显然 k_1,k_2,k_3 只有零解.故 $\boldsymbol{\beta}_1,\boldsymbol{\beta}_2,\boldsymbol{\beta}_3$ 线性无关，从而也可作为 $\boldsymbol{AX}=\boldsymbol{0}$ 的基础解系.

例3　证明：若 $\boldsymbol{A}_{m\times n}\boldsymbol{B}_{n\times s}=\boldsymbol{O}$，则 $R(\boldsymbol{A})+R(\boldsymbol{B})\leqslant n$.

证明　记矩阵 $\boldsymbol{B}=(\boldsymbol{b}_1,\boldsymbol{b}_2,\cdots,\boldsymbol{b}_s)$，则 $\boldsymbol{A}(\boldsymbol{b}_1,\boldsymbol{b}_2,\cdots,\boldsymbol{b}_s)=(\boldsymbol{0},\boldsymbol{0},\cdots,\boldsymbol{0})$，即

$$\boldsymbol{Ab}_i=\boldsymbol{0}(i=1,2,\cdots,s),$$

该式表明矩阵 $\boldsymbol{B}$ 的 s 个列向量 $\boldsymbol{b}_i(i=1,2,\cdots,s)$ 都是齐次线性方程组 $\boldsymbol{AX}=\boldsymbol{0}$ 的解.

设 $\boldsymbol{AX}=\boldsymbol{0}$ 的解集为 $\boldsymbol{S}$，则 $\boldsymbol{b}_i\in\boldsymbol{S}$，有 $R(\boldsymbol{b}_1,\boldsymbol{b}_2,\cdots,\boldsymbol{b}_s)=R(\boldsymbol{B})\leqslant R(\boldsymbol{S})$，而由本节定理1，有 $R(\boldsymbol{A})+R(\boldsymbol{S})=n$，所以 $R(\boldsymbol{A})+R(\boldsymbol{B})\leqslant n$.

3.6.2　非齐次线性方程组解的结构

考虑非齐次线性方程组

$$\boldsymbol{AX}=\boldsymbol{b},$$

其中 $\boldsymbol{A}$ 为 $m\times n$ 矩阵，$\boldsymbol{X}$ 为 n 元列向量，$\boldsymbol{b}$ 为 m 元列向量，$\boldsymbol{AX}=\boldsymbol{0}$ 为其相应的齐次线性方程组（也称为 $\boldsymbol{AX}=\boldsymbol{b}$ 的导出组）.

命题4　设 $\boldsymbol{\eta}_1,\boldsymbol{\eta}_2$ 为非齐次线性方程组 $\boldsymbol{AX}=\boldsymbol{b}$ 的解，则 $\boldsymbol{\eta}_1-\boldsymbol{\eta}_2$ 是其导出组 $\boldsymbol{AX}=\boldsymbol{0}$ 的解.

证明　$\boldsymbol{\eta}_1,\boldsymbol{\eta}_2$ 为非齐次线性方程组 $\boldsymbol{AX}=\boldsymbol{b}$ 的解，则

$$\boldsymbol{A\eta}_1=\boldsymbol{b},\boldsymbol{A\eta}_2=\boldsymbol{b},$$

显然有 $\boldsymbol{A}(\boldsymbol{\eta}_1-\boldsymbol{\eta}_2)=\boldsymbol{A\eta}_1-\boldsymbol{A\eta}_2=\boldsymbol{0}$，即 $\boldsymbol{\eta}_1-\boldsymbol{\eta}_2$ 是 $\boldsymbol{AX}=\boldsymbol{0}$ 的解.

命题5 设$\boldsymbol{\eta}$是非齐次线性方程组$\boldsymbol{AX}=\boldsymbol{b}$的解,$\boldsymbol{\xi}$是其导出组$\boldsymbol{AX}=\boldsymbol{0}$的解,则$\boldsymbol{\xi}+\boldsymbol{\eta}$为非齐次线性方程组$\boldsymbol{AX}=\boldsymbol{b}$的解.

证明 $\boldsymbol{A\eta}=\boldsymbol{b},\boldsymbol{A\xi}=\boldsymbol{0}$,则$\boldsymbol{A}(\boldsymbol{\xi}+\boldsymbol{\eta})=\boldsymbol{A\xi}+\boldsymbol{A\eta}=\boldsymbol{b}$,即$\boldsymbol{\xi}+\boldsymbol{\eta}$为$\boldsymbol{AX}=\boldsymbol{b}$的解.

3.1节已经学习过非齐次线性方程组的解有三种情况:无解,唯一解,无穷解.我们自然要问在非齐次线性方程组有无穷解的时候,能不能像齐次线性方程组有无穷解时一样表示出它的通解?以下定理回答了这一问题:

定理2 若$\boldsymbol{\eta}^*$是非齐次线性方程组$\boldsymbol{AX}=\boldsymbol{b}$的一个特解,$\boldsymbol{\xi}$是其导出组$\boldsymbol{AX}=\boldsymbol{0}$的解,则$\boldsymbol{AX}=\boldsymbol{b}$的任意一个解$\boldsymbol{\eta}$都可以表示为$\boldsymbol{\eta}=\boldsymbol{\xi}+\boldsymbol{\eta}^*$.

若$\boldsymbol{\xi}_1,\boldsymbol{\xi}_2,\cdots,\boldsymbol{\xi}_{n-r}$为其导出组$\boldsymbol{AX}=\boldsymbol{0}$的基础解系,那么非齐次线性方程组$\boldsymbol{AX}=\boldsymbol{b}$的通解表示为$\boldsymbol{\eta}=k_1\boldsymbol{\xi}_1+k_2\boldsymbol{\xi}_2+\cdots+k_{n-r}\boldsymbol{\xi}_{n-r}+\boldsymbol{\eta}^*$,其中$k_1,k_2,\cdots,k_{n-r}$为任意实数.

证明 因为$\boldsymbol{\eta}=(\boldsymbol{\eta}-\boldsymbol{\eta}^*)+\boldsymbol{\eta}^*$,由命题4可知,$\boldsymbol{\eta}-\boldsymbol{\eta}^*$是齐次线性方程组$\boldsymbol{AX}=\boldsymbol{0}$的一个解,记$\boldsymbol{\xi}=\boldsymbol{\eta}-\boldsymbol{\eta}^*$,则$\boldsymbol{\xi}=k_1\boldsymbol{\xi}_1+k_1\boldsymbol{\xi}_2+\cdots+k_{n-r}\boldsymbol{\xi}_{n-r}$,代入$\boldsymbol{\eta}=\boldsymbol{\xi}+\boldsymbol{\eta}^*$即得非齐次线性方程组的通解为$\boldsymbol{\eta}=k_1\boldsymbol{\xi}_1+k_2\boldsymbol{\xi}_2+\cdots+k_{n-r}\boldsymbol{\xi}_{n-r}+\boldsymbol{\eta}^*$.

例4 求非齐次线性方程组

$$\begin{cases}2x_1+x_2-x_3+2x_4-3x_5=2\\4x_1+2x_2-x_3+x_4+2x_5=1\\8x_1+4x_2-3x_3+5x_4-4x_5=5\end{cases}$$

的通解.

解 对增广矩阵施行初等行变换

$$\overline{\boldsymbol{A}}=\begin{pmatrix}2&1&-1&2&-3&2\\4&2&-1&1&2&1\\8&4&-3&5&-4&5\end{pmatrix}\xrightarrow{\text{行变换}}\begin{pmatrix}1&\frac{1}{2}&0&-\frac{1}{2}&\frac{5}{2}&-\frac{1}{2}\\0&0&1&-3&8&-3\\0&0&0&0&0&0\end{pmatrix},$$

由$R(\boldsymbol{A})=R(\overline{\boldsymbol{A}})=2<n=5$,知该方程组有无穷解.它所对应的同解线性方程组为

$$\begin{cases}x_1=-\frac{1}{2}x_2+\frac{1}{2}x_4-\frac{5}{2}x_5-\frac{1}{2}.\\x_3=3x_4-8x_5-3\end{cases}$$

令
$$\begin{pmatrix}x_2\\x_4\\x_5\end{pmatrix}=\begin{pmatrix}1\\0\\0\end{pmatrix},\begin{pmatrix}0\\1\\0\end{pmatrix},\begin{pmatrix}0\\0\\1\end{pmatrix},$$

分别代入其导出组中求得基础解系

$$\boldsymbol{\xi}_1=\begin{pmatrix}-\frac{1}{2}\\1\\0\\0\\0\end{pmatrix},\boldsymbol{\xi}_2=\begin{pmatrix}\frac{1}{2}\\0\\3\\1\\0\end{pmatrix},\boldsymbol{\xi}_3=\begin{pmatrix}-\frac{5}{2}\\0\\-8\\0\\1\end{pmatrix},$$

再令 $x_2=x_4=x_5=0$,可得 $x_1=-\frac{1}{2}$,$x_3=-3$,则 $\boldsymbol{\eta}^*=\left(-\frac{1}{2},0,-3,0,0\right)^{\mathrm{T}}$ 可作为其特解,故方程组的通解为

$$c_1\begin{pmatrix}-\frac{1}{2}\\1\\0\\0\\0\end{pmatrix}+c_2\begin{pmatrix}\frac{1}{2}\\0\\3\\1\\0\end{pmatrix}+c_3\begin{pmatrix}-\frac{5}{2}\\0\\-8\\0\\1\end{pmatrix}+\begin{pmatrix}-\frac{1}{2}\\0\\-3\\0\\0\end{pmatrix},$$

其中 c_1,c_2,c_3 为任意常数.

上例中,在确定自由未知量 x_2,x_4,x_5 后,直接令 $x_2=c_1,x_4=c_2,x_5=c_3$,便可得到方程组的通解,结果和上面是完全一样的.只是没有解的结构的讨论,我们并不知道 $\boldsymbol{\eta}^*$ 为这个非齐次方程组的特解,也不知道 $\boldsymbol{\eta}=c_1\boldsymbol{\xi}_1+c_2\boldsymbol{\xi}_2+c_3\boldsymbol{\xi}_3$ 为其所对应的齐次线性方程组的解.在以后求解非齐次方程组的通解时,也可直接由行最简形矩阵对应的同解方程组确定自由未知量写出通解.

例5 已知3元非齐次线性方程组 $\boldsymbol{AX}=\boldsymbol{b}$ 的系数矩阵 $\boldsymbol{A}$ 的秩为2,$\boldsymbol{\eta}_1,\boldsymbol{\eta}_2,\boldsymbol{\eta}_3$ 是它的三个解,其中 $\boldsymbol{\eta}_1=(2,3,4)^{\mathrm{T}}$,$\boldsymbol{\eta}_2+\boldsymbol{\eta}_3=(1,2,3)^{\mathrm{T}}$,求 $\boldsymbol{AX}=\boldsymbol{b}$ 的通解.

解 $\boldsymbol{\xi}=2\boldsymbol{\eta}_1-\boldsymbol{\eta}_2-\boldsymbol{\eta}_3=(3,4,5)^{\mathrm{T}}$ 是其所对应齐次线性方程组 $\boldsymbol{AX}=\boldsymbol{0}$ 的解.由于 $n=3$,$n-R(\boldsymbol{A})=1$,故 $\boldsymbol{AX}=\boldsymbol{0}$ 的基础解系由一个非零解向量构成.因此 $\boldsymbol{\xi}=(3,4,5)^{\mathrm{T}}$ 可作为 $\boldsymbol{AX}=\boldsymbol{0}$ 的基础解系.

于是 $\boldsymbol{AX}=\boldsymbol{b}$ 的通解可表示为

$$\begin{pmatrix}x_1\\x_2\\x_3\end{pmatrix}=\begin{pmatrix}2\\3\\4\end{pmatrix}+k\begin{pmatrix}3\\4\\5\end{pmatrix},k\text{ 为任意实数.}$$

习题 3.6

1.求齐次线性方程组

$$\begin{cases} x_1 - x_2 + 5x_3 - x_4 = 0 \\ x_1 + x_2 - 2x_3 + 3x_4 = 0 \\ 3x_1 - x_2 + 8x_3 + x_4 = 0 \\ x_1 + 3x_2 - 9x_3 + 7x_4 = 0 \end{cases}$$

的基础解系.

2.设 $\boldsymbol{\alpha}_1, \boldsymbol{\alpha}_2$ 是某个齐次线性方程组的基础解系,证明 $\boldsymbol{\alpha}_1 + \boldsymbol{\alpha}_2, 2\boldsymbol{\alpha}_1 - \boldsymbol{\alpha}_2$ 也是该方程组的基础解系.

3.设 $\boldsymbol{A} = \begin{pmatrix} 1 & 2 & 3 & 4 \\ 2 & 3 & 4 & 5 \end{pmatrix}$,求一个 4×2 矩阵 $\boldsymbol{B}$,使得 $\boldsymbol{AB} = \boldsymbol{O}$ 且 $R(\boldsymbol{B}) = 2$.

4.求非齐次线性方程组

$$\begin{cases} x_1 - x_2 + 2x_3 + x_4 = 1 \\ 2x_1 - x_2 + x_3 + 2x_4 = 3 \\ x_1 - x_3 + x_4 = 2 \\ 3x_1 - x_2 + 3x_4 = 5 \end{cases}$$

的通解,并求满足条件 $x_1^2 = x_2^2$ 的所有解.

5.设 $\boldsymbol{A}$ 是 $m \times 3$ 矩阵,且 $R(\boldsymbol{A}) = 1$,如果非齐次线性方程组 $\boldsymbol{AX} = \boldsymbol{b}$ 的三个解向量 $\boldsymbol{\eta}_1, \boldsymbol{\eta}_2, \boldsymbol{\eta}_3$ 满足

$$\boldsymbol{\eta}_1 + \boldsymbol{\eta}_2 = \begin{pmatrix} 1 \\ 2 \\ 3 \end{pmatrix}, \boldsymbol{\eta}_2 + \boldsymbol{\eta}_3 = \begin{pmatrix} 0 \\ -1 \\ 1 \end{pmatrix}, \boldsymbol{\eta}_3 + \boldsymbol{\eta}_1 = \begin{pmatrix} 1 \\ 0 \\ -1 \end{pmatrix},$$

求非齐次线性方程组 $\boldsymbol{AX} = \boldsymbol{b}$ 的通解.

总习题三

A 组

1.选择题

(1)设 $\boldsymbol{\alpha}_1=(1,0,0)^{\mathrm{T}},\boldsymbol{\alpha}_2=(0,0,1)^{\mathrm{T}}$,则 $\boldsymbol{\beta}=($　　$)$ 时,$\boldsymbol{\beta}$ 可由 $\boldsymbol{\alpha}_1,\boldsymbol{\alpha}_2$ 线性表示.

A.$(2,1,0)^{\mathrm{T}}$　　B.$(-3,0,4)^{\mathrm{T}}$　　C.$(1,1,0)^{\mathrm{T}}$　　D.$(0,-1,0)^{\mathrm{T}}$

(2)设向量组 $\boldsymbol{\alpha}_1,\boldsymbol{\alpha}_2,\boldsymbol{\alpha}_3$ 线性无关,向量 $\boldsymbol{\beta}_1$ 可由 $\boldsymbol{\alpha}_1,\boldsymbol{\alpha}_2,\boldsymbol{\alpha}_3$ 线性表示,而 $\boldsymbol{\beta}_2$ 不能由 $\boldsymbol{\alpha}_1,\boldsymbol{\alpha}_2,\boldsymbol{\alpha}_3$ 线性表示,则对任意常数 k,必有(　　).

A.$\boldsymbol{\alpha}_1,\boldsymbol{\alpha}_2,\boldsymbol{\alpha}_3,k\boldsymbol{\beta}_1+\boldsymbol{\beta}_2$ 线性无关　　B.$\boldsymbol{\alpha}_1,\boldsymbol{\alpha}_2,\boldsymbol{\alpha}_3,k\boldsymbol{\beta}_1+\boldsymbol{\beta}_2$ 线性相关

C.$\boldsymbol{\alpha}_1,\boldsymbol{\alpha}_2,\boldsymbol{\alpha}_3,\boldsymbol{\beta}_1+k\boldsymbol{\beta}_2$ 线性无关　　D.$\boldsymbol{\alpha}_1,\boldsymbol{\alpha}_2,\boldsymbol{\alpha}_3,\boldsymbol{\beta}_1+k\boldsymbol{\beta}_2$ 线性相关

(3)若向量组 $\boldsymbol{\alpha}_1,\boldsymbol{\alpha}_2,\cdots,\boldsymbol{\alpha}_m$ 线性无关,则向量组 $\boldsymbol{\beta}_1,\boldsymbol{\beta}_2,\cdots,\boldsymbol{\beta}_m$ 线性无关的充分必要条件是(　　).

A.向量组 $\boldsymbol{\alpha}_1,\boldsymbol{\alpha}_2,\cdots,\boldsymbol{\alpha}_m$ 可由向量组 $\boldsymbol{\beta}_1,\boldsymbol{\beta}_2,\cdots,\boldsymbol{\beta}_m$ 线性表示

B.向量组 $\boldsymbol{\beta}_1,\boldsymbol{\beta}_2,\cdots,\boldsymbol{\beta}_m$ 可由向量组 $\boldsymbol{\alpha}_1,\boldsymbol{\alpha}_2,\cdots,\boldsymbol{\alpha}_m$ 线性表示

C.向量组 $\boldsymbol{\alpha}_1,\boldsymbol{\alpha}_2,\cdots,\boldsymbol{\alpha}_m$ 与向量组 $\boldsymbol{\beta}_1,\boldsymbol{\beta}_2,\cdots,\boldsymbol{\beta}_m$ 等价

D.向量组 $\boldsymbol{\alpha}_1,\boldsymbol{\alpha}_2,\cdots,\boldsymbol{\alpha}_m$ 与向量组 $\boldsymbol{\beta}_1,\boldsymbol{\beta}_2,\cdots,\boldsymbol{\beta}_m$ 的秩相等

(4)设 $\boldsymbol{A}$ 是 n 阶矩阵,且 $\boldsymbol{A}$ 的行列式 $|\boldsymbol{A}|\neq 0$,则 $\boldsymbol{A}$ 中(　　).

A.必有一列元素全为 0

B.必有两列元素对应成比例

C.必有一列向量是其余列向量的线性组合

D.任一列向量都是其余列向量的线性组合

(5)n 元非齐次线性方程组 $\boldsymbol{AX}=\boldsymbol{b}$ 与其对应的齐次线性方程组 $\boldsymbol{AX}=\boldsymbol{0}$ 满足(　　).

A.若 $\boldsymbol{AX}=\boldsymbol{0}$ 有唯一解,则 $\boldsymbol{AX}=\boldsymbol{b}$ 也有唯一解

B.若 $\boldsymbol{AX}=\boldsymbol{b}$ 有无穷多解,则 $\boldsymbol{AX}=\boldsymbol{0}$ 也有无穷多解

C.若 $\boldsymbol{AX}=\boldsymbol{0}$ 有无穷多解,则 $\boldsymbol{AX}=\boldsymbol{b}$ 只有零解

D.若 $\boldsymbol{AX}=\boldsymbol{0}$ 有唯一解,则 $\boldsymbol{AX}=\boldsymbol{b}$ 无解

(6)设 n 阶矩阵 $\boldsymbol{A}$ 的伴随矩阵 $\boldsymbol{A}^*\neq\boldsymbol{O}$,若 $\boldsymbol{\xi}_1,\boldsymbol{\xi}_2,\boldsymbol{\xi}_3,\boldsymbol{\xi}_4$ 是非齐次线性方程

组 $\boldsymbol{AX}=\boldsymbol{b}$ 的互不相等的解，则对应的齐次线性方程组 $\boldsymbol{AX}=\boldsymbol{0}$ 的基础解系(　　).

A.不存在　　B.仅含一个非零解向量

C.含有两个线性无关的解向量　　D.含有三个线性无关的解向量

(7)若 $\boldsymbol{\xi}_1=\begin{pmatrix}1\\0\\2\end{pmatrix}$，$\boldsymbol{\xi}_2=\begin{pmatrix}0\\1\\-1\end{pmatrix}$ 都是线性方程组 $\boldsymbol{AX}=\boldsymbol{0}$ 的解，只要系数矩阵 $\boldsymbol{A}$ 为(　　).

A. $(-2\quad 1\quad 1)$　　B. $\begin{pmatrix}2&0&-1\\0&1&1\end{pmatrix}$

C. $\begin{pmatrix}-1&0&2\\0&1&-1\end{pmatrix}$　　D. $\begin{pmatrix}0&1&-1\\4&-2&2\\0&1&1\end{pmatrix}$

2.填空题

(1)设向量组 $\boldsymbol{\alpha}_1=(a,0,c)^{\mathrm{T}}$，$\boldsymbol{\alpha}_2=(b,c,0)^{\mathrm{T}}$，$\boldsymbol{\alpha}_3=(0,a,b)^{\mathrm{T}}$ 线性无关，则 a，b，c 必满足关系式 ________.

(2)设3阶矩阵 $\boldsymbol{A}=\begin{pmatrix}1&2&-2\\2&1&2\\3&0&4\end{pmatrix}$，3维向量 $\boldsymbol{\alpha}=\begin{pmatrix}a\\1\\1\end{pmatrix}$，若向量 $\boldsymbol{A\alpha}$ 与 $\boldsymbol{\alpha}$ 线性相关，则 $a=$ ________.

(3)设线性方程组 $\begin{cases}x_1-2x_2+2x_3=0\\2x_1-x_2+\lambda x_3=0\\x_1+2x_2-x_3=0\end{cases}$ 的系数矩阵为 $\boldsymbol{A}$，且存在3阶矩阵 $\boldsymbol{B}\neq\boldsymbol{O}$，使得 $\boldsymbol{AB}=\boldsymbol{O}$，则 $\lambda=$ ________.

(4)设 $\boldsymbol{A}$ 为4阶方阵，且 $R(\boldsymbol{A})=2$，$\boldsymbol{A}^*$ 为 $\boldsymbol{A}$ 的伴随矩阵，则方程组 $\boldsymbol{A}^*\boldsymbol{X}=\boldsymbol{0}$ 的基础解系中所含解向量个数为 ________.

(5)$\boldsymbol{A}$ 为 n 阶方阵，对于齐次线性方程组 $\boldsymbol{AX}=\boldsymbol{0}$：

①若 $\boldsymbol{A}$ 中每行元素之和均为0，且 $R(\boldsymbol{A})=n-1$，则方程组的通解是 ________；

②若每个 n 维向量都是方程组的解，则 $R(\boldsymbol{A})=$ ________.

3.解答题

(1)举例说明该命题错误:若向量组 $\boldsymbol{\alpha}_1,\boldsymbol{\alpha}_2,\cdots,\boldsymbol{\alpha}_m$ 是线性相关的,则 $\boldsymbol{\alpha}_1$ 可由 $\boldsymbol{\alpha}_2,\cdots,\boldsymbol{\alpha}_m$ 线性表示.

(2)举例说明该命题错误:若存在一组不全为 0 的数 $\lambda_1,\lambda_2,\cdots,\lambda_m$ 使得 $\lambda_1\boldsymbol{a}_1+\cdots+\lambda_m\boldsymbol{a}_m+\lambda_1\boldsymbol{b}_1+\cdots+\lambda_m\boldsymbol{b}_m=\boldsymbol{0}$ 成立,则 $\boldsymbol{a}_1,\cdots,\boldsymbol{a}_m$ 和 $\boldsymbol{b}_1,\cdots,\boldsymbol{b}_m$ 都线性相关.

(3)举例说明该命题错误:若只有当 $\lambda_1,\lambda_2,\cdots,\lambda_m$ 全为0时,等式 $\lambda_1\boldsymbol{a}_1+\cdots+\lambda_m\boldsymbol{a}_m+\lambda_1\boldsymbol{b}_1+\cdots+\lambda_m\boldsymbol{b}_m=\boldsymbol{0}$ 才能成立,则 $\boldsymbol{a}_1,\cdots,\boldsymbol{a}_m$ 和 $\boldsymbol{b}_1,\cdots,\boldsymbol{b}_m$ 都线性无关.

(4)举例说明该命题错误:若 $\boldsymbol{a}_1,\boldsymbol{a}_2,\cdots,\boldsymbol{a}_m$ 线性相关,$\boldsymbol{b}_1,\cdots,\boldsymbol{b}_m$ 也线性相关,则有不全为0的数 $\lambda_1,\lambda_2,\cdots,\lambda_m$ 使 $\lambda_1\boldsymbol{a}_1+\cdots+\lambda_m\boldsymbol{a}_m=\boldsymbol{0},\lambda_1\boldsymbol{b}_1+\cdots+\lambda_m\boldsymbol{b}_m=\boldsymbol{0}$ 同时成立.

(5)有向量 $\boldsymbol{\alpha}_1=(1,2,0)^{\mathrm{T}},\boldsymbol{\alpha}_2=(1,a+2,-3a)^{\mathrm{T}},\boldsymbol{\alpha}_3=(-1,-b-2,a+2b)^{\mathrm{T}},\boldsymbol{\beta}=(1,3,-3)^{\mathrm{T}}$,试讨论当 a,b 为何值时:

(a)$\boldsymbol{\beta}$ 不能由 $\boldsymbol{\alpha}_1,\boldsymbol{\alpha}_2,\boldsymbol{\alpha}_3$ 线性表示;

(b)$\boldsymbol{\beta}$ 能由 $\boldsymbol{\alpha}_1,\boldsymbol{\alpha}_2,\boldsymbol{\alpha}_3$ 唯一线性表示,写出表示式;

(c)$\boldsymbol{\beta}$ 能由 $\boldsymbol{\alpha}_1,\boldsymbol{\alpha}_2,\boldsymbol{\alpha}_3$ 线性表示且表示式不唯一,写出表示式.

(6)设 $\boldsymbol{b}_1=\boldsymbol{a}_1+\boldsymbol{a}_2,\boldsymbol{b}_2=\boldsymbol{a}_2+\boldsymbol{a}_3,\boldsymbol{b}_3=\boldsymbol{a}_3+\boldsymbol{a}_4,\boldsymbol{b}_4=\boldsymbol{a}_4+\boldsymbol{a}_1$,证明向量组 $\boldsymbol{b}_1,\boldsymbol{b}_2,\boldsymbol{b}_3,\boldsymbol{b}_4$ 线性相关.

(7)设向量组 $\boldsymbol{\alpha}_1=(1,2,-1)^{\mathrm{T}},\boldsymbol{\alpha}_2=(2,4,\lambda)^{\mathrm{T}},\boldsymbol{\alpha}_3=(1,\lambda,1)^{\mathrm{T}}$,问:

(a) λ 取何值时 $\boldsymbol{\alpha}_1,\boldsymbol{\alpha}_2,\boldsymbol{\alpha}_3$ 线性相关? λ 取何值时 $\boldsymbol{\alpha}_1,\boldsymbol{\alpha}_2,\boldsymbol{\alpha}_3$ 线性无关? 为什么?

(b)λ 取何值时 $\boldsymbol{\alpha}_3$ 能由 $\boldsymbol{\alpha}_1,\boldsymbol{\alpha}_2$ 线性表示? 且写出表达式.

(8)设 $\boldsymbol{A}$ 为 $m\times n$ 矩阵,$\boldsymbol{\eta}_1,\boldsymbol{\eta}_2$ 为非齐次线性方程组 $\boldsymbol{AX}=\boldsymbol{b}$ 的两个不同解,$\boldsymbol{\xi}$ 为对应的齐次线性方程组 $\boldsymbol{AX}=\boldsymbol{0}$ 的一个非零解,证明:

(a)向量组 $\boldsymbol{\eta}_1,\boldsymbol{\eta}_1-\boldsymbol{\eta}_2$ 线性无关;

(b)若 $r(\boldsymbol{A})=n-1$,则向量组 $\boldsymbol{\xi},\boldsymbol{\eta}_1,\boldsymbol{\eta}_2$ 线性相关.

B 组

1.选择题

(1)(2013,数学一,5) 设 $\boldsymbol{A},\boldsymbol{B},\boldsymbol{C}$ 均为 n 阶矩阵,若 $\boldsymbol{AB}=\boldsymbol{C}$,且 $\boldsymbol{B}$ 可逆,则( ).

A.矩阵 $\boldsymbol{C}$ 的行向量组与 $\boldsymbol{A}$ 的行向量组等价

B.矩阵 $\boldsymbol{C}$ 的列向量组与 $\boldsymbol{A}$ 的列向量组等价

C.矩阵 $\boldsymbol{C}$ 的行向量组与 $\boldsymbol{B}$ 的行向量组等价

D.矩阵 $\boldsymbol{C}$ 的列向量组与 $\boldsymbol{B}$ 的列向量组等价

(2)(2004,数学一,12)　设 $\boldsymbol{A},\boldsymbol{B}$ 为满足 $\boldsymbol{AB}=\boldsymbol{O}$ 的任意两个非零矩阵,则必有(　　).

A.$\boldsymbol{A}$ 的列向量组线性相关,$\boldsymbol{B}$ 的行向量组线性相关

B.$\boldsymbol{A}$ 的列向量组线性相关,$\boldsymbol{B}$ 的列向量组线性相关

C.$\boldsymbol{A}$ 的行向量组线性相关,$\boldsymbol{B}$ 的行向量组线性相关

D.$\boldsymbol{A}$ 的行向量组线性相关,$\boldsymbol{B}$ 的列向量组线性相关

(3)(2014,数学一,6)　设 $\boldsymbol{\alpha}_1,\boldsymbol{\alpha}_2,\boldsymbol{\alpha}_3$ 均为 3 维向量,则对任意常数 k,l,向量 $\boldsymbol{\alpha}_1+k\boldsymbol{\alpha}_3,\boldsymbol{\alpha}_2+l\boldsymbol{\alpha}_3$ 都线性无关是 $\boldsymbol{\alpha}_1,\boldsymbol{\alpha}_2,\boldsymbol{\alpha}_3$ 线性无关的(　　).

A.必要非充分条件　　B.充分非必要条件

C.充要条件　　D.既非充分又非必要条件

(4)(2011,数学一,6)　设 $\boldsymbol{A}=(\boldsymbol{\alpha}_1,\boldsymbol{\alpha}_2,\boldsymbol{\alpha}_3,\boldsymbol{\alpha}_4)$ 是4阶矩阵,$\boldsymbol{A}^*$ 是 $\boldsymbol{A}$ 的伴随矩阵,若 $(1,0,1,0)^{\mathrm{T}}$ 是方程组 $\boldsymbol{AX}=\boldsymbol{0}$ 的一个基础解系,则 $\boldsymbol{A}^*\boldsymbol{X}=\boldsymbol{0}$ 的基础解系可为(　　).

A.$\boldsymbol{\alpha}_1,\boldsymbol{\alpha}_3$　　B.$\boldsymbol{\alpha}_1,\boldsymbol{\alpha}_2$　　C.$\boldsymbol{\alpha}_1,\boldsymbol{\alpha}_2,\boldsymbol{\alpha}_3$　　D.$\boldsymbol{\alpha}_2,\boldsymbol{\alpha}_3,\boldsymbol{\alpha}_4$

(5)(2009,数学一,5)　设 $\boldsymbol{\alpha}_1,\boldsymbol{\alpha}_2,\boldsymbol{\alpha}_3$ 是3维向量空间 $\boldsymbol{R}^3$ 的一组基,则由基 $\boldsymbol{\alpha}_1,\frac{1}{2}\boldsymbol{\alpha}_2,\frac{1}{3}\boldsymbol{\alpha}_3$ 到基 $\boldsymbol{\alpha}_1+\boldsymbol{\alpha}_2,\boldsymbol{\alpha}_2+\boldsymbol{\alpha}_3,\boldsymbol{\alpha}_3+\boldsymbol{\alpha}_1$ 的过渡矩阵为(　　).

A.$\begin{pmatrix}1&0&1\\2&2&0\\0&3&3\end{pmatrix}$　　B.$\begin{pmatrix}1&2&0\\0&2&3\\1&0&3\end{pmatrix}$

C.$\begin{pmatrix}\frac{1}{2}&\frac{1}{4}&-\frac{1}{6}\\-\frac{1}{2}&\frac{1}{4}&\frac{1}{6}\\\frac{1}{2}&-\frac{1}{4}&\frac{1}{6}\end{pmatrix}$　　D.$\begin{pmatrix}\frac{1}{2}&-\frac{1}{2}&\frac{1}{2}\\\frac{1}{4}&\frac{1}{4}&-\frac{1}{4}\\-\frac{1}{6}&\frac{1}{6}&\frac{1}{6}\end{pmatrix}$

(6)(2015年,数学一,5)　设矩阵 $\boldsymbol{A}=\begin{pmatrix}1&1&1\\1&2&a\\1&4&a^2\end{pmatrix}$,$\boldsymbol{b}=\begin{pmatrix}1\\d\\d^2\end{pmatrix}$.若集合 $\Omega=$

$\{1,2\}$,则线性方程组 $AX=b$ 有无穷解的充要条件为(　　).

A.$a\notin\Omega,d\notin\Omega$　　B.$a\notin\Omega,d\in\Omega$

C.$a\in\Omega,d\notin\Omega$　　D.$a\in\Omega,d\in\Omega$

(7)(2011,数学一,6)　设 $\boldsymbol{A}$ 为 4×3 矩阵,$\boldsymbol{\eta}_1,\boldsymbol{\eta}_2,\boldsymbol{\eta}_3$ 是非齐次线性方程组 $\boldsymbol{AX}=\boldsymbol{b}$ 的 3 个线性无关的解,k_1,k_2 为任意实数,则 $\boldsymbol{AX}=\boldsymbol{b}$ 的通解为(　　).

A.$\dfrac{\boldsymbol{\eta}_2+\boldsymbol{\eta}_3}{2}+k_1(\boldsymbol{\eta}_2-\boldsymbol{\eta}_1)$

B.$\dfrac{\boldsymbol{\eta}_2-\boldsymbol{\eta}_3}{2}+k_1(\boldsymbol{\eta}_2-\boldsymbol{\eta}_1)$

C.$\dfrac{\boldsymbol{\eta}_2+\boldsymbol{\eta}_3}{2}+k_1(\boldsymbol{\eta}_2-\boldsymbol{\eta}_1)+k_2(\boldsymbol{\eta}_3-\boldsymbol{\eta}_1)$

D.$\dfrac{\boldsymbol{\eta}_2-\boldsymbol{\eta}_3}{2}+k_1(\boldsymbol{\eta}_2-\boldsymbol{\eta}_1)+k_2(\boldsymbol{\eta}_3-\boldsymbol{\eta}_1)$

2.解答题

(1)(2011,数学一,20)　设向量组 $\boldsymbol{\alpha}_1=(1,0,1)^{\mathrm{T}},\boldsymbol{\alpha}_2=(0,1,1)^{\mathrm{T}},\boldsymbol{\alpha}_3=(1,3,5)^{\mathrm{T}}$ 不能由向量组 $\boldsymbol{\beta}_1=(1,1,1)^{\mathrm{T}},\boldsymbol{\beta}_2=(1,2,3)^{\mathrm{T}},\boldsymbol{\beta}_3=(3,4,a)^{\mathrm{T}}$ 线性表示.

(a)求 a 的值;　　(b)将 $\boldsymbol{\beta}_1,\boldsymbol{\beta}_2,\boldsymbol{\beta}_3$ 用 $\boldsymbol{\alpha}_1,\boldsymbol{\alpha}_2,\boldsymbol{\alpha}_3$ 线性表示.

(2)(2001,数学四,十)　设 $\boldsymbol{\alpha}_i=(a_{i1},a_{i2},\cdots,a_{in})^{\mathrm{T}}(i=1,2,\cdots,r;r<n)$ 是 n 维实向量,已知 $\boldsymbol{\alpha}_1,\boldsymbol{\alpha}_2,\cdots,\boldsymbol{\alpha}_r$ 线性无关,已知 $\boldsymbol{\beta}=(b_1,b_2,\cdots,b_n)^{\mathrm{T}}$ 是线性方程组

$$\begin{cases}a_{11}x_1+a_{12}x_2+\cdots+a_{1n}x_n=0\\a_{21}x_1+a_{22}x_2+\cdots+a_{2n}x_n=0\\\qquad\vdots\\a_{r1}x_1+a_{r2}x_2+\cdots+a_{rn}x_n=0\end{cases}$$

的非零实解向量,判断向量组 $\boldsymbol{\alpha}_1,\boldsymbol{\alpha}_2,\cdots,\boldsymbol{\alpha}_r,\boldsymbol{\beta}$ 的线性相关性.

(3)(2008,数学一,20)　设 $\boldsymbol{\alpha},\boldsymbol{\beta}$ 为 3 维列向量,矩阵 $\boldsymbol{A}=\boldsymbol{\alpha}\boldsymbol{\alpha}^{\mathrm{T}}+\boldsymbol{\beta}\boldsymbol{\beta}^{\mathrm{T}}$,其中 $\boldsymbol{\alpha}^{\mathrm{T}},\boldsymbol{\beta}^{\mathrm{T}}$ 分别为 $\boldsymbol{\alpha},\boldsymbol{\beta}$ 的转置,证明:

(a)秩 $r(\boldsymbol{A})\leqslant2$;　　(b)若 $\boldsymbol{\alpha},\boldsymbol{\beta}$ 线性相关,则秩 $r(\boldsymbol{A})<2$.

(4)(2006,数学一,20)　设 4 维向量组 $\boldsymbol{\alpha}_1=(1+a,1,1,1)^{\mathrm{T}},\boldsymbol{\alpha}_2=(2,2+a,2,2)^{\mathrm{T}},\boldsymbol{\alpha}_3=(3,3,a+3,3)^{\mathrm{T}},\boldsymbol{\alpha}_4=(4,4,4,a+4)^{\mathrm{T}}$,问 a 为何值时,$\boldsymbol{\alpha}_1,\boldsymbol{\alpha}_2,\boldsymbol{\alpha}_3,\boldsymbol{\alpha}_4$ 线性相关? 当 $\boldsymbol{\alpha}_1,\boldsymbol{\alpha}_2,\boldsymbol{\alpha}_3,\boldsymbol{\alpha}_4$ 线性相关时,求其一个极大无关组,并将其余

向量用该极大无关组线性表出.

(5)(2015，数学一，20)　设向量组 $\boldsymbol{\alpha}_1,\boldsymbol{\alpha}_2,\boldsymbol{\alpha}_3$ 是 $\mathbf{R}^3$ 的一个基，$\boldsymbol{\beta}_1=2\boldsymbol{\alpha}_1+2k\boldsymbol{\alpha}_3,\boldsymbol{\beta}_2=2\boldsymbol{\alpha}_2,\boldsymbol{\beta}_3=\boldsymbol{\alpha}_1+(k+1)\boldsymbol{\alpha}_3$.

(a)证明向量组 $\boldsymbol{\beta}_1,\boldsymbol{\beta}_2,\boldsymbol{\beta}_3$ 为 $\mathbf{R}^3$ 的一个基；

(b)当 k 为何值时，存在非零向量 $\boldsymbol{\xi}$ 在基 $\boldsymbol{\alpha}_1,\boldsymbol{\alpha}_2,\boldsymbol{\alpha}_3$ 与基 $\boldsymbol{\beta}_1,\boldsymbol{\beta}_2,\boldsymbol{\beta}_3$ 下的坐标相同，并求所有的 $\boldsymbol{\xi}$.

(6)(2001，数学一，九)　设 $\boldsymbol{\alpha}_1,\boldsymbol{\alpha}_2,\cdots,\boldsymbol{\alpha}_s$ 为线性方程组 $\boldsymbol{AX}=\boldsymbol{0}$ 的一个基础解系：$\boldsymbol{\beta}_1=t_1\boldsymbol{\alpha}_1+t_2\boldsymbol{\alpha}_2,\boldsymbol{\beta}_2=t_1\boldsymbol{\alpha}_2+t_2\boldsymbol{\alpha}_3,\cdots,\boldsymbol{\beta}_s=t_1\boldsymbol{\alpha}_s+t_2\boldsymbol{\alpha}_1$，其中 t_1,t_2 为实常数，试问 t_1,t_2 满足什么关系时，$\boldsymbol{\beta}_1,\boldsymbol{\beta}_2,\cdots,\boldsymbol{\beta}_s$ 也为 $\boldsymbol{AX}=\boldsymbol{0}$ 的一个基础解系？

(7)(2010，数学一，20)　设 $\boldsymbol{A}=\begin{pmatrix}\lambda & 1 & 1\\ 0 & \lambda-1 & 0\\ 1 & 1 & \lambda\end{pmatrix},\boldsymbol{b}=\begin{pmatrix}a\\1\\1\end{pmatrix}$，已知线性方程组 $\boldsymbol{AX}=\boldsymbol{b}$ 存在两个不同的解.(a) 求 λ,a；(b) 求方程组 $\boldsymbol{AX}=\boldsymbol{b}$ 的通解.

(8)(2009，数学一，20)　设 $\boldsymbol{A}=\begin{pmatrix}1 & -1 & -1\\ -1 & 1 & 1\\ 0 & -4 & -2\end{pmatrix},\boldsymbol{\xi}_1=\begin{pmatrix}-1\\1\\-2\end{pmatrix}$.

(a) 求满足 $\boldsymbol{A\xi}_2=\boldsymbol{\xi}_1,\boldsymbol{A}^2\boldsymbol{\xi}_3=\boldsymbol{\xi}_1$ 的所有向量 $\boldsymbol{\xi}_2,\boldsymbol{\xi}_3$；

(b) 对(a)中的任意向量 $\boldsymbol{\xi}_2,\boldsymbol{\xi}_3$，证明 $\boldsymbol{\xi}_1,\boldsymbol{\xi}_2,\boldsymbol{\xi}_3$ 线性无关.

第 4 章　矩阵的特征值

本章主要讨论方阵的特征值与特征向量、方阵的相似对角化等问题，它们不仅在纯数学与应用数学中有广泛的应用，在工程技术中如振动和系统稳定性等问题中同样具有广泛的应用背景.

4.1　向量的内积

学习目标：

1. 理解向量的内积、正交向量组、规范正交基、正交矩阵的相关定义与性质；
2. 掌握向量内积的求法、施密特正交化过程、正交矩阵的判定方法；
3. 熟悉正交向量组的性质.

4.1.1　向量的内积

定义 1　设有 n 维向量 $\boldsymbol{\alpha}=(a_1,a_2,\cdots,a_n)^{\mathrm{T}}$，$\boldsymbol{\beta}=(b_1,b_2,\cdots,b_n)^{\mathrm{T}}$，$\boldsymbol{\alpha}$ 与 $\boldsymbol{\beta}$ 的**内积**定义为：$[\boldsymbol{\alpha},\boldsymbol{\beta}]=a_1b_1+a_2b_2+\cdots+a_nb_n$.

显然，内积的概念是 $\boldsymbol{R}^3$ 空间中向量的数量积概念的直接推广. 利用矩阵的乘法，向量 $\boldsymbol{\alpha}$ 与 $\boldsymbol{\beta}$ 的内积可表示为 $[\boldsymbol{\alpha},\boldsymbol{\beta}]=\boldsymbol{\alpha}^{\mathrm{T}}\boldsymbol{\beta}$.

内积具有下列性质（$\boldsymbol{\alpha},\boldsymbol{\beta},\boldsymbol{\gamma}$ 为 n 维向量，$k\in\mathbf{R}$）：

(1) 对称性 $[\boldsymbol{\alpha},\boldsymbol{\beta}]=[\boldsymbol{\beta},\boldsymbol{\alpha}]$；

(2) 齐次性 $[k\boldsymbol{\alpha},\boldsymbol{\beta}]=k[\boldsymbol{\alpha},\boldsymbol{\beta}]$；

(3) 可加性 $[\boldsymbol{\alpha}+\boldsymbol{\beta},\boldsymbol{\gamma}]=[\boldsymbol{\alpha},\boldsymbol{\gamma}]+[\boldsymbol{\beta},\boldsymbol{\gamma}]$；

(4)非负性$[\boldsymbol{\alpha},\boldsymbol{\alpha}]\geqslant 0$,当且仅当$\boldsymbol{\alpha}=\boldsymbol{0}$时有$[\boldsymbol{\alpha},\boldsymbol{\alpha}]=0$.

在解析几何中,向量$\boldsymbol{\alpha}$与$\boldsymbol{\beta}$的内积$[\boldsymbol{\alpha},\boldsymbol{\beta}]=\|\boldsymbol{\alpha}\|\cdot\|\boldsymbol{\beta}\|\cos\theta$,其中$\theta$是两向量$\boldsymbol{\alpha}$与$\boldsymbol{\beta}$之间的夹角.且在$\boldsymbol{R}^3$空间中,$[\boldsymbol{\alpha},\boldsymbol{\alpha}]=\|\boldsymbol{\alpha}\|^2=a_1^2+a_2^2+a_3^2$表示向量$\boldsymbol{\alpha}$的长度.下面将$\boldsymbol{R}^3$中向量长度和夹角的概念推广到$\boldsymbol{R}^n$中的向量.

定义2 非负实数$\sqrt{[\boldsymbol{\alpha},\boldsymbol{\alpha}]}=\sqrt{a_1^2+a_2^2+\cdots+a_n^2}$称为$n$维向量$\boldsymbol{\alpha}$的**长度(或范数)**,记作$\|\boldsymbol{\alpha}\|$,即$\|\boldsymbol{\alpha}\|=\sqrt{[\boldsymbol{\alpha},\boldsymbol{\alpha}]}=\sqrt{a_1^2+a_2^2+\cdots+a_n^2}$.

向量的长度有如下性质:

(1)非负性$\|\boldsymbol{\alpha}\|\geqslant 0$,当且仅当$\boldsymbol{\alpha}=\boldsymbol{0}$时$\|\boldsymbol{\alpha}\|=0$;

(2)齐次性$\|k\boldsymbol{\alpha}\|=|k|\,\|\boldsymbol{\alpha}\|$;

(3)三角不等式性$\|\boldsymbol{\alpha}+\boldsymbol{\beta}\|\leqslant\|\boldsymbol{\alpha}\|+\|\boldsymbol{\beta}\|$.

当$\|\boldsymbol{\alpha}\|=1$时,称$\boldsymbol{\alpha}$为**单位向量**;若$\boldsymbol{\alpha}$是一非零向量,则$\dfrac{\boldsymbol{\alpha}}{\|\boldsymbol{\alpha}\|}$是单位向量,即用数$\dfrac{1}{\|\boldsymbol{\alpha}\|}$乘以$\boldsymbol{\alpha}$将其单位化.

这些性质请读者给出相关证明.利用这些性质,还可证明施瓦茨(Schwarz)不等式(这里不证):

若$\boldsymbol{\alpha},\boldsymbol{\beta}\in\boldsymbol{R}^n$,则$|[\boldsymbol{\alpha},\boldsymbol{\beta}]|\leqslant\|\boldsymbol{\alpha}\|\cdot\|\boldsymbol{\beta}\|$,且等号成立的充要条件是向量$\boldsymbol{\alpha}$与$\boldsymbol{\beta}$线性相关.

定义3 当$\boldsymbol{\alpha}\neq\boldsymbol{0}$与$\boldsymbol{\beta}\neq\boldsymbol{0}$时,称

$$\theta=\arccos\frac{[\boldsymbol{\alpha},\boldsymbol{\beta}]}{\|\boldsymbol{\alpha}\|\cdot\|\boldsymbol{\beta}\|},0\leqslant\theta\leqslant\pi$$

为n维向量$\boldsymbol{\alpha}$与$\boldsymbol{\beta}$的夹角.当$[\boldsymbol{\alpha},\boldsymbol{\beta}]=0$时,称$\boldsymbol{\alpha}$与$\boldsymbol{\beta}$正交,记为$\boldsymbol{\alpha}\perp\boldsymbol{\beta}$.

注意 若$\boldsymbol{\alpha}=\boldsymbol{0}$,则$\boldsymbol{\alpha}$与任何向量都正交.

例1 求向量$\boldsymbol{\alpha}_1=(1,2,2,3)^{\mathrm{T}},\boldsymbol{\alpha}_2=(3,1,5,1)^{\mathrm{T}}$的夹角.

解 由$\|\boldsymbol{\alpha}_1\|=3\sqrt{2},\|\boldsymbol{\alpha}_2\|=6,[\boldsymbol{\alpha}_1,\boldsymbol{\alpha}_2]=18$,得$\cos\theta=\dfrac{\sqrt{2}}{2}$,即$\theta=\dfrac{\pi}{4}$.

4.1.2 正交向量组

定义4 一组两两正交的非零向量组称为**正交向量组**.

若正交向量组中每个向量都是单位向量,则称该向量组为**规范(标准)正交向量组**.

例如$\boldsymbol{e}_1=(1,0,\cdots,0)^{\mathrm{T}},\boldsymbol{e}_2=(0,1,\cdots,0)^{\mathrm{T}},\cdots,\boldsymbol{e}_n=(0,0,\cdots,1)^{\mathrm{T}}$,当$i\neq j$时,有$[\boldsymbol{e}_i,\boldsymbol{e}_j]=0$,并且当$i=j$时,有$[\boldsymbol{e}_i,\boldsymbol{e}_j]=\|\boldsymbol{e}_i\|=1$,显然$\boldsymbol{e}_1,\boldsymbol{e}_2,\cdots,\boldsymbol{e}_n$是规范(标准)正交向量组.

定理1　若n维向量组$\boldsymbol{\alpha}_1,\boldsymbol{\alpha}_2,\cdots,\boldsymbol{\alpha}_r$是非零正交向量组,则$\boldsymbol{\alpha}_1,\boldsymbol{\alpha}_2,\cdots,\boldsymbol{\alpha}_r$线性无关.

证明　设$\boldsymbol{\alpha}_1,\boldsymbol{\alpha}_2,\cdots,\boldsymbol{\alpha}_r$是正交向量组,若存在一组实数$k_1,k_2,\cdots,k_r$,使得

$$k_1\boldsymbol{\alpha}_1+k_2\boldsymbol{\alpha}_2+\cdots+k_r\boldsymbol{\alpha}_r=\boldsymbol{0},$$

用$\boldsymbol{\alpha}_i$与等式两边作内积,得

$$k_i[\boldsymbol{\alpha}_i,\boldsymbol{\alpha}_i]=0(i=1,2,\cdots,r).$$

由于$\boldsymbol{\alpha}_i\neq\boldsymbol{0}$,则$[\boldsymbol{\alpha}_i,\boldsymbol{\alpha}_i]>0$,从而

$$k_i=0(i=1,2,\cdots,r),$$

故$\boldsymbol{\alpha}_1,\boldsymbol{\alpha}_2,\cdots,\boldsymbol{\alpha}_r$线性无关.

例2　设$\boldsymbol{\alpha}_1=(1,1,1)^{\mathrm{T}},\boldsymbol{\alpha}_2=(1,t,1)^{\mathrm{T}},\boldsymbol{\alpha}_3=(-1,u,v)^{\mathrm{T}}$,问$t,u,v$为何值时,$\boldsymbol{\alpha}_1,\boldsymbol{\alpha}_2,\boldsymbol{\alpha}_3$是正交向量组?

解　若$\boldsymbol{\alpha}_1,\boldsymbol{\alpha}_2$正交,则$[\boldsymbol{\alpha}_1,\boldsymbol{\alpha}_2]=0$,即$1+t+1=0,t=-2$.

要使得$\boldsymbol{\alpha}_1,\boldsymbol{\alpha}_2,\boldsymbol{\alpha}_3$是正交向量组,则$[\boldsymbol{\alpha}_1,\boldsymbol{\alpha}_3]=[\boldsymbol{\alpha}_2,\boldsymbol{\alpha}_3]=0$,即

$$\begin{cases}-1+u+v=0\\-1-2u+v=0\end{cases},$$

解得$u=0,v=1$.

4.1.3　规范正交基及其求法

定义5　若n维向量组$\boldsymbol{\alpha}_1,\boldsymbol{\alpha}_2,\cdots,\boldsymbol{\alpha}_r$是向量空间$\boldsymbol{V}$的一个基,且两两正交,则称$\boldsymbol{\alpha}_1,\boldsymbol{\alpha}_2,\cdots,\boldsymbol{\alpha}_r$是向量空间$\boldsymbol{V}$的**正交基**.

若n维向量组$\boldsymbol{\varepsilon}_1,\boldsymbol{\varepsilon}_2,\cdots,\boldsymbol{\varepsilon}_n$是向量空间$\boldsymbol{V}$的一个基,且是两两正交的单位向量组,则称$\boldsymbol{\varepsilon}_1,\boldsymbol{\varepsilon}_2,\cdots,\boldsymbol{\varepsilon}_n$是向量空间$\boldsymbol{V}$的**规范(标准)正交基**.

例如　$\boldsymbol{\varepsilon}_1=\left(\frac{1}{\sqrt{2}},\frac{1}{\sqrt{2}},0,0\right)^{\mathrm{T}},\boldsymbol{\varepsilon}_2=\left(\frac{1}{\sqrt{2}},-\frac{1}{\sqrt{2}},0,0\right)^{\mathrm{T}},\boldsymbol{\varepsilon}_3=\left(0,0,\frac{1}{\sqrt{2}},\frac{1}{\sqrt{2}}\right)^{\mathrm{T}},\boldsymbol{\varepsilon}_4=\left(0,0,\frac{1}{\sqrt{2}},-\frac{1}{\sqrt{2}}\right)^{\mathrm{T}}$是$\boldsymbol{R}^4$的一个规范正交基.

定理2　设$\boldsymbol{\varepsilon}_1,\boldsymbol{\varepsilon}_2,\cdots,\boldsymbol{\varepsilon}_n$是$\boldsymbol{R}^n$的一组规范正交基,则对任意向量$\boldsymbol{\alpha}\in\boldsymbol{R}^n$,$\boldsymbol{\alpha}$在基$\boldsymbol{\varepsilon}_1,\boldsymbol{\varepsilon}_2,\cdots,\boldsymbol{\varepsilon}_n$下的坐标为$x_i=[\boldsymbol{\alpha},\boldsymbol{\varepsilon}_i](i=1,2,\cdots,n)$,即

$$\boldsymbol{\alpha}=[\boldsymbol{\alpha},\boldsymbol{\varepsilon}_1]\boldsymbol{\varepsilon}_1+[\boldsymbol{\alpha},\boldsymbol{\varepsilon}_2]\boldsymbol{\varepsilon}_2+\cdots+[\boldsymbol{\alpha},\boldsymbol{\varepsilon}_n]\boldsymbol{\varepsilon}_n.$$

证明 设 $\boldsymbol{\alpha}=x_1\boldsymbol{\varepsilon}_1+x_2\boldsymbol{\varepsilon}_2+\cdots+x_n\boldsymbol{\varepsilon}_n$,在等式两边用 $\boldsymbol{\varepsilon}_i$ 作内积得

$$[\boldsymbol{\alpha},\boldsymbol{\varepsilon}_i]=[x_1\boldsymbol{\varepsilon}_1+x_2\boldsymbol{\varepsilon}_2+\cdots+x_n\boldsymbol{\varepsilon}_n,\boldsymbol{\varepsilon}_i]=x_i[\boldsymbol{\varepsilon}_i,\boldsymbol{\varepsilon}_i]=x_i.$$

定理 2 给出了向量在规范正交基下的坐标计算公式,利用这个公式可以方便地求得任一向量 $\boldsymbol{\alpha}$ 在规范正交基 $\boldsymbol{\varepsilon}_1,\boldsymbol{\varepsilon}_2,\cdots,\boldsymbol{\varepsilon}_n$ 下的坐标.因此,在给出向量空间基的时候自然希望得到规范正交基,那么任一组基能否转化为规范正交基呢? 施密特正交化过程告诉我们答案是肯定的.

设 $\boldsymbol{\alpha}_1,\boldsymbol{\alpha}_2,\cdots,\boldsymbol{\alpha}_r$ 是向量空间 $\boldsymbol{V}$ 的一个基,我们的目标是找到一组两两正交的单位向量组 $\boldsymbol{\varepsilon}_1,\boldsymbol{\varepsilon}_2,\cdots,\boldsymbol{\varepsilon}_r$,使 $\boldsymbol{\varepsilon}_1,\boldsymbol{\varepsilon}_2,\cdots,\boldsymbol{\varepsilon}_r$ 与 $\boldsymbol{\alpha}_1,\boldsymbol{\alpha}_2,\cdots,\boldsymbol{\alpha}_r$ 等价,按如下两个步骤进行:

(1)正交化:

令 $\boldsymbol{\beta}_1=\boldsymbol{\alpha}_1$

$$\boldsymbol{\beta}_2=\boldsymbol{\alpha}_2-\frac{[\boldsymbol{\alpha}_2,\boldsymbol{\beta}_1]}{[\boldsymbol{\beta}_1,\boldsymbol{\beta}_1]}\boldsymbol{\beta}_1$$

$$\vdots$$

$$\boldsymbol{\beta}_r=\boldsymbol{\alpha}_r-\frac{[\boldsymbol{\alpha}_r,\boldsymbol{\beta}_{r-1}]}{[\boldsymbol{\beta}_{r-1},\boldsymbol{\beta}_{r-1}]}\boldsymbol{\beta}_{r-1}-\cdots-\frac{[\boldsymbol{\alpha}_r,\boldsymbol{\beta}_1]}{[\boldsymbol{\beta}_1,\boldsymbol{\beta}_1]}\boldsymbol{\beta}_1$$

易证 $\boldsymbol{\beta}_1,\boldsymbol{\beta}_2,\cdots,\boldsymbol{\beta}_r$ 是正交向量组,并且与向量组 $\boldsymbol{\alpha}_1,\boldsymbol{\alpha}_2,\cdots,\boldsymbol{\alpha}_r$ 等价.

上述方法称为**施密特正交化**方法.

(2)单位化:令

$$\boldsymbol{\varepsilon}_1=\frac{\boldsymbol{\beta}_1}{\|\boldsymbol{\beta}_1\|},\boldsymbol{\varepsilon}_2=\frac{\boldsymbol{\beta}_2}{\|\boldsymbol{\beta}_2\|},\cdots,\boldsymbol{\varepsilon}_r=\frac{\boldsymbol{\beta}_r}{\|\boldsymbol{\beta}_r\|}$$

则 $\boldsymbol{\varepsilon}_1,\boldsymbol{\varepsilon}_2,\cdots,\boldsymbol{\varepsilon}_r$ 与 $\boldsymbol{\alpha}_1,\boldsymbol{\alpha}_2,\cdots,\boldsymbol{\alpha}_r$ 等价,$\boldsymbol{\varepsilon}_1,\boldsymbol{\varepsilon}_2,\cdots,\boldsymbol{\varepsilon}_r$ 是向量空间 $\boldsymbol{V}$ 的规范正交基.

例 3 把线性无关向量组 $\boldsymbol{\alpha}_1=\begin{pmatrix}1\\2\\-1\end{pmatrix},\boldsymbol{\alpha}_2=\begin{pmatrix}-1\\3\\1\end{pmatrix},\boldsymbol{\alpha}_3=\begin{pmatrix}4\\-1\\0\end{pmatrix}$ 化为规范正交向量组.

解 先用施密特正交化法将 $\boldsymbol{\alpha}_1,\boldsymbol{\alpha}_2,\boldsymbol{\alpha}_3$ 正交化,取

$$\boldsymbol{\beta}_1=\boldsymbol{\alpha}_1=\begin{pmatrix}1\\2\\-1\end{pmatrix};$$

$$\boldsymbol{\beta}_2=\boldsymbol{\alpha}_2-\frac{[\boldsymbol{\alpha}_2,\boldsymbol{\beta}_1]}{[\boldsymbol{\beta}_1,\boldsymbol{\beta}_1]}\boldsymbol{\beta}_1=\begin{pmatrix}-1\\3\\1\end{pmatrix}-\frac{4}{6}\begin{pmatrix}1\\2\\-1\end{pmatrix}=\frac{5}{3}\begin{pmatrix}-1\\1\\1\end{pmatrix};$$

$$\boldsymbol{\beta}_3=\boldsymbol{\alpha}_3-\frac{[\boldsymbol{\alpha}_3,\boldsymbol{\beta}_1]}{[\boldsymbol{\beta}_1,\boldsymbol{\beta}_1]}\boldsymbol{\beta}_1-\frac{[\boldsymbol{\alpha}_3,\boldsymbol{\beta}_2]}{[\boldsymbol{\beta}_2,\boldsymbol{\beta}_2]}\boldsymbol{\beta}_2=\begin{pmatrix}4\\-1\\0\end{pmatrix}-\frac{1}{3}\begin{pmatrix}1\\2\\-1\end{pmatrix}+\frac{5}{3}\begin{pmatrix}-1\\1\\1\end{pmatrix}=2\begin{pmatrix}1\\0\\1\end{pmatrix}.$$

把$\boldsymbol{\beta}_1,\boldsymbol{\beta}_2,\boldsymbol{\beta}_3$单位化,得

$$\boldsymbol{\varepsilon}_1=\frac{\boldsymbol{\beta}_1}{\|\boldsymbol{\beta}_1\|}=\frac{1}{\sqrt{6}}\begin{pmatrix}1\\2\\-1\end{pmatrix},\boldsymbol{\varepsilon}_2=\frac{\boldsymbol{\beta}_2}{\|\boldsymbol{\beta}_2\|}=\frac{1}{\sqrt{3}}\begin{pmatrix}-1\\1\\1\end{pmatrix},\boldsymbol{\varepsilon}_3=\frac{\boldsymbol{\beta}_3}{\|\boldsymbol{\beta}_3\|}=\frac{1}{\sqrt{2}}\begin{pmatrix}1\\0\\1\end{pmatrix}.$$

例4 已知$\boldsymbol{\beta}_1=\begin{pmatrix}1\\1\\1\end{pmatrix}$,求非零向量$\boldsymbol{\beta}_2,\boldsymbol{\beta}_3$,使$\boldsymbol{\beta}_1,\boldsymbol{\beta}_2,\boldsymbol{\beta}_3$两两正交.

解 要使$\boldsymbol{\beta}_1,\boldsymbol{\beta}_2,\boldsymbol{\beta}_3$两两正交,则$\boldsymbol{\beta}_2,\boldsymbol{\beta}_3$应满足方程$\boldsymbol{\beta}_1^{\mathrm{T}}\boldsymbol{X}=\boldsymbol{0}$,即$x_1+x_2+x_3=0$解线性方程组,取两个线性无关的解向量$\boldsymbol{\xi}_1=\begin{pmatrix}1\\0\\-1\end{pmatrix}$,$\boldsymbol{\xi}_2=\begin{pmatrix}0\\1\\-1\end{pmatrix}$,然后将其正交化,令

$$\boldsymbol{\beta}_2=\boldsymbol{\xi}_1=\begin{pmatrix}1\\0\\-1\end{pmatrix},\boldsymbol{\beta}_3=\boldsymbol{\xi}_2-\frac{[\boldsymbol{\xi}_2,\boldsymbol{\xi}_1]}{[\boldsymbol{\xi}_1,\boldsymbol{\xi}_1]}\boldsymbol{\xi}_1=\begin{pmatrix}0\\1\\-1\end{pmatrix}-\frac{1}{2}\begin{pmatrix}1\\0\\-1\end{pmatrix}=\frac{1}{2}\begin{pmatrix}-1\\2\\-1\end{pmatrix}$$

则$\boldsymbol{\beta}_2,\boldsymbol{\beta}_3$为所求.

4.1.4 正交矩阵

定义6 若n阶方阵满足$\boldsymbol{A}^{\mathrm{T}}\boldsymbol{A}=\boldsymbol{A}\boldsymbol{A}^{\mathrm{T}}=\boldsymbol{E}$,称为$\boldsymbol{A}$**正交矩阵**,简称**正交阵**.

例如,矩阵

$$\boldsymbol{A}=\begin{pmatrix}\cos\theta & \sin\theta\\ \sin\theta & -\cos\theta\end{pmatrix},\boldsymbol{B}=\begin{pmatrix}0&1\\1&0\end{pmatrix}$$

都是正交矩阵.正交矩阵具有如下性质:

(1)$\boldsymbol{A}^{-1}=\boldsymbol{A}^{\mathrm{T}}$;

(2)正交矩阵的行列式等于1或-1;

(3)若$\boldsymbol{A}$为正交矩阵,则$\boldsymbol{A}^{\mathrm{T}}$(或$\boldsymbol{A}^{-1}$)也是正交矩阵;

(4)两个同阶正交矩阵的乘积仍为正交矩阵.

上述性质都可以根据正交矩阵的定义直接证得,请读者自己证明之.

定理 3 n 阶方阵 $\boldsymbol{A}$ 为正交矩阵的充分必要条件是 $\boldsymbol{A}$ 的列向量组是规范正交向量组.

证明 设 $\boldsymbol{A}$ 的列向量组为 $\boldsymbol{\alpha}_1,\boldsymbol{\alpha}_2,\cdots,\boldsymbol{\alpha}_n$,即 $\boldsymbol{A}=(\boldsymbol{\alpha}_1,\boldsymbol{\alpha}_2,\cdots,\boldsymbol{\alpha}_n)$,$\boldsymbol{A}^{\mathrm{T}}\boldsymbol{A}=\boldsymbol{E}$ 等价于

$$\begin{pmatrix}\boldsymbol{\alpha}_1^{\mathrm{T}}\\ \boldsymbol{\alpha}_2^{\mathrm{T}}\\ \vdots\\ \boldsymbol{\alpha}_n^{\mathrm{T}}\end{pmatrix}(\boldsymbol{\alpha}_1,\boldsymbol{\alpha}_2,\cdots,\boldsymbol{\alpha}_n)=\begin{pmatrix}\boldsymbol{\alpha}_1^{\mathrm{T}}\boldsymbol{\alpha}_1 & \boldsymbol{\alpha}_1^{\mathrm{T}}\boldsymbol{\alpha}_2 & \cdots & \boldsymbol{\alpha}_1^{\mathrm{T}}\boldsymbol{\alpha}_n\\ \boldsymbol{\alpha}_2^{\mathrm{T}}\boldsymbol{\alpha}_1 & \boldsymbol{\alpha}_2^{\mathrm{T}}\boldsymbol{\alpha}_2 & \cdots & \boldsymbol{\alpha}_2^{\mathrm{T}}\boldsymbol{\alpha}_n\\ \vdots & \vdots & & \vdots\\ \boldsymbol{\alpha}_n^{\mathrm{T}}\boldsymbol{\alpha}_1 & \boldsymbol{\alpha}_n^{\mathrm{T}}\boldsymbol{\alpha}_2 & \cdots & \boldsymbol{\alpha}_n^{\mathrm{T}}\boldsymbol{\alpha}_n\end{pmatrix}=\boldsymbol{E},$$

由此得到 n^2 个关系式 $\boldsymbol{\alpha}_i^{\mathrm{T}}\boldsymbol{\alpha}_j=[\boldsymbol{\alpha}_i,\boldsymbol{\alpha}_j]=\begin{cases}0,i\neq j\\1,i=j\end{cases}(i,j=1,2,\cdots,n)$.

注意 类似可得 $\boldsymbol{A}$ 为正交矩阵的充分必要条件是 $\boldsymbol{A}$ 的行向量组是规范正交向量组.

例 5 验证矩阵 $\boldsymbol{P}=\begin{pmatrix}\frac{1}{2} & -\frac{1}{2} & \frac{1}{2} & -\frac{1}{2}\\ \frac{1}{2} & -\frac{1}{2} & -\frac{1}{2} & \frac{1}{2}\\ \frac{1}{\sqrt{2}} & \frac{1}{\sqrt{2}} & 0 & 0\\ 0 & 0 & \frac{1}{\sqrt{2}} & \frac{1}{\sqrt{2}}\end{pmatrix}$ 是正交矩阵.

解 容易验证 $\boldsymbol{P}$ 的每个列向量都是单位向量,且两两正交,所以 P 是正交阵.

例 6 设 $\boldsymbol{\alpha}_1,\boldsymbol{\alpha}_2$ 是 $\boldsymbol{R}^n$ 中两个列向量,证明对任一 n 阶正交阵 $\boldsymbol{A}$,总有 $[\boldsymbol{A\alpha}_1,\boldsymbol{A\alpha}_2]=[\boldsymbol{\alpha}_1,\boldsymbol{\alpha}_2]$.

证明 因 $\boldsymbol{A\alpha}_1,\boldsymbol{A\alpha}_2$ 均为 n 维列向量,所以

$$[\boldsymbol{A\alpha}_1,\boldsymbol{A\alpha}_2]=(\boldsymbol{A\alpha}_1)^{\mathrm{T}}(\boldsymbol{A\alpha}_2)=\boldsymbol{\alpha}_1^{\mathrm{T}}\boldsymbol{A}^{\mathrm{T}}\boldsymbol{A\alpha}_2=\boldsymbol{\alpha}_1^{\mathrm{T}}\boldsymbol{\alpha}_2=[\boldsymbol{\alpha}_1,\boldsymbol{\alpha}_2].$$

习题 4.1

1. 设 $\boldsymbol{\alpha}_1, \boldsymbol{\alpha}_2, \boldsymbol{\alpha}_3$ 是一个规范正交组，求 $\|4\boldsymbol{\alpha}_1 - 7\boldsymbol{\alpha}_2 + 4\boldsymbol{\alpha}_3\|$.

2. 求与向量 $\boldsymbol{\alpha}_1 = (1,2,-1,1)^{\mathrm{T}}, \boldsymbol{\alpha}_2 = (2,3,1,-1)^{\mathrm{T}}, \boldsymbol{\alpha}_3 = (-1,-1,-2,2)^{\mathrm{T}}$ 都正交的向量.

3. 将向量组 $\boldsymbol{\alpha}_1 = (1,1,0)^{\mathrm{T}}, \boldsymbol{\alpha}_2 = (1,0,1)^{\mathrm{T}}, \boldsymbol{\alpha}_3 = (-1,0,0)^{\mathrm{T}}$ 规范正交化.

4. 下列矩阵是不是正交矩阵？并说明理由：

(1) $\begin{pmatrix} 1 & -\frac{1}{2} & \frac{1}{3} \\ -\frac{1}{2} & 1 & \frac{1}{2} \\ \frac{1}{3} & \frac{1}{2} & -1 \end{pmatrix}$；　　(2) $\begin{pmatrix} \frac{1}{9} & -\frac{8}{9} & -\frac{4}{9} \\ -\frac{8}{9} & \frac{1}{9} & -\frac{4}{9} \\ -\frac{4}{9} & -\frac{4}{9} & \frac{7}{9} \end{pmatrix}$.

5. 设 $\boldsymbol{\alpha}$ 是 n 维列向量，$\boldsymbol{\alpha}^{\mathrm{T}}\boldsymbol{\alpha} = 1$，令 $\boldsymbol{H} = \boldsymbol{E} - 2\boldsymbol{\alpha}\boldsymbol{\alpha}^{\mathrm{T}}$，证明 $\boldsymbol{H}$ 是对称的正交阵.

4.2　矩阵的特征值与特征向量

学习目标：

1. 理解方阵的特征值、特征向量的概念；
2. 掌握特征值、特征向量的性质；
3. 熟悉方阵的特征值、特征向量的求解方法.

4.2.1　特征值与特征向量

定义 1　设 $\boldsymbol{A} = (a_{ij})$ 是 n 阶方阵，如果数 λ 和 n 维非零列向量 $\boldsymbol{X}$，满足等式

$$\boldsymbol{AX} = \lambda \boldsymbol{X},$$

则称 λ 为方阵 $\boldsymbol{A}$ 的一个特征值，$\boldsymbol{X}$ 为 $\boldsymbol{A}$ 的属于特征值 λ 的特征向量.

注 将 $\boldsymbol{AX}=\lambda\boldsymbol{X}$ 写成

$$(\lambda\boldsymbol{E}-\boldsymbol{A})\boldsymbol{X}=\boldsymbol{0}.$$

这是关于 $\boldsymbol{X}$ 的齐次线性方程组,它有非零解 $\boldsymbol{X}$ 当且仅当其系数行列式为零,即

$$|\lambda\boldsymbol{E}-\boldsymbol{A}|=0.$$

即

$$\begin{vmatrix} \lambda-a_{11} & -a_{12} & \cdots & -a_{1n} \\ -a_{21} & \lambda-a_{22} & \cdots & -a_{2n} \\ \vdots & \vdots & & \vdots \\ -a_{n1} & -a_{n2} & \cdots & \lambda-a_{nn} \end{vmatrix}=0.$$

上式的左端展开是一个关于 λ 的 n 次多项式,称为 $\boldsymbol{A}$ 的**特征多项式**,记作 $f_A(\lambda)$,$f_A(\lambda)=|\lambda\boldsymbol{E}-\boldsymbol{A}|=0$ 是关于 λ 的 n 次方程,称为 $\boldsymbol{A}$ 的**特征方程**.由代数基本定理,这个方程在复数域上有且仅有 n 个根,称为**特征根**或**特征值**,记作 $\lambda_1,\cdots,\lambda_n$.由此可知:**$n$ 阶方阵 $\boldsymbol{A}$ 在复数范围内有 n 个特征值.**

根据上述定义,即可给出特征向量的求法:

设 $\lambda=\lambda_1$ 为方阵 $\boldsymbol{A}$ 的一个特征值,则由齐次线性方程组

$$(\lambda_i\boldsymbol{E}-\boldsymbol{A})\boldsymbol{X}=\boldsymbol{0} \tag{4.2.1}$$

可求得非零解 $\boldsymbol{p}_i$,那么 $\boldsymbol{p}_i$ 就是 $\boldsymbol{A}$ 的对应于特征值 λ_i 的特征向量,且 $\boldsymbol{A}$ 的对应于特征值 λ_i 的特征向量的全体是方程组(4.2.1)的全体非零解,即设 $\boldsymbol{p}_1,\boldsymbol{p}_2,\cdots,\boldsymbol{p}_s$ 为方程组(4.2.1)的基础解系,则 $\boldsymbol{A}$ 的对应于特征值 λ_i 的全部特征向量为

$$k_1\boldsymbol{p}_1+k_2\boldsymbol{p}_2+\cdots+k_s\boldsymbol{p}_s(k_1,\cdots,k_s\text{ 不同时为 }0).$$

例 1 求矩阵 $\boldsymbol{A}=\begin{pmatrix} 3 & -1 \\ -1 & 3 \end{pmatrix}$ 的特征值和特征向量.

解 $\boldsymbol{A}$ 的特征方程

$$|\lambda\boldsymbol{E}-\boldsymbol{A}|=\begin{vmatrix} \lambda-3 & 1 \\ 1 & \lambda-3 \end{vmatrix}=(\lambda-3)^2-1=\lambda^2-6\lambda+8=(\lambda-2)(\lambda-4)=0,$$

所以 $\boldsymbol{A}$ 的特征值为 $\lambda_1=2,\lambda_2=4$.

当 $\lambda_1=2$ 时,解齐次方程 $(2\boldsymbol{E}-\boldsymbol{A})\boldsymbol{X}=\boldsymbol{0}$,即 $\begin{pmatrix} 2-3 & 1 \\ 1 & 2-3 \end{pmatrix}\begin{pmatrix} x_1 \\ x_2 \end{pmatrix}=\begin{pmatrix} 0 \\ 0 \end{pmatrix}$,得基础解系 $\boldsymbol{p}_1=\begin{pmatrix} 1 \\ 1 \end{pmatrix}$,因此属于 $\lambda_1=2$ 的全部特征向量为 $k_1\boldsymbol{p}_1(k_1\neq 0)$.

当 $\lambda_2=4$ 时,解齐次方程 $(4\boldsymbol{E}-\boldsymbol{A})\boldsymbol{X}=\boldsymbol{0}$,即 $\begin{pmatrix} 4-3 & 1 \\ 1 & 4-3 \end{pmatrix}\begin{pmatrix} x_1 \\ x_2 \end{pmatrix}=\begin{pmatrix} 0 \\ 0 \end{pmatrix}$,得

基础解系 $\boldsymbol{p}_2=\begin{pmatrix}1\\-1\end{pmatrix}$，因此属于 $\lambda_2=4$ 的全部特征向量为 $k_2\boldsymbol{p}_2(k_2\neq 0)$.

例 2　求矩阵 $\boldsymbol{A}=\begin{pmatrix}-2&1&1\\0&2&0\\-4&1&3\end{pmatrix}$ 的特征值和特征向量.

解　$\boldsymbol{A}$ 的特征方程为

$$|\lambda\boldsymbol{E}-\boldsymbol{A}|=\begin{vmatrix}\lambda+2&-1&-1\\0&\lambda-2&0\\4&-1&\lambda-3\end{vmatrix}=(\lambda-2)\begin{vmatrix}\lambda+2&-1\\4&\lambda-3\end{vmatrix}$$
$$=(\lambda+1)(\lambda-2)^2=0,$$

所以 $\boldsymbol{A}$ 的特征值为 $\lambda_1=-1,\lambda_2=\lambda_3=2$（二重根）.

当 $\lambda_1=-1$ 时，解方程 $(-\boldsymbol{E}-\boldsymbol{A})\boldsymbol{X}=\boldsymbol{0}$，由

$$-\boldsymbol{E}-\boldsymbol{A}=\begin{pmatrix}1&-1&-1\\0&-3&0\\4&-1&-4\end{pmatrix}\to\begin{pmatrix}1&0&-1\\0&1&0\\0&0&0\end{pmatrix},$$

得基础解系 $\boldsymbol{p}_1=\begin{pmatrix}1\\0\\1\end{pmatrix}$，则属于 $\lambda_1=-1$ 的全部特征向量为 $k_1\boldsymbol{p}_1(k_1\neq 0)$.

当 $\lambda_2=\lambda_3=2$ 时，解 $(2\boldsymbol{E}-\boldsymbol{A})\boldsymbol{X}=\boldsymbol{0}$，由

$$2\boldsymbol{E}-\boldsymbol{A}=\begin{pmatrix}4&-1&-1\\0&0&0\\4&-1&-1\end{pmatrix}\to\begin{pmatrix}4&-1&-1\\0&0&0\\0&0&0\end{pmatrix}.$$

得基础解系 $\boldsymbol{p}_2=\begin{pmatrix}1\\4\\0\end{pmatrix},\boldsymbol{p}_3=\begin{pmatrix}1\\0\\4\end{pmatrix}$，则属于 $\lambda_2=\lambda_3=2$ 的全部特征向量为 $k_2p_2+k_3p_3(k_2,k_3$ 不全为零).

注　(1)如果 λ 是特征方程 $|\lambda\boldsymbol{E}-\boldsymbol{A}|=0$ 的单根，则 n 阶矩阵 $\boldsymbol{A}$ 的属于特征值 λ 的线性无关的特征向量只有一个；如果 λ 是特征方程 $|\lambda\boldsymbol{E}-\boldsymbol{A}|=0$ 的 k 重根，则 n 阶矩阵 $\boldsymbol{A}$ 的属于特征值 λ 的线性无关的特征向量的个数可能是 k 个，也可能少于 k 个，但不会多于 k 个.

(2)特征方程 $|\lambda\boldsymbol{E}-\boldsymbol{A}|=0$ 与特征方程 $|\boldsymbol{A}-\lambda\boldsymbol{E}|=0$ 有相同的特征根；$\boldsymbol{A}$ 的对应于特征值 λ_i 的特征向量是齐次线性方程组 $(\lambda\boldsymbol{E}-\boldsymbol{A})\boldsymbol{X}=\boldsymbol{0}$ 的非零解，也是

方程组$(\boldsymbol{A}-\lambda\boldsymbol{E})\boldsymbol{X}=\boldsymbol{0}$的非零解.因此,在实际计算特征值和特征向量时,以上两种形式均可采用.

例 3 设$\boldsymbol{A}=\begin{pmatrix}1 & -3 & 3\\ 3 & a & 3\\ 6 & -6 & b\end{pmatrix}$有特征值$\lambda_1=4,\lambda_2=-2$,求$a,b$.

解 由$\lambda_1=4,\lambda_2=-2$均为$\boldsymbol{A}$的特征值,知$|\lambda_1\boldsymbol{E}-\boldsymbol{A}|=0$, $|\lambda_2\boldsymbol{E}-\boldsymbol{A}|=0$,即

$$|\lambda_1\boldsymbol{E}-\boldsymbol{A}|=\begin{vmatrix}3 & 3 & -3\\ -3 & 4-a & -3\\ -6 & 6 & 4-b\end{vmatrix}=3[(a-7)(b+2)+72]=0,$$

$$|\lambda_2\boldsymbol{E}-\boldsymbol{A}|=\begin{vmatrix}-3 & 3 & -3\\ -3 & -2-a & -3\\ -6 & 6 & -2-b\end{vmatrix}=3(5+a)(4-b)=0.$$

解得$a=-5,b=4$.

4.2.2 特征值与特征向量的性质

命题 1 n阶矩阵$\boldsymbol{A}$与它的转置矩阵$\boldsymbol{A}$有相同的特征值.

证明 因为$|\lambda\boldsymbol{E}-\boldsymbol{A}^{\mathrm{T}}|=|(\lambda\boldsymbol{E}-\boldsymbol{A})^{\mathrm{T}}|=|\lambda\boldsymbol{E}-\boldsymbol{A}|$,

所以$\boldsymbol{A}^{\mathrm{T}}$与$\boldsymbol{A}$有相同的特征多项式,故它们的特征值相同.

注 因为$\boldsymbol{A}^{\mathrm{T}}$的特征向量是齐次方程$(\boldsymbol{A}^{\mathrm{T}}-\lambda\boldsymbol{E})\boldsymbol{X}=\boldsymbol{0}$的解,它与齐次方程$(\boldsymbol{A}-\lambda\boldsymbol{E})\boldsymbol{X}=\boldsymbol{0}$一般不同解,故$\boldsymbol{A}$的特征向量$p$未必还是$\boldsymbol{A}^{\mathrm{T}}$的特征向量.

命题 2 若$\boldsymbol{A}=\begin{pmatrix}a_{11} & \cdots & a_{1n}\\ \vdots & & \vdots\\ a_{n1} & \cdots & a_{nn}\end{pmatrix}$的特征值为$\lambda_1,\cdots,\lambda_n$,则有:

(1)$\lambda_1+\lambda_2+\cdots+\lambda_n=a_{11}+a_{22}+\cdots+a_{nn}=\mathrm{tr}(\boldsymbol{A})$;

(2)$\lambda_1\lambda_2\cdots\lambda_n=|\boldsymbol{A}|=\det(\boldsymbol{A})$.

根据多项式的根与系数的关系(即韦达定理)即可导出上述结论.上式中的$\mathrm{tr}(\boldsymbol{A})=a_{11}+a_{22}+\cdots+a_{nn}$称为$\boldsymbol{A}$的**迹**(trace),即$\boldsymbol{A}$的主对角元素之和.

推论 1 n阶矩阵$\boldsymbol{A}$可逆的充要条件是它的任一特征值都不等于0.

例 4 设λ是方阵$\boldsymbol{A}$的特征值,$\boldsymbol{p}$是所属的任一特征向量,证明:

(1)$k\lambda$是$k\boldsymbol{A}$的特征值,$\boldsymbol{p}$是$k\boldsymbol{A}$的属于$k\lambda$的特征向量;

(2)λ^2是$\boldsymbol{A}^2$的特征值,$\boldsymbol{p}$是$\boldsymbol{A}^2$的属于λ^2的特征向量;

(3) 当 $\boldsymbol{A}$ 可逆时，$\dfrac{1}{\lambda}$ 是 $\boldsymbol{A}^{-1}$ 的特征值，$\boldsymbol{p}$ 是 $\boldsymbol{A}^{-1}$ 的属于 $\dfrac{1}{\lambda}$ 的特征向量；

$\dfrac{|\boldsymbol{A}|}{\lambda}$ 是伴随矩阵 $\boldsymbol{A}^*$ 的特征值，$\boldsymbol{p}$ 是 $\boldsymbol{A}^*$ 的属于 $\dfrac{|\boldsymbol{A}|}{\lambda}$ 的特征向量.

证明　因 λ 是 $\boldsymbol{A}$ 的特征值，$\boldsymbol{p}$ 是所属的任一特征向量，故有 $\boldsymbol{p}\neq 0$ 使 $A\boldsymbol{p}=\lambda\boldsymbol{p}$. 于是

(1) $(k\boldsymbol{A})\boldsymbol{p}=k(\boldsymbol{A}\boldsymbol{p})=k(\lambda\boldsymbol{p})=(k\lambda)\boldsymbol{p}$，所以 $k\lambda$ 是 $k\boldsymbol{A}$ 的特征值，$\boldsymbol{p}$ 是 $k\boldsymbol{A}$ 的属于 $k\lambda$ 的特征向量.

(2) $\boldsymbol{A}^2\boldsymbol{p}=\boldsymbol{A}(\boldsymbol{A}\boldsymbol{p})=\boldsymbol{A}(\lambda\boldsymbol{p})=\lambda(\boldsymbol{A}\boldsymbol{p})=\lambda^2\boldsymbol{p}$，所以 λ^2 是 $\boldsymbol{A}^2$ 的特征值，$\boldsymbol{p}$ 是 $\boldsymbol{A}^2$ 的属于 λ^2 的特征向量.

(3) 当 $\boldsymbol{A}$ 可逆时，由 $\boldsymbol{A}\boldsymbol{p}=\lambda\boldsymbol{p}$，有 $\boldsymbol{p}=\lambda\boldsymbol{A}^{-1}\boldsymbol{p}$，$|\boldsymbol{A}|\boldsymbol{p}=\boldsymbol{A}^*\boldsymbol{A}\boldsymbol{p}=\lambda\boldsymbol{A}^*\boldsymbol{p}$，因 $\boldsymbol{p}\neq 0$ 知 $\lambda\neq 0$，故 $\boldsymbol{A}^{-1}\boldsymbol{p}=\dfrac{1}{\lambda}\boldsymbol{p}$，$\boldsymbol{A}^*\boldsymbol{p}=\dfrac{|\boldsymbol{A}|}{\lambda}\boldsymbol{p}$，从而 $\dfrac{1}{\lambda}$ 是 $\boldsymbol{A}^{-1}$ 的特征值，$\dfrac{|\boldsymbol{A}|}{\lambda}$ 是伴随矩阵 $\boldsymbol{A}^*$ 的特征值，特征向量都为 $\boldsymbol{p}$.

一般地，若 λ 是 $\boldsymbol{A}$ 的特征值，则 λ^k 是 $\boldsymbol{A}^k$ 的特征值. 从而对任意多项式

$$\varphi(x)=a_mx^m+a_{m-1}x^{m-1}+\cdots+a_1x+a_0,$$

$\varphi(\lambda)$ 是矩阵 $\varphi(\boldsymbol{A})$ 的特征值. 特别地，设特征多项式 $f(\lambda)=|\lambda\boldsymbol{E}-\boldsymbol{A}|$，则 $f(\lambda)$ 是 $f(\boldsymbol{A})$ 的特征值，且

$$\boldsymbol{A}^n-(a_{11}+a_{22}+\cdots+a_{nn})\boldsymbol{A}^{n-1}+\cdots+(-1)^n|\boldsymbol{A}|\boldsymbol{E}=\boldsymbol{O}.$$

例 5　设 3 阶矩阵 $\boldsymbol{A}$ 的特征值为 $1,-1,2$，求 $|\boldsymbol{A}^*+3\boldsymbol{A}-2\boldsymbol{E}|$.

解　因 $\boldsymbol{A}$ 的特征值全不为 0，知 $\boldsymbol{A}$ 可逆，故 $\boldsymbol{A}^*=|\boldsymbol{A}|\boldsymbol{A}^{-1}$. 而 $|\boldsymbol{A}|=\lambda_1\lambda_2\lambda_3=-2$，

所以
$$\boldsymbol{A}^*+3\boldsymbol{A}-2\boldsymbol{E}=-2\boldsymbol{A}^{-1}+3\boldsymbol{A}-2\boldsymbol{E}.$$

把上式记作 $\varphi(\boldsymbol{A})$，有 $\varphi(\lambda)=-\dfrac{2}{\lambda}+3\lambda-2$，故 $\varphi(\boldsymbol{A})$ 的特征值为

$$\varphi(1)=-1,\varphi(-1)=-3,\varphi(2)=3,$$

于是
$$|\boldsymbol{A}^*+3\boldsymbol{A}-2\boldsymbol{E}|=(-1)\cdot(-3)\cdot 3=9.$$

例 6　设 $\boldsymbol{A}$ 的特征值为 $1,2,3$，$\boldsymbol{B}=\boldsymbol{A}^3-3\boldsymbol{A}^2+3\boldsymbol{A}-\boldsymbol{E}$，则 $\boldsymbol{B}$ 不可逆.

证明　易见 $\boldsymbol{B}=(\boldsymbol{A}-\boldsymbol{E})^3$，则 $\boldsymbol{B}$ 的特征值为 $(\lambda-1)^3$. 将 λ 为 $1,2,3$ 分别代入，得 $\boldsymbol{B}$ 的特征值为 $0,1,2$，由命题 2，得 $|\boldsymbol{B}|=0$，从而知 $\boldsymbol{B}$ 不可逆.

命题 3　设 λ 是 $\boldsymbol{A}$ 的任一特征值，若 $\boldsymbol{p}_1,\cdots,\boldsymbol{p}_s$ 都是属于 λ 的特征向量，则 $\boldsymbol{p}_1,\cdots,\boldsymbol{p}_s$ 的任意非零线性组合仍是属于 λ 的特征向量.

证明　由线性运算封闭性可得.

定理 1　属于不同特征值的特征向量线性无关.

证明　设 $\lambda_1,\cdots,\lambda_s$ 是 $\boldsymbol{A}$ 的 s 个各不相同的特征值,所属的特征向量分别记作 $\boldsymbol{p}_1,\cdots,\boldsymbol{p}_s$,则有 $\boldsymbol{A}\boldsymbol{p}_i=\lambda_i\boldsymbol{p}_i,i=1,\cdots,s$. 为证它们线性无关,考察齐次线性方程组

$$k_1\boldsymbol{p}_1+\cdots+k_s\boldsymbol{p}_s=0. \tag{4.2.2}$$

在式(4.2.2)两端同时左乘 $\boldsymbol{A}$,得

$$\begin{aligned}\boldsymbol{A}\left(\sum_{i=1}^{s}k_i\boldsymbol{p}_i\right)&=\sum_{i=1}^{s}k_i(\boldsymbol{A}\boldsymbol{p}_i)=\sum_{i=1}^{s}k_i(\lambda_i\boldsymbol{p}_i)=\sum_{i=1}^{s}\lambda_i(k_i\boldsymbol{p}_i)\\&=\lambda_1(k_1\boldsymbol{p}_1)+\cdots+\lambda_s(k_s\boldsymbol{p}_s)=0,\end{aligned} \tag{4.2.3}$$

在式(4.2.3)两边同时左乘 $\boldsymbol{A}$,类似得

$$\lambda_1^2(k_1\boldsymbol{p}_1)+\cdots+\lambda_s^2(k_s\boldsymbol{p}_s)=0.$$

如此继续操作 $s-1$ 次,最终可得到关于 $(k_1\boldsymbol{p}_1),\cdots(k_s\boldsymbol{p}_s)$ 的齐次线性方程组

$$\begin{cases}k_1\boldsymbol{p}_1+\cdots+k_s\boldsymbol{p}_s=0\\\lambda_1(k_1\boldsymbol{p}_1)+\cdots+\lambda_s(k_s\boldsymbol{p}_s)=0\\\qquad\vdots\\\lambda_1^{s-1}(k_1\boldsymbol{p}_1)+\cdots+\lambda_s^{s-1}(k_s\boldsymbol{p}_s)=0\end{cases},$$

它的系数行列式为 $V_s=\begin{vmatrix}1&1&\cdots&1\\\lambda_1&\lambda_2&\cdots&\lambda_s\\\vdots&\vdots&&\vdots\\\lambda_1^{s-1}&\lambda_2^{s-1}&\cdots&\lambda_s^{s-1}\end{vmatrix}$.

这是一个 s 阶范德蒙行列式,由于 $\lambda_1,\cdots,\lambda_s$ 互不相同,知 $V_s=\prod\limits_{1\leqslant j\leqslant i\leqslant s}(\lambda_i-\lambda_j)\neq 0$,故方程组只有唯一零解,$k_1\boldsymbol{p}_1=\cdots=k_s\boldsymbol{p}_s=0$. 注意到 $\boldsymbol{p}_1,\cdots,\boldsymbol{p}_s$ 是特征向量均非零,故有 $k_1=\cdots=k_s=0$,从而 $\boldsymbol{p}_1,\cdots,\boldsymbol{p}_s$ 线性无关.

矩阵的特征向量是相对于特征值而言的,一般来说,属于一个特征值的特征向量并不是唯一的,但一个特征向量不能属于不同的特征值. 事实上,若设 $\boldsymbol{p}\neq 0$ 是 $\boldsymbol{A}$ 的属于两个不同特征值 λ_1,λ_2 的特征向量,即 $\boldsymbol{A}\boldsymbol{p}=\lambda_1\boldsymbol{p},\boldsymbol{A}\boldsymbol{p}=\lambda_2\boldsymbol{p}$,则有 $(\lambda_1-\lambda_2)\boldsymbol{p}=0$,由 $\lambda_1\neq\lambda_2$,得 $\boldsymbol{p}=0$,矛盾.

例 7　设 λ_1,λ_2 是矩阵 $\boldsymbol{A}$ 的两个不同的特征值,对应的特征向量分别是 $\boldsymbol{p}_1$,$\boldsymbol{p}_2$,证明 $\boldsymbol{p}_1+\boldsymbol{p}_2$ 不是 $\boldsymbol{A}$ 的特征向量.

证明 由题设 $\boldsymbol{A}\boldsymbol{p}_1=\lambda_1\boldsymbol{p}_1,\boldsymbol{A}\boldsymbol{p}_2=\lambda_2\boldsymbol{p}_2$,故 $\boldsymbol{A}(\boldsymbol{p}_1+\boldsymbol{p}_2)=\lambda_1\boldsymbol{p}_1+\lambda_2\boldsymbol{p}_2$.

用反证法,假设 $\boldsymbol{p}_1+\boldsymbol{p}_2$ 是 $\boldsymbol{A}$ 的特征向量,则应存在数 λ,使

$$\boldsymbol{A}(\boldsymbol{p}_1+\boldsymbol{p}_2)=\lambda(\boldsymbol{p}_1+\boldsymbol{p}_2),$$

于是

$$\lambda(\boldsymbol{p}_1+\boldsymbol{p}_2)=\lambda_1\boldsymbol{p}_1+\lambda_2\boldsymbol{p}_2,$$

即

$$(\lambda-\lambda_1)\boldsymbol{p}_1+(\lambda-\lambda_2)\boldsymbol{p}_2=0.$$

因 $\lambda_1\neq\lambda_2$,由定理1知 $\boldsymbol{p}_1,\boldsymbol{p}_2$ 线性无关,故由上式得 $\lambda-\lambda_1=\lambda-\lambda_2=0$,即 $\lambda_1=\lambda_2$,与题设矛盾.因此 $\boldsymbol{p}_1+\boldsymbol{p}_2$ 不是 $\boldsymbol{A}$ 的特征向量.

习题 4.2

1.求下列矩阵的特征值与特征向量:

(1)$\boldsymbol{A}=\begin{pmatrix}3&4\\5&2\end{pmatrix}$; (2)$\boldsymbol{A}=\begin{pmatrix}0&a\\-a&0\end{pmatrix}$;

(3)$\boldsymbol{A}=\begin{pmatrix}1&1&1&1\\1&1&-1&-1\\1&-1&1&-1\\1&-1&-1&1\end{pmatrix}$; (4)$\boldsymbol{A}=\begin{pmatrix}5&6&-3\\-1&0&1\\1&2&1\end{pmatrix}$.

2.已知3阶矩阵 $\boldsymbol{A}$ 的特征值为 $1,-2,3$,求:

(1)$3\boldsymbol{A}$ 的特征值; (2)$\boldsymbol{A}^{-1}$ 的特征值.

3.设矩阵 $\boldsymbol{A}=\begin{pmatrix}0&1&0&0\\1&0&0&0\\0&0&k&1\\0&0&1&2\end{pmatrix}$,已知3是 $\boldsymbol{A}$ 的一个特征值,求 k.

4.设矩阵 $\boldsymbol{A}=\begin{pmatrix}2&1&1\\1&2&1\\1&1&a\end{pmatrix}$ 可逆,向量 $\boldsymbol{\alpha}=\begin{pmatrix}1\\b\\1\end{pmatrix}$ 是 $\boldsymbol{A}$ 的伴随矩阵 $\boldsymbol{A}^*$ 的一个特征向量,λ 是 $\boldsymbol{\alpha}$ 对应的特征值,试求 a,b 和 λ 的值.

5.已知3阶方阵 $\boldsymbol{A}$ 的特征值为 $2,-1,0$.求矩阵 $\boldsymbol{B}=2\boldsymbol{A}^3-5\boldsymbol{A}^2+3\boldsymbol{E}$ 的特征值与 $|\boldsymbol{B}|$.

6.$\boldsymbol{A}$ 为 n 阶方阵,$\boldsymbol{AX}=\boldsymbol{O}$ 有非零解,则 $\boldsymbol{A}$ 必有一个特征值是__________.

7.$\boldsymbol{A}$ 为 n 阶方阵,λ 是 $\boldsymbol{A}$ 的一个特征值,则 $\boldsymbol{A}^*$ 必有一个特征值是______.

8.设向量 $\boldsymbol{\alpha}=(a_1,a_2,\cdots,a_n)^{\mathrm{T}}$,$\boldsymbol{\beta}=(b_1,b_2,\cdots,b_n)^{\mathrm{T}}$ 都是非零向量，而且 $\boldsymbol{\alpha}^{\mathrm{T}}\boldsymbol{\beta}=0$.记 n 阶矩阵 $\boldsymbol{A}=\boldsymbol{\alpha}\boldsymbol{\beta}^{\mathrm{T}}$.求：

(1)$\boldsymbol{A}^2$；

(2)矩阵 $\boldsymbol{A}$ 的特征值和特征向量.

4.3 相似矩阵

学习目标：

1.了解相似矩阵的概念；

2.掌握相似矩阵的性质；

3.熟悉实对称矩阵的对角化.

前面已经学习了矩阵之间的等价关系，在此基础上，本节将进一步研究矩阵之间的相似关系，进而讨论矩阵在相似关系下的性质并给出方阵相似于对角矩阵的条件.

4.3.1 相似矩阵的概念

定义1 设$\boldsymbol{A}$,$\boldsymbol{B}$都是n阶矩阵.若存在n阶可逆矩阵$\boldsymbol{P}$,使$\boldsymbol{P}^{-1}\boldsymbol{A}\boldsymbol{P}=\boldsymbol{B}$,则称$\boldsymbol{B}$是$\boldsymbol{A}$的相似矩阵，或称**矩阵$\boldsymbol{A}$与矩阵$\boldsymbol{B}$相似**，记作$\boldsymbol{A}\sim\boldsymbol{B}$.对$\boldsymbol{A}$进行$\boldsymbol{P}^{-1}\boldsymbol{A}\boldsymbol{P}$运算称为**对$\boldsymbol{A}$进行相似变换**，可逆矩阵$\boldsymbol{P}$称为**相似变换矩阵**.

矩阵的相似关系是一种等价关系，满足：

(1)自反性：对任意方阵$\boldsymbol{A}$,总有$\boldsymbol{A}\sim\boldsymbol{A}$.这是因为$\boldsymbol{A}=\boldsymbol{E}^{-1}\boldsymbol{A}\boldsymbol{E}$.

(2)对称性：若$\boldsymbol{A}\sim\boldsymbol{B}$,则$\boldsymbol{B}\sim\boldsymbol{A}$.事实上，由$\boldsymbol{A}\sim\boldsymbol{B}$知存在可逆矩阵$\boldsymbol{P}$,使得$\boldsymbol{B}=\boldsymbol{P}^{-1}\boldsymbol{A}\boldsymbol{P}$,于是$\boldsymbol{A}=\boldsymbol{P}\boldsymbol{B}\boldsymbol{P}^{-1}=(\boldsymbol{P}^{-1})^{-1}\boldsymbol{B}\boldsymbol{P}^{-1}$,从而$\boldsymbol{B}\sim\boldsymbol{A}$.

(3)传递性：若$\boldsymbol{A}\sim\boldsymbol{B}$,且$\boldsymbol{B}\sim\boldsymbol{C}$,则$\boldsymbol{A}\sim\boldsymbol{C}$.事实上，由$\boldsymbol{A}\sim\boldsymbol{B}$,$\boldsymbol{B}\sim\boldsymbol{C}$知存在可逆矩阵$\boldsymbol{P}_1$,$\boldsymbol{P}_2$,使得$\boldsymbol{B}=\boldsymbol{P}_1^{-1}\boldsymbol{A}\boldsymbol{P}_1$,$\boldsymbol{C}=\boldsymbol{P}_2^{-1}\boldsymbol{B}\boldsymbol{P}_2$,于是$\boldsymbol{C}=\boldsymbol{P}_2^{-1}\boldsymbol{B}\boldsymbol{P}_2=\boldsymbol{P}_2^{-1}(\boldsymbol{P}_1^{-1}\boldsymbol{A}\boldsymbol{P}_1)\boldsymbol{P}_2=(\boldsymbol{P}_1\boldsymbol{P}_2)^{-1}\boldsymbol{A}(\boldsymbol{P}_1\boldsymbol{P}_2)$,从而$\boldsymbol{A}\sim\boldsymbol{C}$.

注 两个常用运算表达式：

(1)$\boldsymbol{P}^{-1}(\boldsymbol{A}\boldsymbol{B})\boldsymbol{P}=(\boldsymbol{P}^{-1}\boldsymbol{A}\boldsymbol{P})(\boldsymbol{P}^{-1}\boldsymbol{B}\boldsymbol{P})$.

(2)$\boldsymbol{P}^{-1}(k\boldsymbol{A}+l\boldsymbol{B})\boldsymbol{P}=k\boldsymbol{P}^{-1}\boldsymbol{A}\boldsymbol{P}+l\boldsymbol{P}^{-1}\boldsymbol{B}\boldsymbol{P}$,其中$k$,$l$为任意实数.

例1 设有两个矩阵$\boldsymbol{A}=\begin{pmatrix}3&4\\5&2\end{pmatrix}$,$\boldsymbol{B}=\begin{pmatrix}1&9\\2&4\end{pmatrix}$,验证可逆矩阵$\boldsymbol{P}=\begin{pmatrix}1&-1\\-1&2\end{pmatrix}$,使得$\boldsymbol{A}\sim\boldsymbol{B}$.

证明 易知$\boldsymbol{P}$可逆且$\boldsymbol{P}^{-1}=\begin{pmatrix}2&1\\1&1\end{pmatrix}$,由

$$\boldsymbol{P}^{-1}\boldsymbol{AP}=\begin{pmatrix}2&1\\1&1\end{pmatrix}\begin{pmatrix}3&4\\5&2\end{pmatrix}\begin{pmatrix}1&-1\\-1&2\end{pmatrix}=\begin{pmatrix}1&9\\2&4\end{pmatrix}=\boldsymbol{B},\text{故}\boldsymbol{A}\sim\boldsymbol{B}.$$

矩阵间的相似关系实质上考虑的是矩阵的一种分解.特别地,若矩阵$\boldsymbol{A}$与一个对角矩阵$\boldsymbol{\Lambda}$相似,则有$\boldsymbol{A}=\boldsymbol{P}^{-1}\boldsymbol{\Lambda P}$,这种分解使得对于较大的$k$值能快速地计算$\boldsymbol{A}^k$,这也是线性代数很多应用中的一个基本思想.

例如,设$\boldsymbol{\Lambda}=\begin{pmatrix}3&0\\0&5\end{pmatrix}$,则

$$\boldsymbol{\Lambda}^2=\begin{pmatrix}3&0\\0&5\end{pmatrix}\begin{pmatrix}3&0\\0&5\end{pmatrix}=\begin{pmatrix}3^2&0\\0&5^2\end{pmatrix},$$

$$\boldsymbol{\Lambda}^3=\begin{pmatrix}3&0\\0&5\end{pmatrix}\begin{pmatrix}3^2&0\\0&5^2\end{pmatrix}=\begin{pmatrix}3^3&0\\0&5^3\end{pmatrix}.$$

一般地,我们有

$$\boldsymbol{\Lambda}^n=\begin{pmatrix}3^n&0\\0&5^n\end{pmatrix},n\geqslant 1.$$

4.3.2 相似矩阵的性质

命题1 若$\boldsymbol{A}\sim\boldsymbol{B}$,则$r(\boldsymbol{A})=r(\boldsymbol{B})$,且$|\boldsymbol{A}|=|\boldsymbol{B}|$.

证明 由$\boldsymbol{A}$与$\boldsymbol{B}$相似,存在可逆阵$\boldsymbol{P}$,使得

$$\boldsymbol{B}=\boldsymbol{P}^{-1}\boldsymbol{AP},\text{且}\boldsymbol{A}=\boldsymbol{PBP}^{-1},\text{则}$$

$r(\boldsymbol{B})=r(\boldsymbol{P}^{-1}\boldsymbol{AP})\leqslant r(\boldsymbol{AP})\leqslant r(\boldsymbol{A})=r(\boldsymbol{PBP}^{-1})\leqslant r(\boldsymbol{PB})\leqslant r(\boldsymbol{B})$,故得$r(\boldsymbol{A})=r(\boldsymbol{B})$.进而两边同时取行列式,得

$$|\boldsymbol{B}|=|\boldsymbol{P}^{-1}\boldsymbol{AP}|=|\boldsymbol{P}^{-1}||\boldsymbol{A}||\boldsymbol{P}|=|\boldsymbol{P}^{-1}||\boldsymbol{P}||\boldsymbol{A}|=|\boldsymbol{P}^{-1}\boldsymbol{P}||\boldsymbol{A}|=|\boldsymbol{E}||\boldsymbol{A}|=|\boldsymbol{A}|.$$

注 性质1可用来证明两个矩阵不相似.

例2 设$\boldsymbol{A}=\begin{pmatrix}1&2&3\\-1&4&3\\0&0&0\end{pmatrix}$,$\boldsymbol{B}=\begin{pmatrix}1&2&3\\2&4&6\\0&0&0\end{pmatrix}$,试判断$\boldsymbol{A}$与$\boldsymbol{B}$的相似性.

解 易知 $r(\boldsymbol{A})=2, r(\boldsymbol{B})=1$,由性质 1,则 $\boldsymbol{A}$ 与 $\boldsymbol{B}$ 不相似.

命题 2 相似矩阵具有相同的可逆性,当它们可逆时,它们的逆矩阵也相似.

证明 设 $\boldsymbol{A}$ 与 $\boldsymbol{B}$ 相似,则 $|\boldsymbol{A}|=|\boldsymbol{B}|$,故 $\boldsymbol{A}$ 与 $\boldsymbol{B}$ 具有相同的可逆性.若 $\boldsymbol{A}$ 与 $\boldsymbol{B}$ 相似且都可逆,则存在可逆阵 $\boldsymbol{P}$,使得

$$\boldsymbol{B}=\boldsymbol{P}^{-1}\boldsymbol{A}\boldsymbol{P}.$$

由此可得

$$\boldsymbol{B}^{-1}=\boldsymbol{P}^{-1}\boldsymbol{A}^{-1}\boldsymbol{P}.$$

即 $\boldsymbol{A}^{-1}$ 与 $\boldsymbol{B}^{-1}$ 相似且相似变换阵仍为 $\boldsymbol{P}$.

命题 3 设 $\boldsymbol{A}$ 与 $\boldsymbol{B}$ 相似,那么 $k\boldsymbol{A}$ 与 $k\boldsymbol{B}$ 相似,$\boldsymbol{A}^m$ 与 $\boldsymbol{B}^m$ 相似(其中 k 为任意数,m 为任意的正整数).

证明 设 $\boldsymbol{A}$ 与 $\boldsymbol{B}$ 相似,那么存在可逆阵 $\boldsymbol{P}$,使得

$$\boldsymbol{B}=\boldsymbol{P}^{-1}\boldsymbol{A}\boldsymbol{P}.$$

故有

$$k\boldsymbol{B}=\boldsymbol{P}^{-1}(k\boldsymbol{A})\boldsymbol{P}.$$

及

$$\boldsymbol{B}^m=(\boldsymbol{P}^{-1}\boldsymbol{A}\boldsymbol{P})^m=(\boldsymbol{P}^{-1}\boldsymbol{A}\boldsymbol{P})(\boldsymbol{P}^{-1}\boldsymbol{A}\boldsymbol{P})\cdots(\boldsymbol{P}^{-1}\boldsymbol{A}\boldsymbol{P})=\boldsymbol{P}^{-1}\boldsymbol{A}^m\boldsymbol{P}.$$

因此 $k\boldsymbol{A}$ 与 $k\boldsymbol{B}$ 相似,$\boldsymbol{A}^m$ 与 $\boldsymbol{B}^m$ 相似.

推论 1 设 $\boldsymbol{A}$ 与 $\boldsymbol{B}$ 相似,$\varphi(x)$ 为一多项式,则 $\varphi(\boldsymbol{A})$ 与 $\varphi(\boldsymbol{B})$ 相似.

证明 因 $\boldsymbol{A}$ 与 $\boldsymbol{B}$ 相似,那么存在可逆阵 $\boldsymbol{P}$,使得

$$\boldsymbol{B}=\boldsymbol{P}^{-1}\boldsymbol{A}\boldsymbol{P}.$$

设 $\varphi(x)=a_0+a_1x+\cdots+a_mx^m$.因此

$$\begin{aligned}\varphi(\boldsymbol{B})&=a_0\boldsymbol{I}+a_1\boldsymbol{B}+\cdots+a_m\boldsymbol{B}^m\\&=a_0\boldsymbol{I}+a_1(\boldsymbol{P}^{-1}\boldsymbol{A}\boldsymbol{P})+\cdots+a_m(\boldsymbol{P}^{-1}\boldsymbol{A}\boldsymbol{P})^m\\&=\boldsymbol{P}^{-1}(a_0\boldsymbol{I})\boldsymbol{P}+\boldsymbol{P}^{-1}(a_1\boldsymbol{A})\boldsymbol{P}+\cdots+\boldsymbol{P}^{-1}(a_m\boldsymbol{A}^m)\boldsymbol{P}\\&=\boldsymbol{P}^{-1}(a_0\boldsymbol{I}+a_1\boldsymbol{A}+\cdots+a_m\boldsymbol{A}^m)\boldsymbol{P}.\end{aligned}$$

即 $\varphi(\boldsymbol{A})$ 与 $\varphi(\boldsymbol{B})$ 相似.

命题 4 设 $\boldsymbol{A}$ 与 $\boldsymbol{B}$ 相似,则 $\boldsymbol{A}$ 与 $\boldsymbol{B}$ 的特征多项式相同,从而 $\boldsymbol{A}$ 与 $\boldsymbol{B}$ 的特征值相同.

证明 因 $\boldsymbol{A}$ 与 $\boldsymbol{B}$ 相似,那么存在可逆阵 $\boldsymbol{P}$,使得

$$\boldsymbol{B}=\boldsymbol{P}^{-1}\boldsymbol{A}\boldsymbol{P}.$$

故

$$\begin{aligned}|\lambda\boldsymbol{E}-\boldsymbol{B}| &= |\lambda\boldsymbol{E}-\boldsymbol{P}^{-1}\boldsymbol{A}\boldsymbol{P}| = |\boldsymbol{P}^{-1}(\lambda\boldsymbol{E}-\boldsymbol{A})\boldsymbol{P}| \\ &= |\boldsymbol{P}^{-1}||\lambda\boldsymbol{E}-\boldsymbol{A}||\boldsymbol{P}| = |\lambda\boldsymbol{E}-\boldsymbol{A}|.\end{aligned}$$

注 此性质的逆命题不成立,即具有相同特征多项式或具有相同特征值的两个同阶方阵不一定相似.例如 $\boldsymbol{A}=\begin{pmatrix}1&0\\3&1\end{pmatrix}$,$\boldsymbol{B}=\begin{pmatrix}1&0\\0&1\end{pmatrix}$,它们的特征多项式相同,但不存在可逆阵 $\boldsymbol{P}$,使得

$$\boldsymbol{P}^{-1}\boldsymbol{A}\boldsymbol{P}=\boldsymbol{B}.$$

推论 2 若 n 阶矩阵与对角矩阵

$$\boldsymbol{\Lambda}=\begin{pmatrix}\lambda_1 & & & \\ & \lambda_2 & & \\ & & \ddots & \\ & & & \lambda_n\end{pmatrix}$$

相似,则 $\lambda_1,\lambda_2,\cdots,\lambda_n$ 即是 $\boldsymbol{A}$ 的 n 个特征值.

证明 因 $\lambda_1,\lambda_2,\cdots,\lambda_n$ 是 $\boldsymbol{\Lambda}$ 的 n 个特征值,由命题 4 知 $\lambda_1,\lambda_2,\cdots,\lambda_n$ 也是 $\boldsymbol{A}$ 的 n 个特征值.

4.3.3 矩阵与对角矩阵相似的条件

一般来说,与某矩阵 $\boldsymbol{A}$ 相似的矩阵并不是唯一的,也未必是对角矩阵.然而对某些矩阵,如果适当选取可逆矩阵 $\boldsymbol{P}$,使 $\boldsymbol{P}^{-1}\boldsymbol{A}\boldsymbol{P}$ 成为对角矩阵,这样的矩阵称为是**可对角化**的.我们来考虑矩阵对角化的以下问题:

(1) n 阶方阵可对角化的充分必要条件是什么?

(2)如果 n 阶方阵 $\boldsymbol{A}$ 能与对角矩阵可对角化的充分必要条件是和 $\boldsymbol{\Lambda}$ 相似,那么使得 $\boldsymbol{P}^{-1}\boldsymbol{A}\boldsymbol{P}=\boldsymbol{\Lambda}$ 的可逆矩阵 $\boldsymbol{P}$ 的结构如何?怎样求出?

(3)如果 $\boldsymbol{P}^{-1}\boldsymbol{A}\boldsymbol{P}$ 为对角矩阵 $\boldsymbol{\Lambda}$,$\boldsymbol{\Lambda}$ 应有何种结构?

定理 1 n 阶方阵 $\boldsymbol{A}$ 可对角化的充分必要条件是 $\boldsymbol{A}$ 有 n 个线性无关的特征向量.

证明 (1)必要性.设 n 阶矩阵 $\boldsymbol{A}$ 与对角矩阵 $\boldsymbol{\Lambda}=\begin{pmatrix}\lambda_1 & & & \\ & \lambda_2 & & \\ & & \ddots & \\ & & & \lambda_n\end{pmatrix}$ 相似,

那么存在可逆矩阵 $\boldsymbol{P}$，使 $\boldsymbol{P}^{-1}\boldsymbol{A}\boldsymbol{P}=\begin{pmatrix}\lambda_1 & & & \\ & \ddots & & \\ & & \ddots & \\ & & & \lambda_n\end{pmatrix}=\boldsymbol{\Lambda}$，于是 $\boldsymbol{AP}=\boldsymbol{P\Lambda}$.将矩阵 $\boldsymbol{P}$ 按列分块成 $\boldsymbol{P}=(\boldsymbol{x}_1,\boldsymbol{x}_2,\cdots\boldsymbol{x}_n)$，便有

$$\boldsymbol{A}(\boldsymbol{x}_1,\boldsymbol{x}_2,\cdots,\boldsymbol{x}_n)=(\boldsymbol{x}_1,\boldsymbol{x}_2,\cdots,\boldsymbol{x}_n)\begin{pmatrix}\lambda_1 & & & \\ & \ddots & & \\ & & \ddots & \\ & & & \lambda_n\end{pmatrix},$$

故 $(\boldsymbol{Ax}_1,\boldsymbol{Ax}_2,\cdots,\boldsymbol{Ax}_n)=(\lambda_1\boldsymbol{x}_1,\lambda_2\boldsymbol{x}_2,\cdots,\lambda_n\boldsymbol{x}_n)$，于是 $\boldsymbol{Ax}_i=\lambda_i\boldsymbol{x}_i(i=1,2,\cdots,n)$.

因 $\boldsymbol{P}$ 可逆，故 $\boldsymbol{x}_i\neq 0(i=1,2,\cdots,n)$ 且向量组 $\boldsymbol{x}_1,\boldsymbol{x}_2,\cdots,\boldsymbol{x}_n$ 线性无关，又由 $\boldsymbol{Ax}_i=\lambda_i\boldsymbol{x}_i$ 知，$\lambda_1,\lambda_2,\cdots,\lambda_n$ 为 n 阶矩阵 $\boldsymbol{A}$ 的特征值，$\boldsymbol{x}_1,\boldsymbol{x}_2,\cdots,\boldsymbol{x}_n$ 分别为对应的特征向量.所以 $\boldsymbol{A}$ 有 n 个线性无关的特征向量.

(2)充分性.设 $\boldsymbol{x}_1,\boldsymbol{x}_2,\cdots,\boldsymbol{x}_n$ 为 $\boldsymbol{A}$ 的 n 个线性无关的特征向量，其对应特征值分别为 $\lambda_1,\lambda_2,\cdots,\lambda_n$(可能有相同的)，即有 $\boldsymbol{Ax}_i=\lambda_i\boldsymbol{x}_i(i=1,2,\cdots,n)$.

令矩阵 $\boldsymbol{P}=(\boldsymbol{x}_1,\boldsymbol{x}_2,\cdots,\boldsymbol{x}_n)$，易知 $\boldsymbol{P}$ 可逆，且

$$\boldsymbol{AP}=\boldsymbol{A}(\boldsymbol{x}_1,\boldsymbol{x}_2,\cdots,\boldsymbol{x}_n)=(\boldsymbol{Ax}_1,\boldsymbol{Ax}_2,\cdots,\boldsymbol{Ax}_n)=(\lambda_1\boldsymbol{x}_1,\lambda_2\boldsymbol{x}_2,\cdots,\lambda_n\boldsymbol{x}_n)$$

$$=(\boldsymbol{x}_1,\boldsymbol{x}_2,\cdots,\boldsymbol{x}_n)\begin{pmatrix}\lambda_1 & & \\ & \ddots & \\ & & \lambda_n\end{pmatrix}=\boldsymbol{P\Lambda},\boldsymbol{\Lambda}=\begin{pmatrix}\lambda_1 & & \\ & \ddots & \\ & & \lambda_n\end{pmatrix}.$$

因为 $\boldsymbol{x}_1,\boldsymbol{x}_2,\cdots,\boldsymbol{x}_n$ 线性无关，故 $\boldsymbol{P}$ 可逆，用 $\boldsymbol{P}^{-1}$ 左乘上式两端得

$$\boldsymbol{P}^{-1}\boldsymbol{AP}=\boldsymbol{\Lambda},$$

即 $\boldsymbol{A}$ 与对角矩阵 $\boldsymbol{\Lambda}$ 相似.

注 $\lambda_1,\lambda_2,\cdots,\lambda_n$ 的排列次序与相应的特征向量 $\boldsymbol{x}_1,\boldsymbol{x}_2,\cdots,\boldsymbol{x}_n$ 的排列次序必须一致.

定理 1 的证明过程实际上给出了将方阵对角化的方法.

推论 3 如果 n 阶矩阵 $\boldsymbol{A}$ 有 n 个互异的特征值，那么 $\boldsymbol{A}$ 一定可对角化.

当 $\boldsymbol{A}$ 的特征方程有重根时，就不一定有 n 个线性无关的特征向量，从而不一定能对角化.但是在4.2 节例2 中 $\boldsymbol{A}$ 的特征方程虽有重根，却能找到3 个线性无关的特征向量，因此例 2 中的 $\boldsymbol{A}$ 能对角化.

定理 2 n 阶矩阵 $\boldsymbol{A}$ 可对角化的充要条件是对应于 $\boldsymbol{A}$ 的每个特征值的线性无关的特征向量的个数恰好等于该特征值的重数,即设 λ_i 是矩阵 $\boldsymbol{A}$ 的 n_i 重特征值,则 $r(\lambda_i\boldsymbol{E}-\boldsymbol{A})=n-n_i(i=1,2,\cdots,n)$.

例如,矩阵 $\boldsymbol{A}=\begin{pmatrix}1&1&1\\0&0&0\\0&0&0\end{pmatrix}$ 的特征值为 1,0,0,对 $\lambda_2=0,n_2=2$,有 $r(\lambda_2\boldsymbol{E}-\boldsymbol{B})=1=n-n_2=3-2$,故 $\boldsymbol{A}$ 能对角化.

又如,矩阵 $\boldsymbol{B}=\begin{pmatrix}1&1&0\\0&0&1\\0&0&0\end{pmatrix}$ 的特征值为 1,0,0,对 $\lambda_2=0,n_2=2$,有 $r(\lambda_2\boldsymbol{E}-\boldsymbol{B})=2\neq n-n_2=3-2$,故 $\boldsymbol{B}$ 不能对角化.

4.3.4 矩阵对角化的步骤

若矩阵可对角化,则可按下列步骤来实现:

(1)求出 $\boldsymbol{A}$ 的全部特征值 $\lambda_1,\lambda_2,\cdots,\lambda_s$;

(2)对每一个特征值 λ_i,设其重数为 n_i,则对应齐次方程组 $(\lambda_i\boldsymbol{E}-\boldsymbol{A})\boldsymbol{X}=\boldsymbol{0}$ 的基础解系 $\boldsymbol{\xi}_{i1},\boldsymbol{\xi}_{i2},\cdots,\boldsymbol{\xi}_{in_i}$ 即为 λ_i 对应的线性无关的特征向量;

(3)上面求出的特征向量 $\boldsymbol{\xi}_{11},\boldsymbol{\xi}_{12},\cdots,\boldsymbol{\xi}_{1n_1},\boldsymbol{\xi}_{21},\boldsymbol{\xi}_{22},\cdots,\boldsymbol{\xi}_{2n_2},\cdots,\boldsymbol{\xi}_{s1},\boldsymbol{\xi}_{s2},\cdots,\boldsymbol{\xi}_{sn_s}$ 恰好为矩阵 $\boldsymbol{A}$ 的 n 个线性无关的特征向量;

(4)令 $\boldsymbol{P}=(\boldsymbol{\xi}_{11},\boldsymbol{\xi}_{12},\cdots,\boldsymbol{\xi}_{1n_1},\boldsymbol{\xi}_{21},\boldsymbol{\xi}_{22},\cdots,\boldsymbol{\xi}_{2n_2},\cdots,\boldsymbol{\xi}_{s1},\boldsymbol{\xi}_{s2},\cdots,\boldsymbol{\xi}_{sn_s})$,则

$$\boldsymbol{P}^{-1}\boldsymbol{A}\boldsymbol{P}=\boldsymbol{\Lambda}=\begin{pmatrix}\lambda_1&&&&&&&&\\&\ddots&&&&&&&\\&&\lambda_1&&&&&&\\&&&\lambda_2&&&&&\\&&&&\ddots&&&&\\&&&&&\lambda_2&&&\\&&&&&&\ddots&&\\&&&&&&&\lambda_s&\\&&&&&&&&\ddots\\&&&&&&&&&\lambda_s\end{pmatrix}.$$

例 3 设 $\boldsymbol{A}=\begin{pmatrix}1 & 0 & 0\\ -2 & 5 & -2\\ -2 & 4 & -1\end{pmatrix}$.

(1) 证明 $\boldsymbol{A}$ 可对角化；

(2) 求相似变换阵 $\boldsymbol{P}$，使 $\boldsymbol{P}^{-1}\boldsymbol{A}\boldsymbol{P}$ 为对角矩阵；

(3) 求 $\boldsymbol{A}^k$.

解 (1) 因 $\boldsymbol{A}$ 的特征多项式为

$$|\lambda\boldsymbol{E}-\boldsymbol{A}|=\begin{vmatrix}\lambda-1 & 0 & 0\\ 2 & \lambda-5 & 2\\ 2 & -4 & \lambda+1\end{vmatrix}=(\lambda-1)^2(\lambda-3),$$

故 $\boldsymbol{A}$ 的特征值为 $\lambda_1=\lambda_2=1$，$\lambda_3 - 3$.

对于 $\lambda_1=\lambda_2=1$，对应的齐次线性方程组为

$$\begin{pmatrix}0 & 0 & 0\\ 2 & -4 & 2\\ 2 & -4 & 2\end{pmatrix}\begin{pmatrix}x_1\\ x_2\\ x_3\end{pmatrix}=\begin{pmatrix}0\\ 0\\ 0\end{pmatrix},$$

其基础解系 $\boldsymbol{\xi}_1=\begin{pmatrix}2\\ 1\\ 0\end{pmatrix}$，$\boldsymbol{\xi}_2=\begin{pmatrix}-1\\ 0\\ 1\end{pmatrix}$ 是 $\boldsymbol{A}$ 属于 $\lambda_1=\lambda_2=1$ 的线性无关的特征向量.

对于 $\lambda_3=3$，对应的齐次线性方程组为

$$\begin{pmatrix}2 & 0 & 0\\ 2 & -2 & 2\\ 2 & -4 & 4\end{pmatrix}\begin{pmatrix}x_1\\ x_2\\ x_3\end{pmatrix}=\begin{pmatrix}0\\ 0\\ 0\end{pmatrix},$$

它的基础解系 $\boldsymbol{\xi}_3=\begin{pmatrix}0\\ 1\\ 1\end{pmatrix}$ 是 $\boldsymbol{A}$ 的属于 $\lambda_3=3$ 的特征向量.

因为属于不同特征值的特征向量线性无关，故 3 阶矩阵 $\boldsymbol{A}$ 有 3 个线性无关的特征向量. 因此，$\boldsymbol{A}$ 可对角化.

(2) 设 $\boldsymbol{P}=(\boldsymbol{\xi}_1,\boldsymbol{\xi}_2,\boldsymbol{\xi}_3)=\begin{pmatrix}2 & -1 & 0\\ 1 & 0 & 1\\ 0 & 1 & 1\end{pmatrix}$，则 $\boldsymbol{P}^{-1}\boldsymbol{A}\boldsymbol{P}=\begin{pmatrix}1 & & \\ & 1 & \\ & & 3\end{pmatrix}$ 为对角矩阵.

(3)由(2)可得$A = P\begin{pmatrix}1 & & \\ & 1 & \\ & & 3\end{pmatrix}P^{-1}$.于是

$$A^k = P\begin{pmatrix}1 & & \\ & 1 & \\ & & 3\end{pmatrix}^k P^{-1} = P\begin{pmatrix}1 & & \\ & 1 & \\ & & 3^k\end{pmatrix}P^{-1} = \begin{pmatrix}1 & 0 & 0 \\ 1-3^k & -1+2\cdot 3^k & -1+3^k \\ 1-3^k & -2+2\cdot 3^k & -2+3^k\end{pmatrix}.$$

例4　判断下列矩阵可否对角化:

$$A = \begin{pmatrix}2 & -1 & 1 \\ 0 & 3 & -1 \\ 2 & 1 & 3\end{pmatrix}.$$

解　A的特征多项式为

$$|\lambda E - A| = \begin{vmatrix}\lambda-2 & 1 & -1 \\ 0 & \lambda-3 & 1 \\ -2 & -1 & \lambda-3\end{vmatrix} = (\lambda-2)^2(\lambda-4),$$

A的特征值为$\lambda_1 = \lambda_2 = 2, \lambda_3 = 4$.

对于$\lambda_1 = \lambda_2 = 2$,对应的齐次线性方程组为

$$\begin{pmatrix}0 & 1 & -1 \\ 0 & -1 & 1 \\ -2 & -1 & -1\end{pmatrix}\begin{pmatrix}x_1 \\ x_2 \\ x_3\end{pmatrix} = \begin{pmatrix}0 \\ 0 \\ 0\end{pmatrix},$$

基础解系$\boldsymbol{\xi}_1 = \begin{pmatrix}-1 \\ 1 \\ 1\end{pmatrix}$是$A$的属于$\lambda_1 = \lambda_2 = 2$的特征向量.

对于$\lambda_3 = 4$,对应的齐次线性方程组为

$$\begin{pmatrix}2 & 1 & -1 \\ 0 & 1 & 1 \\ -2 & -1 & 1\end{pmatrix}\begin{pmatrix}x_1 \\ x_2 \\ x_3\end{pmatrix} = \begin{pmatrix}0 \\ 0 \\ 0\end{pmatrix},$$

基础解系$\boldsymbol{\xi}_2 = \begin{pmatrix}1 \\ -1 \\ 1\end{pmatrix}$是$A$的属于$\lambda_3 = 4$的特征向量.

因此,3阶矩阵A只有两个线性无关的特征向量,故A不能对角化.

例5 设 $\boldsymbol{A}=\begin{pmatrix}3&2&-2\\-k&-1&k\\4&2&-3\end{pmatrix}$，问 k 为何值时，矩阵 $\boldsymbol{A}$ 可对角化.

解 矩阵 $\boldsymbol{A}$ 的特征多项式

$$|\lambda\boldsymbol{E}-\boldsymbol{A}|=\begin{vmatrix}\lambda-3&-2&2\\k&\lambda+1&-k\\-4&-2&\lambda+3\end{vmatrix}=\begin{vmatrix}\lambda-1&-2&2\\0&\lambda+1&-k\\\lambda-1&-2&\lambda+3\end{vmatrix}$$

$$=(\lambda-1)\begin{vmatrix}1&-2&2\\0&\lambda+1&-k\\1&-2&\lambda+3\end{vmatrix}=(\lambda-1)\begin{vmatrix}1&-2&2\\0&\lambda+1&-k\\0&0&\lambda+1\end{vmatrix}$$

$$=(\lambda-1)(\lambda+1)^2,$$

所以 $\boldsymbol{A}$ 的特征值为 $\lambda_1=1,\lambda_2=\lambda_3=-1$. 由定理2可知，对应二重特征值 $\lambda_2=\lambda_3=-1$，$\boldsymbol{A}$ 应有两个线性无关的特征向量，故线性方程组 $(\lambda_2\boldsymbol{E}-\boldsymbol{A})\boldsymbol{X}=\boldsymbol{0}$ 的系数矩阵的秩 $r(\lambda_2\boldsymbol{E}-\boldsymbol{A})=1$，而

$$-\boldsymbol{E}-\boldsymbol{A}=\begin{pmatrix}-4&-2&2\\k&0&-k\\-4&-2&2\end{pmatrix}\to\begin{pmatrix}-4&-2&2\\k&0&-k\\0&0&0\end{pmatrix}\to\begin{pmatrix}-2&-2&2\\0&0&-k\\0&0&0\end{pmatrix},$$

故 $k=0$ 时，$\boldsymbol{A}$ 可对角化.

习题 4.3

1. 设矩阵 $\boldsymbol{A}=\begin{pmatrix}-1&-2&2\\0&1&0\\0&0&1\end{pmatrix}$，求可逆矩阵 $\boldsymbol{P}$，使 $\boldsymbol{P}^{-1}\boldsymbol{AP}$ 为对角矩阵.

2. 设矩阵 $\boldsymbol{A}$ 与 $\boldsymbol{B}$ 相似，其中

$$\boldsymbol{A}=\begin{pmatrix}-2&0&0\\2&x&2\\3&1&1\end{pmatrix},\boldsymbol{B}=\begin{pmatrix}-1&0&0\\0&2&0\\0&0&y\end{pmatrix}.$$

(1) 求 x 和 y 的值；

(2) 求可逆矩阵 $\boldsymbol{P}$，使得 $\boldsymbol{P}^{-1}\boldsymbol{AP}=\boldsymbol{B}$.

3.已知 $\boldsymbol{\xi}=\begin{pmatrix}1\\1\\-1\end{pmatrix}$ 是矩阵 $\boldsymbol{A}=\begin{pmatrix}2&-1&2\\5&a&3\\-1&b&-2\end{pmatrix}$ 的一个特征向量.

(1)试确定参数 a,b 及特征向量 $\boldsymbol{\xi}$ 所对应的特征值;

(2)判断 $\boldsymbol{A}$ 能否相似于对角阵?并说明理由.

4.设3阶矩阵 $\boldsymbol{A}$ 的特征值为 $\lambda_1=2,\lambda_2=-2,\lambda_3=1$,对应的特征向量依次为 $\boldsymbol{p}_1=\begin{pmatrix}0\\1\\1\end{pmatrix},\boldsymbol{p}_2=\begin{pmatrix}1\\1\\1\end{pmatrix},\boldsymbol{p}_3=\begin{pmatrix}1\\1\\0\end{pmatrix}$,求矩阵 $\boldsymbol{A}$.

5.设 $\boldsymbol{A}=\begin{pmatrix}-1&1&0\\-2&2&0\\4&-2&1\end{pmatrix}$,求 $\boldsymbol{A}^{100}$.

6.设矩阵 $\boldsymbol{A}=\begin{pmatrix}1&-1&1\\x&4&y\\-3&-3&5\end{pmatrix}$,已知 $\boldsymbol{A}$ 有3个线性无关的特征向量,$\lambda=2$ 是 $\boldsymbol{A}$ 的二重特征值.试求可逆矩阵 $\boldsymbol{P}$,使得 $\boldsymbol{P}^{-1}\boldsymbol{A}\boldsymbol{P}$ 为对角矩阵.

4.4　实对称矩阵的对角化

学习目标:

1.了解实对称矩阵的概念;

2.掌握实对称矩阵对角化的步骤;

3.熟悉实对称矩阵对角化的结论.

一个 n 阶矩阵具备什么条件才能对角化?如果其特征值不全是实数(即有复数特征值),那么在实数域上肯定不可对角化,但是在复数域上有可能对角化,也就是有可能与复对角矩阵相似.然而,实对称矩阵在实数域上一定可对角化,即一定与实对角矩阵相似.下面从实对称矩阵的特征值与特征向量的一些特设性质入手,解决实对称矩阵的对角化问题.

4.4.1 实对称矩阵的特征值与特征向量的性质

定理 1 实对称矩阵的特征值均为实数.

证明 设$\boldsymbol{A}$为n阶实对称矩阵,在复数域上应有n个特征值,设λ为$\boldsymbol{A}$的任意一个特征值,$\boldsymbol{\alpha}$是与之对应的特征向量,即有

$$\boldsymbol{A\alpha}=\lambda\boldsymbol{\alpha}. \tag{4.4.1}$$

对上式两端取共轭,并注意$\overline{\boldsymbol{A}}=\boldsymbol{A}$,则有

$$\boldsymbol{A}\overline{\boldsymbol{\alpha}}=\overline{\lambda}\overline{\boldsymbol{\alpha}},$$

两边同时转置,得

$$\overline{\boldsymbol{\alpha}}^{\mathrm{T}}\boldsymbol{A}=\overline{\lambda}\overline{\boldsymbol{\alpha}}^{\mathrm{T}}$$

则有

$$\overline{\boldsymbol{\alpha}}^{\mathrm{T}}\boldsymbol{A\alpha}=\overline{\lambda}\overline{\boldsymbol{\alpha}}^{\mathrm{T}}\boldsymbol{\alpha}, \tag{4.4.2}$$

由式(4.4.1)得

$$\overline{\boldsymbol{\alpha}}^{\mathrm{T}}\boldsymbol{A\alpha}=\lambda\overline{\boldsymbol{\alpha}}^{\mathrm{T}}\boldsymbol{\alpha}, \tag{4.4.3}$$

式(4.4.2)与式(4.4.3)两端相减,得$(\overline{\lambda}-\lambda)\overline{\boldsymbol{\alpha}}^{\mathrm{T}}\boldsymbol{\alpha}=0$.

由于$\boldsymbol{\alpha}\neq\boldsymbol{0}$,故$\overline{\boldsymbol{\alpha}}^{\mathrm{T}}\boldsymbol{\alpha}\neq 0$,于是必有$(\overline{\lambda}-\lambda)=0$,即$\overline{\lambda}=\lambda$,说明$\lambda$为实数.

定理 2 设λ_1,λ_2是对称阵$\boldsymbol{A}$的两个特征值,$\boldsymbol{p}_1,\boldsymbol{p}_2$是对应的特征向量.若$\lambda_1\neq\lambda_2$,则$\boldsymbol{p}_1$与$\boldsymbol{p}_2$正交.

证明 由已知得

$$\boldsymbol{A}\boldsymbol{p}_1=\lambda_1\boldsymbol{p}_1, \tag{4.4.4}$$
$$\boldsymbol{A}\boldsymbol{p}_2=\lambda_2\boldsymbol{p}_2, \tag{4.4.5}$$

将式(4.4.4)两端转置并右乘$\boldsymbol{p}_2$,将式(4.4.5)两端左乘$\boldsymbol{p}_1^{\mathrm{T}}$,得

$$\boldsymbol{p}_1^{\mathrm{T}}\boldsymbol{A}\boldsymbol{p}_2=\lambda_1\boldsymbol{p}_1^{\mathrm{T}}\boldsymbol{p}_2,$$
$$\boldsymbol{p}_1^{\mathrm{T}}\boldsymbol{A}\boldsymbol{p}_2=\lambda_2\boldsymbol{p}_1^{\mathrm{T}}\boldsymbol{p}_2,$$

于是可得

$$(\lambda_1-\lambda_2)\boldsymbol{p}_1^{\mathrm{T}}\boldsymbol{p}_2=0.$$

因为$\lambda_1-\lambda_2\neq 0$,所以必有$\boldsymbol{p}_1^{\mathrm{T}}\boldsymbol{p}_2=0$,即$\boldsymbol{p}_1$与$\boldsymbol{p}_2$正交.

定理 3 设$\boldsymbol{A}$是n阶实对称阵,λ是$\boldsymbol{A}$的特征方程的k重根,则矩阵$\lambda\boldsymbol{E}-\boldsymbol{A}$的秩$r(\lambda\boldsymbol{E}-\boldsymbol{A})=n-k$,从而对应于特征值$\lambda$恰有$k$个线性无关的特征向量.

由此可知,n阶实对称矩阵必有n个线性无关的特征向量.

4.4.2 实对称矩阵的对角化

由定理 3 及上节讨论知,实对称矩阵必可对角化.

将 n 阶实对称矩阵 $\boldsymbol{A}$ 的每个 k 重特征值 λ 对应的 k 个线性无关的特征向量用施密特方法正交化后,仍是 $\boldsymbol{A}$ 的属于特征值 λ 的特征向量,由此可知 n 阶实对称矩阵 $\boldsymbol{A}$ 一定有 n 个正交的单位特征向量,用其构成正交矩阵 $\boldsymbol{Q}$,有 $\boldsymbol{Q}^{-1}\boldsymbol{A}\boldsymbol{Q}=\boldsymbol{\Lambda}$,其中 $\boldsymbol{\Lambda}=\begin{pmatrix}\lambda_1 & & \\ & \ddots & \\ & & \lambda_n\end{pmatrix}$,$\lambda_1,\lambda_2,\cdots,\lambda_n$ 为 $\boldsymbol{A}$ 的 n 个特征值(k 重根出现 k 次).

故有下面的定理:

定理 4 设 $\boldsymbol{A}$ 为 n 阶实对称矩阵,则必有 n 阶正交矩阵 $\boldsymbol{Q}$,使得

$$\boldsymbol{Q}^{-1}\boldsymbol{A}\boldsymbol{Q}=\boldsymbol{Q}^{\mathrm{T}}\boldsymbol{A}\boldsymbol{Q}=\boldsymbol{\Lambda}=\begin{pmatrix}\lambda_1 & & & \\ & \lambda_2 & & \\ & & \ddots & \\ & & & \lambda_s\end{pmatrix},$$

其中 $\lambda_1,\lambda_2,\cdots,\lambda_s$ 是 $\boldsymbol{A}$ 的互异的特征值.

证明 设 $\boldsymbol{A}$ 的互不相等的特征值为 $\lambda_1,\lambda_2,\cdots,\lambda_s$,它们的重数分别为

$$r_1,r_2,\cdots,r_s(r_1+r_2+\cdots+r_s=n).$$

根据定理1和定理3知,对应特征值 $\lambda_i(i=1,2,\cdots,s)$ 恰有 r_i 个线性无关的特征向量,把它们正交化并且单位化,即得 r_i 个单位正交的特征向量.由 $\lambda_1+\lambda_2+\cdots+\lambda_s=n$ 知,这样的特征向量共有 n 个.再由定理 2 知,这 n 个单位特征向量两两正交,以它们为列向量构成正交矩阵 $\boldsymbol{Q}$,则 $\boldsymbol{Q}^{-1}\boldsymbol{A}\boldsymbol{Q}=\boldsymbol{Q}^{\mathrm{T}}\boldsymbol{A}\boldsymbol{Q}=\boldsymbol{\Lambda}$,而 $\boldsymbol{\Lambda}$ 的对角元素含有 r_i 个 $\lambda_i(i=1,2,\cdots,s)$,恰是 $\boldsymbol{A}$ 的 n 个特征值.

由 $\boldsymbol{Q}^{-1}\boldsymbol{A}\boldsymbol{Q}=\begin{pmatrix}\lambda_1 & & & \\ & \lambda_2 & & \\ & & \ddots & \\ & & & \lambda_n\end{pmatrix}$ 可知,正交矩阵 $\boldsymbol{Q}$ 的列向量 $\boldsymbol{e}_1,\boldsymbol{e}_2,\cdots,\boldsymbol{e}_n$ 是 $\boldsymbol{A}$ 的两两正交的单位特征向量.这里主要介绍如何具体算出上述正交矩阵 $\boldsymbol{Q}$.由于 $\boldsymbol{Q}$ 是正交矩阵,所以 $\boldsymbol{Q}$ 的列向量组是正交的单位向量组,且 $\boldsymbol{Q}$ 的列向量组是由 $\boldsymbol{A}$ 的 n 个线性无关的特征向量组成,因此对 $\boldsymbol{Q}$ 的列向量组有三条要求:

(1)每个列向量是特征向量;

(2)任意两个列向量正交；

(3)每个列向量是单位向量.

于是可求得正交变换矩阵 $\boldsymbol{Q}$,将实对称矩阵 $\boldsymbol{A}$ 对角化,其具体步骤为：

(1)由特征方程 $|\lambda\boldsymbol{E}-\boldsymbol{A}|=0$,求出 $\boldsymbol{A}$ 的全部互不相等的特征值 $\lambda_1,\lambda_2,\cdots,\lambda_s$,它们的重数依次为 $k_1,k_2,\cdots,k_s(k_1+\cdots+k_s=n)$；

(2)对每个 k_i 重特征值 λ_i,求方程 $(\lambda_i\boldsymbol{E}-\boldsymbol{A})\boldsymbol{X}=\boldsymbol{0}$ 的基础解系(特征向量)；

(3)将其正交化再单位化,就得 $\boldsymbol{A}$ 的属于特征值 λ_i 的 k_i 个两两正交的单位特征向量,因 $k_1+\cdots+k_s=n$,故共可得 n 个两两正交的单位特征向量；

(4)把这 n 个两两正交的单位特征向量构成正交矩阵 $\boldsymbol{Q}$,便有 $\boldsymbol{Q}^{-1}\boldsymbol{A}\boldsymbol{Q}=\boldsymbol{Q}^{\mathrm{T}}\boldsymbol{A}\boldsymbol{Q}=\boldsymbol{\Lambda}$.

注 $\boldsymbol{\Lambda}$ 中对角线上的特征值的次序应与 $\boldsymbol{Q}$ 中列向量的次序相对应.

例1 已知矩阵 $\boldsymbol{A}=\begin{pmatrix}4&2&2\\2&4&2\\2&2&4\end{pmatrix}$,求正交矩阵 $\boldsymbol{Q}$,使 $\boldsymbol{Q}^{-1}\boldsymbol{A}\boldsymbol{Q}=\boldsymbol{Q}^{\mathrm{T}}\boldsymbol{A}\boldsymbol{Q}$ 为对角矩阵.

解 (1)$\boldsymbol{A}$ 的特征多项式为

$$|\lambda\boldsymbol{E}-\boldsymbol{A}|=\begin{vmatrix}\lambda-4&-2&-2\\-2&\lambda-4&-2\\-2&-2&\lambda-4\end{vmatrix}=(\lambda-2)^2(\lambda-8),$$

故 $\boldsymbol{A}$ 的特征值为 $\lambda_1=\lambda_2=2,\lambda_3=8$.

(2)对于 $\lambda_1=\lambda_2=2$,对应的齐次线性方程组为

$$(2\boldsymbol{E}-\boldsymbol{A})\boldsymbol{X}=\boldsymbol{0}$$

即
$$\begin{pmatrix}-2&-2&-2\\-2&-2&-2\\-2&-2&-2\end{pmatrix}\begin{pmatrix}x_1\\x_2\\x_3\end{pmatrix}=\begin{pmatrix}0\\0\\0\end{pmatrix}.$$

它的一个基础解系为 $\boldsymbol{\xi}_1=\begin{pmatrix}-1\\1\\0\end{pmatrix},\boldsymbol{\xi}_2=\begin{pmatrix}-1\\0\\1\end{pmatrix}$,把 $\boldsymbol{\xi}_1,\boldsymbol{\xi}_2$ 正交化,得

$$\boldsymbol{b}_1=\boldsymbol{\xi}_1=\begin{pmatrix}-1\\1\\0\end{pmatrix},\boldsymbol{b}_2=\boldsymbol{\xi}_2-\frac{(\boldsymbol{b}_1,\boldsymbol{\xi}_2)}{(\boldsymbol{b}_1,\boldsymbol{b}_1)}\boldsymbol{b}_1=\begin{pmatrix}-\frac{1}{2}\\-\frac{1}{2}\\1\end{pmatrix},$$

再把 $\boldsymbol{b}_1,\boldsymbol{b}_2$ 单位化,得

$$\boldsymbol{e}_1=\begin{pmatrix}-\frac{1}{\sqrt{2}}\\ \frac{1}{\sqrt{2}}\\ 0\end{pmatrix},\boldsymbol{e}_2=\begin{pmatrix}-\frac{1}{\sqrt{6}}\\ -\frac{1}{\sqrt{6}}\\ \frac{2}{\sqrt{6}}\end{pmatrix}.$$

对于 $\lambda_3=8$,对应的齐次线性方程组为

$$(8\boldsymbol{E}-\boldsymbol{A})\boldsymbol{X}=\boldsymbol{0},$$

即
$$\begin{pmatrix}4&-2&-2\\-2&4&-2\\-2&-2&4\end{pmatrix}\begin{pmatrix}x_1\\x_2\\x_3\end{pmatrix}=\begin{pmatrix}0\\0\\0\end{pmatrix}.$$

它的一个基础解系为 $\boldsymbol{\xi}_3=\begin{pmatrix}1\\1\\1\end{pmatrix}$,把 $\boldsymbol{\xi}_3$ 单位化,得

$$\boldsymbol{e}_3=\begin{pmatrix}\frac{1}{\sqrt{3}}\\ \frac{1}{\sqrt{3}}\\ \frac{1}{\sqrt{3}}\end{pmatrix}.$$

记
$$\boldsymbol{Q}=(\boldsymbol{e}_1,\boldsymbol{e}_2,\boldsymbol{e}_3)=\begin{pmatrix}-\frac{1}{\sqrt{2}}&-\frac{1}{\sqrt{6}}&\frac{1}{\sqrt{3}}\\ \frac{1}{\sqrt{2}}&-\frac{1}{\sqrt{6}}&\frac{1}{\sqrt{3}}\\ 0&\frac{2}{\sqrt{6}}&\frac{1}{\sqrt{3}}\end{pmatrix},$$

那么 $\boldsymbol{Q}$ 为正交矩阵,且

$$\boldsymbol{Q}^{-1}\boldsymbol{A}\boldsymbol{Q}=\boldsymbol{Q}^{\mathrm{T}}\boldsymbol{A}\boldsymbol{Q}=\begin{pmatrix}2&&\\&2&\\&&8\end{pmatrix}.$$

例 2 设3阶实对称矩阵 $\boldsymbol{A}$ 的特征值为1,2,3,$\boldsymbol{A}$ 的属于特征值1,2的特征向量分别是 $\boldsymbol{\xi}_1=(-1,-1,1)^{\mathrm{T}}$,$\boldsymbol{\xi}_2=(1,-2,-1)^{\mathrm{T}}$,求:

(1)$\boldsymbol{A}$ 的属于特征值3的特征向量;

(2)方阵 $\boldsymbol{A}$.

解 (1)设 $\boldsymbol{A}$ 的属于特征值3的特征向量为 $\boldsymbol{\xi}_3=(x_1,x_2,x_3)^{\mathrm{T}}$,则 $\boldsymbol{\xi}_1^{\mathrm{T}}\boldsymbol{\xi}_3=0$,$\boldsymbol{\xi}_2^{\mathrm{T}}\boldsymbol{\xi}_3=0$,因

$$\boldsymbol{\xi}_1^{\mathrm{T}}\boldsymbol{\xi}_3=(-1,-1,1)\begin{pmatrix}x_1\\x_2\\x_3\end{pmatrix}=-x_1-x_2+x_3,$$

$$\boldsymbol{\xi}_2^{\mathrm{T}}\boldsymbol{\xi}_3=(1,-2,-1)\begin{pmatrix}x_1\\x_2\\x_3\end{pmatrix}=x_1-2x_2-x_3,$$

故得方程组 $\begin{cases}-x_1-x_2+x_3=0\\x_1-2x_2-x_3=0\end{cases}$,解得 $\begin{cases}x_1=x_3\\x_2=0\end{cases}$.

取 $x_3=1$,得 $\boldsymbol{\xi}_3=(1,0,1)^{\mathrm{T}}$,即为属于特征值3的特征向量.

(2)令 $\boldsymbol{Q}=(\boldsymbol{\xi}_1,\boldsymbol{\xi}_2,\boldsymbol{\xi}_3)=\begin{pmatrix}-1&1&1\\-1&-2&0\\1&-1&1\end{pmatrix}$,则 $\boldsymbol{Q}^{-1}=\dfrac{1}{6}\begin{pmatrix}-2&-2&2\\1&-2&-1\\3&0&3\end{pmatrix}$.

由 $\boldsymbol{Q}^{-1}\boldsymbol{A}\boldsymbol{Q}=\boldsymbol{\Lambda}=\begin{pmatrix}1&0&0\\0&2&0\\0&0&3\end{pmatrix}$,得

$$\boldsymbol{A}=\boldsymbol{Q}\boldsymbol{\Lambda}\boldsymbol{Q}^{-1}=\frac{1}{6}\begin{pmatrix}-1&1&1\\-1&-2&0\\1&-1&1\end{pmatrix}\begin{pmatrix}1&0&0\\0&2&0\\0&0&3\end{pmatrix}\begin{pmatrix}-2&-2&2\\1&-2&-1\\3&0&3\end{pmatrix}$$

$$=\frac{1}{6}\begin{pmatrix}13&-2&5\\-2&10&2\\5&2&13\end{pmatrix}.$$

例 3 设 $\boldsymbol{A}=\begin{pmatrix}2&-1\\-1&2\end{pmatrix}$,求 $\boldsymbol{A}^n$.

解 因 $\boldsymbol{A}$ 对称,故 $\boldsymbol{A}$ 可对角化,即有可逆矩阵 $\boldsymbol{P}$ 及对角阵 $\boldsymbol{\Lambda}$,使得 $\boldsymbol{P}^{-1}\boldsymbol{A}\boldsymbol{P}=\boldsymbol{\Lambda}$.于是 $\boldsymbol{A}=\boldsymbol{P}\boldsymbol{\Lambda}\boldsymbol{P}^{-1}$,从而 $\boldsymbol{A}^n=\boldsymbol{P}\boldsymbol{\Lambda}^n\boldsymbol{P}^{-1}$.

由 $|\lambda E - A| = \begin{vmatrix} \lambda - 2 & 1 \\ 1 & \lambda - 2 \end{vmatrix} = (\lambda - 1)(\lambda - 3)$. 得 A 的特征值 $\lambda_1 = 1$, $\lambda_2 = 3$. 于是 $\Lambda = \begin{pmatrix} 1 & 0 \\ 0 & 3 \end{pmatrix}$, $\Lambda^n = \begin{pmatrix} 1 & 0 \\ 0 & 3^n \end{pmatrix}$.

对应 $\lambda_1 = 1$, 由 $E - A = \begin{pmatrix} -1 & 1 \\ 1 & -1 \end{pmatrix} \xrightarrow{r} \begin{pmatrix} 1 & -1 \\ 0 & 0 \end{pmatrix}$, 得 $p_1 = \begin{pmatrix} 1 \\ 1 \end{pmatrix}$;

对应 $\lambda_2 = 3$, 由 $3E - A = \begin{pmatrix} 1 & 1 \\ 1 & 1 \end{pmatrix} \xrightarrow{r} \begin{pmatrix} 1 & 1 \\ 0 & 0 \end{pmatrix}$, 得 $p_2 = \begin{pmatrix} 1 \\ -1 \end{pmatrix}$,

并有 $P = (p_1, p_2) = \begin{pmatrix} 1 & 1 \\ 1 & -1 \end{pmatrix}$, 再求出得 $P^{-1} = \frac{1}{2}\begin{pmatrix} 1 & 1 \\ 1 & -1 \end{pmatrix}$. 于是

$$A^n = P\Lambda^n P^{-1} = P^{-1} = \frac{1}{2}\begin{pmatrix} 1 & 1 \\ 1 & -1 \end{pmatrix}\begin{pmatrix} 1 & 0 \\ 0 & 3^n \end{pmatrix}\begin{pmatrix} 1 & 1 \\ 1 & -1 \end{pmatrix} = \frac{1}{2}\begin{pmatrix} 1 + 3^n & 1 - 3^n \\ 1 - 3^n & 1 + 3^n \end{pmatrix}.$$

习题 4.4

1. 将下列实对称矩阵对角化, 写出相应的正交矩阵.

(1) $\begin{pmatrix} 1 & -2 & 0 \\ -2 & 2 & -2 \\ 0 & -2 & 3 \end{pmatrix}$; (2) $\begin{pmatrix} 4 & 2 & 2 \\ 2 & 4 & 2 \\ 2 & 2 & 4 \end{pmatrix}$.

2. 设 3 阶实对称矩阵 A 的特征值为 6, 3, 3, 与特征值 6 对应的特征向量为 $p_1 = \begin{pmatrix} 1 \\ 1 \\ 1 \end{pmatrix}$, 求 A.

3. 设 A 是奇数阶正交矩阵, 且 $|A| = 1$. 证明 $\lambda = 1$ 是 A 的特征值.

4. 已知 A 是 n 阶矩阵, 设存在正整数 k, 使 $A^k = O$(称这样的矩阵为幂零矩阵). 证明:

(1) $|A + E| = 1$;

(2) A 能相似对角化的充分必要条件是 $A = O$.

5. 设 $A = \begin{pmatrix} 1 & 0 & 1 \\ 0 & 2 & 0 \\ 1 & 0 & 1 \end{pmatrix}$, 找一正交矩阵 Q, 使 $Q^{-1}AQ$ 为对角矩阵, 并求 A^{10}.

6.设 n 阶实对称矩阵 $\boldsymbol{A},\boldsymbol{B}$ 的特征值相同.证明:存在 n 阶矩阵 $\boldsymbol{P}$ 和正交矩阵 $\boldsymbol{Q}$,使得 $\boldsymbol{A}=\boldsymbol{PQ},\boldsymbol{B}=\boldsymbol{QP}$.

总习题四

A 组

1.选择题

(1)矩阵 $\boldsymbol{A}=\begin{pmatrix}1&1&1&1\\1&1&1&1\\1&1&1&1\\1&1&1&1\end{pmatrix}$ 的非零特征值为(　　).

A.1　　B.2　　C.3　　D.4

(2)设 $\boldsymbol{A}$ 为 n 阶实对称矩阵,$\boldsymbol{\alpha}$ 是 $\boldsymbol{A}$ 的属于特征值 λ 的特征向量,$\boldsymbol{P}$ 为 n 阶可逆矩阵,则矩阵 $\boldsymbol{P}^{-1}\boldsymbol{A}^{\mathrm{T}}\boldsymbol{P}$ 的属于特征值 λ 的特征向量是(　　).

A.$\boldsymbol{P}^{-1}\boldsymbol{\alpha}$　　B.$\boldsymbol{P}^{\mathrm{T}}\boldsymbol{\alpha}$　　C.$\boldsymbol{P\alpha}$　　D.$(\boldsymbol{P}^{\mathrm{T}})^{-1}\boldsymbol{\alpha}$

(3)设 $\lambda=2$ 是可逆矩阵 $\boldsymbol{A}$ 的一个特征值,则矩阵 $\left(\frac{1}{3}\boldsymbol{A}^2\right)^{-1}$ 有一个特征值等于(　　).

A.$\frac{4}{3}$　　B.$\frac{3}{4}$　　C.$\frac{1}{2}$　　D.$\frac{1}{4}$

(4)已知 λ_1,λ_2 是矩阵 $\boldsymbol{A}$ 的两个不同的特征值,对应的特征向量分别为 $\boldsymbol{\alpha}_1$,$\boldsymbol{\alpha}_2$,则 $\boldsymbol{\alpha}_1,\boldsymbol{A}(\boldsymbol{\alpha}_1+\boldsymbol{\alpha}_2)$ 线性无关的充分必要条件是(　　).

A.$\lambda_1\neq 0$　　B.$\lambda_2\neq 0$　　C.$\lambda_1=0$　　D.$\lambda_2=0$

(5)设 $\boldsymbol{A},\boldsymbol{B}$ 为 n 阶矩阵,且 $\boldsymbol{A}$ 与 $\boldsymbol{B}$ 相似,则(　　).

A.$\lambda\boldsymbol{E}-\boldsymbol{A}=\lambda\boldsymbol{E}-\boldsymbol{B}$

B.$\boldsymbol{A}$ 与 $\boldsymbol{B}$ 有相同的特征值和特征向量

C.$\boldsymbol{A}$ 与 $\boldsymbol{B}$ 都相似于一个对角矩阵

D.对任意常数 t,$t\boldsymbol{E}-\boldsymbol{A}$ 与 $t\boldsymbol{E}-\boldsymbol{B}$ 相似

(6)设矩阵 $\boldsymbol{B}=\begin{pmatrix}0&0&1\\0&1&0\\1&0&0\end{pmatrix}$.已知矩阵 $\boldsymbol{A}$ 与 $\boldsymbol{B}$ 相似,则 $r(2\boldsymbol{E}-\boldsymbol{A})+r(\boldsymbol{E}-$

$\boldsymbol{A}$) = (　　).

A.2　　　B.3　　　C.4　　　D.5

2.填空题

(1)设 $\boldsymbol{A}=\begin{pmatrix}5&6&0\\-1&0&0\\1&2&-1\end{pmatrix}$,则 $\boldsymbol{A}$ 的特征值为 ________.

(2)设 $\boldsymbol{A}$ 为 n 阶矩阵,若方程 $\boldsymbol{Ax}=\boldsymbol{O}$ 有非零解,则 $\boldsymbol{A}$ 必有一个特征值为 ________.

(3)设 $\boldsymbol{A}$ 为 n 阶可逆矩阵,若 λ 为 $\boldsymbol{A}$ 的一个特征值,则 $(\boldsymbol{A}^*)^2+\boldsymbol{E}$ 必有特征值 ________.

(4)若 4 阶矩阵 $\boldsymbol{A}$ 与 $\boldsymbol{B}$ 相似,$\boldsymbol{A}$ 的特征值为 $\frac{1}{2}, \frac{1}{3}, \frac{1}{4}, \frac{1}{5}$,则行列式 $|\boldsymbol{B}^{-1}-\boldsymbol{E}|=$ ________.

(5)设 $\boldsymbol{A}$ 为 3 阶实对称矩阵,λ_0 为 $\boldsymbol{A}$ 的二重特征值,则 $r(\lambda_0\boldsymbol{E}-\boldsymbol{A})$ 等于 ________.

3.解答题

(1)设 $\boldsymbol{a}=\begin{pmatrix}1\\0\\-2\end{pmatrix}$,$\boldsymbol{b}=\begin{pmatrix}-4\\2\\3\end{pmatrix}$,$\boldsymbol{c}$ 与 $\boldsymbol{a}$ 正交,且 $\boldsymbol{b}=\lambda\boldsymbol{a}+\boldsymbol{c}$,求 λ 和 $\boldsymbol{c}$.

(2)判断下列矩阵是不是正交矩阵,并说明理由.

(a)$\begin{pmatrix}1&-\frac{1}{2}&\frac{1}{3}\\-\frac{1}{2}&1&\frac{1}{2}\\\frac{1}{3}&\frac{1}{2}&-1\end{pmatrix}$;　　(b)$\begin{pmatrix}\frac{1}{9}&-\frac{8}{9}&-\frac{4}{9}\\-\frac{8}{9}&\frac{1}{9}&-\frac{4}{9}\\-\frac{4}{9}&-\frac{4}{9}&\frac{7}{9}\end{pmatrix}$.

(3)设 $\boldsymbol{x}$ 为 n 维列向量,$\boldsymbol{x}^{\mathrm{T}}x=1$,令 $\boldsymbol{H}=\boldsymbol{E}-2\boldsymbol{x}^{\mathrm{T}}x$,证明 $\boldsymbol{H}$ 是对称的正交阵.

(4)求下列矩阵的特征值和特征向量,并判断它们的特征向量是否两两正交.

(a)$\begin{pmatrix}1&-1\\2&4\end{pmatrix}$;　　(b)$\begin{pmatrix}1&2&3\\2&1&3\\3&3&6\end{pmatrix}$.

(5)设方阵 $\boldsymbol{A}=\begin{pmatrix}1&-2&-4\\-2&x&-2\\-4&-2&1\end{pmatrix}$ 与 $\boldsymbol{\Lambda}=\begin{pmatrix}5&0&0\\0&y&0\\0&0&-4\end{pmatrix}$ 相似,求 x,y.

(6)设 $\boldsymbol{A},\boldsymbol{B}$ 都是 n 阶方阵,且 $|\boldsymbol{A}|\neq 0$,证明 $\boldsymbol{AB}$ 与 $\boldsymbol{BA}$ 相似.

(7)设 3 阶方阵 $\boldsymbol{A}$ 的特征值为 $\lambda_1=1,\lambda_2=0,\lambda_3=-1$,对应的特征向量依次为

$$\boldsymbol{P}_1=\begin{pmatrix}1\\2\\2\end{pmatrix},\boldsymbol{P}_2=\begin{pmatrix}2\\-2\\1\end{pmatrix},\boldsymbol{P}_3=\begin{pmatrix}-2\\-1\\2\end{pmatrix}.$$

求 A.

(8)设 n 阶矩阵 $\boldsymbol{A}=\begin{pmatrix}1&b&\cdots&b\\b&1&\cdots&b\\\vdots&\vdots&&\vdots\\-b&-b&\cdots&1\end{pmatrix}$,其中 $b\neq 0$.

(a)求 $\boldsymbol{A}$ 的特征值和特征向量;

(b)求可逆矩阵 $\boldsymbol{P}$,使得 $\boldsymbol{P}^{-1}\boldsymbol{AP}$ 为对角矩阵.

(9)试求一个正交的相似变换矩阵,将下列对称矩阵化为对角矩阵:

(a)$\begin{pmatrix}2&-2&0\\-2&1&-2\\0&-2&0\end{pmatrix}$;　　(b)$\begin{pmatrix}2&2&-2\\2&5&-4\\-2&-4&5\end{pmatrix}$.

(10)设 $\boldsymbol{A}=\begin{pmatrix}2&1&2\\1&2&2\\2&2&1\end{pmatrix}$,求 $\phi(\boldsymbol{A})=\boldsymbol{A}^{10}-6\boldsymbol{A}^9+5\boldsymbol{A}^8$.

B 组

1.选择题

(1)(2016,数一,数三,5)　设 $\boldsymbol{A},\boldsymbol{B}$ 是可逆矩阵,且 $\boldsymbol{A}$ 与 $\boldsymbol{B}$ 相似,则下列结论错误的是(　　).

A.$\boldsymbol{A}^{\mathrm{T}}$ 与 $\boldsymbol{B}^{\mathrm{T}}$ 相似　　B.$\boldsymbol{A}^{-1}$ 与 $\boldsymbol{B}^{-1}$ 相似

C.$\boldsymbol{A}+\boldsymbol{A}^{\mathrm{T}}$ 与 $\boldsymbol{B}+\boldsymbol{B}^{\mathrm{T}}$ 相似　　D.$\boldsymbol{A}+\boldsymbol{A}^{-1}$ 与 $\boldsymbol{B}+\boldsymbol{B}^{-1}$ 相似

(2)(2013,数一,6)　矩阵 $\begin{pmatrix}1&a&1\\a&b&a\\1&a&1\end{pmatrix}$ 与 $\begin{pmatrix}2&0&0\\0&b&0\\0&0&0\end{pmatrix}$ 相似的充分必要条件

是(　　).

A.$a=0,b=2$　　　　B.$a=0,b$ 为任意常数

C.$a=2,b=0$　　　　D.$a=2,b$ 为任意常数

(3)(2002,数三,4)　设 $\boldsymbol{A}$ 是 n 阶实对称矩阵,$\boldsymbol{P}$ 是 n 阶可逆矩阵.已知 n 维列向量 $\boldsymbol{\alpha}$ 是 $\boldsymbol{A}$ 的属于特征值 λ 的特征向量,则矩阵 $(\boldsymbol{P}^{-1}\boldsymbol{AP})^{\mathrm{T}}$ 属于特征值 λ 的特征向量是(　　).

A.$\boldsymbol{P}^{-1}\boldsymbol{\alpha}$　　B.$\boldsymbol{P}^{\mathrm{T}}\boldsymbol{\alpha}$　　C.$\boldsymbol{P}\boldsymbol{\alpha}$　　D.$(\boldsymbol{P}^{-1})^{\mathrm{T}}\boldsymbol{\alpha}$

2.填空题

(1)(2012,数一,13)　设 $\boldsymbol{\alpha}$ 为3维单位列向量,$\boldsymbol{E}$ 为3阶单位矩阵,则矩阵 $\boldsymbol{E}-\boldsymbol{\alpha}\boldsymbol{\alpha}^{\mathrm{T}}$ 的秩为 ________.

(2)(2009,数一,13)　若3维列向量 $\boldsymbol{\alpha},\boldsymbol{\beta}$ 满足 $\boldsymbol{\alpha}^{\mathrm{T}}\boldsymbol{\beta}=2$,其中 $\boldsymbol{\alpha}^{\mathrm{T}}$ 为 $\boldsymbol{\alpha}$ 的转置,则矩阵 $\boldsymbol{\beta}\boldsymbol{\alpha}^{\mathrm{T}}$ 的非零特征值为 ________.

(3)(2008,数三,13)　设3阶矩阵 $\boldsymbol{A}$ 的特征值为1,2,2,$\boldsymbol{E}$ 为3阶单位矩阵,则 $|4\boldsymbol{A}^{-1}-\boldsymbol{E}|=$ ________.

(4)(2015,数三,13)　若3阶矩阵 $\boldsymbol{A}$ 的特征值为2,-2,1,$\boldsymbol{B}=\boldsymbol{A}^2-\boldsymbol{A}+\boldsymbol{E}$,其中 $\boldsymbol{E}$ 为3阶单位阵,则行列式 $|\boldsymbol{B}|=$ ________.

3.解答题

(1)(2002,数三,18)　设 $\boldsymbol{A}$ 是3阶实对称矩阵,且满足条件 $\boldsymbol{A}^2+2\boldsymbol{A}=0$,已知 $\boldsymbol{A}$ 的秩 $r(\boldsymbol{A})=2$,求 $\boldsymbol{A}$ 的全部特征值.

(2)(2016,数一,数三,21)　已知矩阵 $\boldsymbol{A}=\begin{pmatrix}0&-1&1\\2&-3&0\\0&0&0\end{pmatrix}$,

(a)求 $\boldsymbol{A}^{99}$;

(b)设3阶矩阵 $\boldsymbol{B}=(\boldsymbol{\alpha},\boldsymbol{\alpha}_2,\boldsymbol{\alpha}_3)$ 满足 $\boldsymbol{B}^2=\boldsymbol{BA}$,记 $\boldsymbol{B}^{100}=(\boldsymbol{\beta}_1,\boldsymbol{\beta}_2,\boldsymbol{\beta}_3)$,将 $\boldsymbol{\beta}_1,\boldsymbol{\beta}_2,\boldsymbol{\beta}_3$ 分别表示为 $\boldsymbol{\alpha},\boldsymbol{\alpha}_2,\boldsymbol{\alpha}_3$ 的线性组合.

(3)(2015,数一、数三,21)　设矩阵 $\boldsymbol{A}=\begin{pmatrix}0&2&-3\\-1&3&-3\\1&-2&a\end{pmatrix}$ 相似于矩阵 $\boldsymbol{B}=\begin{pmatrix}1&-2&0\\0&b&0\\0&3&1\end{pmatrix}$.

(a)求 a,b 的值;

(b)求可逆矩阵 $\boldsymbol{P}$,使 $\boldsymbol{P}^{-1}\boldsymbol{AP}$ 为对角矩阵.

(4)(2014,数一,数三,21)

证明:n 阶矩阵$\begin{pmatrix} 1 & 1 & \cdots & 1 \\ 1 & 1 & \cdots & 1 \\ \vdots & \vdots & \ddots & \vdots \\ 1 & 1 & \cdots & 1 \end{pmatrix}$与$\begin{pmatrix} 0 & \cdots & 0 & 1 \\ 0 & \cdots & 0 & 2 \\ \vdots & & \vdots & \vdots \\ 0 & \cdots & 0 & n \end{pmatrix}$相似.

(5)(2011,数三,21)　$\boldsymbol{A}$ 为 3 阶实对称矩阵,$\boldsymbol{A}$ 的秩为 2,且

$$\boldsymbol{A}\begin{pmatrix} 1 & 1 \\ 0 & 0 \\ -1 & 1 \end{pmatrix} = \begin{pmatrix} -1 & 1 \\ 0 & 0 \\ 1 & 1 \end{pmatrix}.$$

(a)求 $\boldsymbol{A}$ 的所有特征值与特征向量;

(b)求矩阵 $\boldsymbol{A}$.

(6)(2007,数三,22)　设 3 阶实对称矩阵 $\boldsymbol{A}$ 的特征值 $\lambda_1 = 1,\lambda_2 = 2,\lambda_3 = -2$,$\boldsymbol{\alpha}_1 = (1, -1,1)^{\mathrm{T}}$ 是 $\boldsymbol{A}$ 的属于 λ_1 的一个特征向量.记 $\boldsymbol{B} = \boldsymbol{A}^5 - 4\boldsymbol{A}^3 + \boldsymbol{E}$,其中 $\boldsymbol{E}$ 为 3 阶单位矩阵.

(a)验证 $\boldsymbol{\alpha}_1$ 是矩阵 $\boldsymbol{B}$ 的特征向量,并求 $\boldsymbol{B}$ 的全部特征值与特征向量;

(b)求矩阵 $\boldsymbol{B}$.

(7)(2006,数三,21)　设 3 阶实对称矩阵 $\boldsymbol{A}$ 的各行元素之和均为 3,向量 $\boldsymbol{\alpha}_1 = (-1,2,-1)^{\mathrm{T}}$,$\boldsymbol{\alpha}_2 = (0,-1,1)^{\mathrm{T}}$ 是线性方程组 $\boldsymbol{A}x = \boldsymbol{O}$ 的两个解.

(a)求 $\boldsymbol{A}$ 的特征值与特征向量;

(b)求正交矩阵 $\boldsymbol{Q}$ 和对角矩阵 $\boldsymbol{\Lambda}$,使得 $\boldsymbol{Q}^{\mathrm{T}}\boldsymbol{AQ} = \boldsymbol{\Lambda}$;

(c)求 $\boldsymbol{A}$ 及$\left(\boldsymbol{A} - \dfrac{3}{2}\boldsymbol{E}\right)^6$,其中 $\boldsymbol{E}$ 为 3 阶单位矩阵.

(8)(2010,数三,21)　设$\boldsymbol{A} = \begin{pmatrix} 0 & -1 & 4 \\ -1 & 3 & a \\ 4 & a & 0 \end{pmatrix}$,正交矩阵 $\boldsymbol{Q}$ 使得 $\boldsymbol{Q}^{\mathrm{T}}\boldsymbol{AQ}$ 为对角矩阵.若 $\boldsymbol{Q}$ 的第一列为$\dfrac{1}{\sqrt{6}}(1,2,1)^{\mathrm{T}}$,求 a,$\boldsymbol{Q}$.

(9)(2004,数三,21)　设 n 阶矩阵

$$\boldsymbol{A} = \begin{pmatrix} 1 & b & \cdots & b \\ b & 1 & \cdots & b \\ \vdots & \vdots & & \vdots \\ b & b & \cdots & 1 \end{pmatrix}.$$

(a)求 $\boldsymbol{A}$ 的特征值和特征向量;

(b)求可逆矩阵 $\boldsymbol{P}$,使得 $\boldsymbol{P}^{-1}\boldsymbol{AP}$ 为对角矩阵.

(10)(2002,数一,18) 设 $\boldsymbol{A},\boldsymbol{B}$ 为同阶方阵,

(a)若 $\boldsymbol{A},\boldsymbol{B}$ 相似,证明 $\boldsymbol{A},\boldsymbol{B}$ 的特征多项式相等;

(b)举一个二阶方阵的例子说明(a)的逆命题不成立;

(c)当 $\boldsymbol{A},\boldsymbol{B}$ 均为实对称矩阵时,证明(a)的逆命题成立.

第 5 章　二次型

在平面解析几何中，为了便于研究二次曲线

$$ax^2 + bxy + cy^2 = 1$$

的几何性质，我们可以选择适当的坐标变换

$$\begin{cases} x = x'\cos\theta - y'\sin\theta \\ y = x'\sin\theta + y'\cos\theta' \end{cases}$$

使曲线的主轴成为坐标轴，把方程化为标准形式

$$mx'^2 + ny'^2 = 1,$$

从而判断该二次曲线的类型.

这类问题具有普遍性，在数理统计、力学等不同的领域也常会出现. 本章将这类问题一般化，讨论 n 个变量的二次多项式的化简问题.

5.1　二次型及其矩阵

学习目标：

1. 理解二次型的概念；
2. 掌握将二次型化为矩阵形式的方法.

5.1.1　二次型的概念

定义 1　含有 n 个变量 $x_1, x_2, \cdots, x_n$ 的二次齐次多项式

$$f(x_1,x_2,\cdots,x_n)=a_{11}x_1^2+2a_{12}x_1x_2+\cdots+2a_{1n}x_1x_n\\+a_{22}x_2^2+\cdots+2a_{2n}x_2x_n\\+\cdots+a_{nn}x_n^2\tag{5.1.1}$$

称为 n **元二次型**,简称**二次型**.

当系数 a_{ij} 为复数时,$f(x_1,x_2,\cdots,x_n)$ 称为复二次型;当系数 a_{ij} 为实数时,称 $f(x_1,x_2,\cdots,x_n)$ 为实二次型.本章只讨论实二次型.

5.1.2　二次型的矩阵

在式(5.1.1)中,取 $a_{ij}=a_{ji}$,那么

$$2a_{ij}x_ix_j=a_{ij}x_ix_j+a_{ji}x_jx_i$$

于是式(5.1.1)可写成

$$\begin{aligned}f(x_1,x_2,\cdots,x_n)=&a_{11}x_1^2+a_{12}x_1x_2+a_{13}x_1x_3+\cdots+a_{1n}x_1x_n\\&+a_{21}x_2x_1+a_{22}x_2^2+a_{23}x_2x_3+\cdots+a_{2n}x_2x_n\\&+\cdots\\&+a_{n1}x_nx_1+a_{n2}x_nx_2+a_{n3}x_nx_3+\cdots+a_{nn}x_n^2\\=&\sum_{i=1}^{n}\sum_{j=1}^{n}a_{ij}x_ix_j.\end{aligned}\tag{5.1.2}$$

为了便于讨论,我们将二次型写成矩阵形式.利用矩阵的乘法,由式(5.1.2)可得

$$\begin{aligned}f(x_1,x_2,\cdots,x_n)=&x_1(a_{11}x_1+a_{12}x_2+a_{13}x_3+\cdots+a_{1n}x_n)\\&+x_2(a_{21}x_1+a_{22}x_2+a_{23}x_3+\cdots+a_{2n}x_n)\\&+\cdots\\&+x_n(a_{n1}x_1+a_{n2}x_2+a_{n3}x_3+\cdots+a_{nn}x_n)\\=&(x_1,x_2,\cdots,x_n)\begin{pmatrix}a_{11}x_1+a_{12}x_2+a_{13}x_3+\cdots+a_{1n}x_n\\a_{21}x_1+a_{22}x_2+a_{23}x_3+\cdots+a_{2n}x_n\\\vdots\\a_{n1}x_1+a_{n2}x_2+a_{n3}x_3+\cdots+a_{nn}x_n\end{pmatrix}\\=&(x_1,x_2,\cdots,x_n)\begin{pmatrix}a_{11}&a_{12}&\cdots&a_{1n}\\a_{21}&a_{22}&\cdots&a_{2n}\\\vdots&\vdots&&\vdots\\a_{n1}&a_{n2}&\cdots&a_{nn}\end{pmatrix}\begin{pmatrix}x_1\\x_2\\\vdots\\x_n\end{pmatrix}=\boldsymbol{X}^{\mathrm{T}}\boldsymbol{A}\boldsymbol{X}.\end{aligned}$$

其中

$$\boldsymbol{A}=\begin{pmatrix}a_{11}&a_{12}&\cdots&a_{1n}\\a_{21}&a_{22}&\cdots&a_{2n}\\\vdots&\vdots&&\vdots\\a_{n1}&a_{n2}&\cdots&a_{nn}\end{pmatrix},\boldsymbol{X}=\begin{pmatrix}x_1\\x_2\\\vdots\\x_n\end{pmatrix},$$

称$f(x_1,x_2,\cdots,x_n)=\boldsymbol{X}^{\mathrm{T}}\boldsymbol{A}\boldsymbol{X}$为二次型的**矩阵形式**.因$a_{ij}=a_{ji}(i,j=1,2,\cdots,n)$,所以$\boldsymbol{A}$为对称矩阵.于是任给一个二次型,就唯一地确定一个对称矩阵;反之,任给一个对称矩阵,也可唯一地确定一个二次型.二次型与对称矩阵之间就存在一一对应的关系.表示式中的对称矩阵$\boldsymbol{A}$称为**二次型**$f(x_1,x_2,\cdots,x_n)$**的矩阵**,$f(x_1,x_2,\cdots,x_n)$称为**对称矩阵$\boldsymbol{A}$的二次型**.对称矩阵$\boldsymbol{A}$的秩称为**二次型**$f(x_1,x_2,\cdots,x_n)$**的秩**.

例1 把下面二次型化为矩阵形式:

(1)$f(x_1,x_2,x_3)=3x_1^2+2x_2^2-5x_3^2-2x_1x_2+3x_1x_3+4x_2x_3$;

(2)$f(x_1,x_2,x_3)=x_1^2+4x_1x_2+2x_1x_3+3x_3^2$.

解 (1)$f(x_1,x_2,x_3)=(x_1,x_2,x_3)\begin{pmatrix}3&-1&\frac{3}{2}\\-1&2&2\\\frac{3}{2}&2&-5\end{pmatrix}\begin{pmatrix}x_1\\x_2\\x_3\end{pmatrix}=\boldsymbol{X}^{\mathrm{T}}\boldsymbol{A}\boldsymbol{X}$,

其中,二次型的矩阵为$\boldsymbol{A}=\begin{pmatrix}3&-1&\frac{3}{2}\\-1&2&2\\\frac{3}{2}&2&-5\end{pmatrix}$.

(2)$f(x_1,x_2,x_3)=(x_1,x_2,x_3)\begin{pmatrix}1&2&1\\2&0&0\\1&0&3\end{pmatrix}\begin{pmatrix}x_1\\x_2\\x_3\end{pmatrix}=\boldsymbol{X}^{\mathrm{T}}\boldsymbol{A}\boldsymbol{X}$,

其中,二次型的矩阵为$\boldsymbol{A}=\begin{pmatrix}1&2&1\\2&0&0\\1&0&3\end{pmatrix}$.

例2 求二次型$f(x_1,x_2,x_3)=x_1^2-4x_1x_2+2x_1x_3-2x_2^2+6x_3^2$的秩.

解 先求二次型的矩阵.

$$A=\begin{pmatrix}1&-2&1\\-2&-2&0\\1&0&6\end{pmatrix}$$

对 $\boldsymbol{A}$ 作初等变换：

$$A=\begin{pmatrix}1&-2&1\\-2&-2&0\\1&0&6\end{pmatrix}\to\begin{pmatrix}1&-2&1\\0&-6&2\\0&2&5\end{pmatrix}\to\begin{pmatrix}1&-2&1\\0&2&5\\0&0&17\end{pmatrix},$$

即 $r(\boldsymbol{A})=3$，所以二次型的秩为 3.

习题 5.1

1.用矩阵记号表示下列二次型：

(1) $f=x^2+4xy+4y^2+2xz+z^2+4yz$;

(2) $f=x^2+y^2-7z^2-2xy-4xz-4yz$;

(3) $f=x_1^2+x_2^2+x_3^2+x_4^2-2x_1x_2+4x_1x_3-2x_1x_4+6x_2x_3-4x_2x_4$.

2.写出对称矩阵 $\boldsymbol{A}=\begin{pmatrix}0&\frac{1}{2}&-\frac{1}{2}\\\frac{1}{2}&0&\frac{1}{2}\\-\frac{1}{2}&\frac{1}{2}&0\end{pmatrix}$ 所对应的二次型.

3.写出二次型 $f(x_1,x_2,x_3)=\boldsymbol{X}^{\mathrm{T}}\begin{pmatrix}1&2&3\\4&5&6\\7&8&9\end{pmatrix}\boldsymbol{X}$ 的对称矩阵.

4.求二次型 $f(x_1,x_2,x_3)=(x_1+x_2)^2+(x_2-x_3)^2+(x_3+x_1)^2$ 的秩.

5.2 化二次型为标准形

学习目标：

1. 理解二次型、标准形的概念；
2. 熟练掌握用正交变换法和配方法化二次型为标准形；
3. 掌握矩阵合同的概念和性质.

5.2.1 二次型的标准形

在解析几何中，为了讨论二次曲线

$$21x^2 - 10\sqrt{3}xy + 31y^2 = 144$$

的几何性质，使用了坐标变换

$$\begin{cases} x = x'\cos\dfrac{\pi}{6} - y'\sin\dfrac{\pi}{6} \\ y = x'\sin\dfrac{\pi}{6} + y'\cos\dfrac{\pi}{6} \end{cases},$$

可以化为标准形式

$$\frac{x'^2}{9} + \frac{y'^2}{4} = 1.$$

若仅从数字形式上看，这种做法就是作变量 x,y 与 x',y' 的一次代换就可将二次齐次多项式消去交叉项，化为只含有平方项的二次齐次多项式.从这个具体问题可以看出，将一个二次型化为只含有平方项的和是有重要作用的.为此给出如下定义：

定义 1 称只含有平方项的二次型

$$\begin{aligned} f(y_1,y_2,\cdots,y_n) &= k_1y_1^2 + k_2y_2^2 + \cdots + k_ny_n^2 \\ &= (y_1 \quad y_2 \quad \cdots \quad y_n)\begin{pmatrix} k_1 & & & \\ & k_2 & & \\ & & \ddots & \\ & & & k_n \end{pmatrix}\begin{pmatrix} y_1 \\ y_2 \\ \vdots \\ y_n \end{pmatrix} \\ &= \boldsymbol{Y}^{\mathrm{T}}\boldsymbol{D}\boldsymbol{Y} \end{aligned}$$

为二次型的**标准形(或法式)**.其中

$$\boldsymbol{Y}=\begin{pmatrix}y_1\\y_2\\\vdots\\y_n\end{pmatrix},\boldsymbol{D}=\begin{pmatrix}k_1&&&\\&k_2&&\\&&\ddots&\\&&&k_n\end{pmatrix}.$$

设由变量 $x_1,x_2,\cdots,x_n$ 到变量 $y_1,y_2,\cdots,y_n$ 的一个线性变换为

$$\begin{cases}x_1=c_{11}y_1+c_{12}y_2+\cdots+c_{1n}y_n\\x_2=c_{21}y_1+c_{22}y_2+\cdots+c_{2n}y_n\\\qquad\vdots\\x_n=c_{n1}y_1+c_{n2}y_2+\cdots+c_{nn}y_n\end{cases},$$

记

$$\boldsymbol{X}=\begin{pmatrix}x_1\\x_2\\\vdots\\x_n\end{pmatrix},\boldsymbol{Y}=\begin{pmatrix}y_1\\y_2\\\vdots\\y_n\end{pmatrix},\boldsymbol{C}=\begin{pmatrix}c_{11}&c_{12}&\cdots&c_{1n}\\c_{21}&c_{22}&\cdots&c_{2n}\\\vdots&\vdots&&\vdots\\c_{n1}&c_{n2}&\cdots&c_{nn}\end{pmatrix},$$

那么线性变换可写成矩阵形式

$$\boldsymbol{X}=\boldsymbol{CY}.$$

如果 $\boldsymbol{C}$ 的元素全为实数,那么变换 $\boldsymbol{X}=\boldsymbol{CY}$ 称为**实线性变换**.这里只考虑实的线性变换(简称线性变换).当 $\boldsymbol{C}$ 为满秩矩阵时,变换 $\boldsymbol{X}=\boldsymbol{CY}$ 称为**满秩线性变换**;当 $\boldsymbol{C}$ 为正交矩阵时,变换 $\boldsymbol{X}=\boldsymbol{CY}$ 称为**正交变换**.

对于二次型,我们提出以下两个问题:

问题1　二次型 $f=\boldsymbol{X}^{\mathrm{T}}\boldsymbol{AX}$ 经过满秩线性变换 $\boldsymbol{X}=\boldsymbol{CY}$ 后,其结果是否仍是一个二次型?

问题2　如何寻求一个满秩线性变换,使二次型化为只含有平方项的二次型,从而得到二次型的标准形?

对于问题1,我们有如下定理:

定理1　任意实二次型 $f=\boldsymbol{X}^{\mathrm{T}}\boldsymbol{AX}$ 经过满秩线性变换 $\boldsymbol{X}=\boldsymbol{CY}$ 后仍是一个二次型,并且它的秩不改变.

证明　把所作的满秩线性变换 $\boldsymbol{X}=\boldsymbol{CY}$ 代入二次型中,则有

$$f=\boldsymbol{X}^{\mathrm{T}}\boldsymbol{AX}=(\boldsymbol{CY})^{\mathrm{T}}\boldsymbol{A}(\boldsymbol{CY})=\boldsymbol{Y}^{\mathrm{T}}(\boldsymbol{C}^{\mathrm{T}}\boldsymbol{AC})\boldsymbol{Y}=\boldsymbol{Y}^{\mathrm{T}}\boldsymbol{BY},$$

其中 $\boldsymbol{B}=\boldsymbol{C}^{\mathrm{T}}\boldsymbol{AC}$,且

$$B^{T}=(C^{T}AC)^{T}=C^{T}A^{T}(C^{T})^{T}=C^{T}AC=B,$$

即 B 是对称矩阵.由二次型与对称矩阵的一一对应关系可知,$Y^{T}BY$ 仍是一个二次型.

因为 C 为满秩矩阵,所以有

$$r(B)=r(C^{T}AC)=r(A).$$

定理 2　对于两个 n 阶矩阵 A 与 B,如果存在 n 阶可逆矩阵 C,使得

$$B=C^{T}AC,$$

则称矩阵 A 与矩阵 B 合同.

合同是矩阵之间的一种关系.矩阵的合同关系具有以下基本性质:

(1)自反性:对任意方阵 A,A 合同于 A.

因为 $A=E^{T}AE$.

(2)对称性:若 A 合同于 B,则 B 合同于 A.

因为若 $B=C^{T}AC$,则 $A=(C^{T})^{-1}BC^{-1}=(C^{-1})^{T}BC^{-1}$.

(3)传递性:若 A 合同于 B,B 合同于 C,则 A 合同于 C.

因为若 $B=C_1^{T}AC_1$,$C=C_2^{T}BC_2$,则 $C=(C_1C_2)^{T}A(C_1C_2)$.

5.2.2　化二次型为标准形

要使二次型 $f=X^{T}AX$ 经过满秩线性变换 $X=CY$ 化成标准形,也就是使

$$\begin{aligned}X^{T}AX=Y^{T}(C^{T}AC)Y&=k_1y_1^2+k_2y_2^2+\cdots+k_ny_n^2\\&=(y_1\quad y_2\quad\cdots\quad y_n)\begin{pmatrix}k_1&&&\\&k_2&&\\&&\ddots&\\&&&k_n\end{pmatrix}\begin{pmatrix}y_1\\y_2\\\vdots\\y_n\end{pmatrix}\end{aligned}$$

从矩阵的角度来说,这个问题就是对于一个实对称矩阵 A,寻求一个可逆矩阵 C,使得 $C^{T}AC$ 为对角矩阵,即

$$C^{T}AC=\begin{pmatrix}k_1&&&\\&k_2&&\\&&\ddots&\\&&&k_n\end{pmatrix}.$$

此时,实对称矩阵 A 与对角矩阵合同.

实际上,任给实对称矩阵 A,总有正交矩阵 C,使

$$C^{\mathrm{T}}AC = C^{-1}AC = \begin{pmatrix} \lambda_1 & & & \\ & \lambda_2 & & \\ & & \ddots & \\ & & & \lambda_n \end{pmatrix},$$

其中 $\lambda_1,\lambda_2,\cdots,\lambda_n$ 是 $\boldsymbol{A}$ 的 n 个特征值. 把这个结果用于二次型，就有下面的定理：

定理 3　任给实二次型 $f = \boldsymbol{X}^{\mathrm{T}}\boldsymbol{AX}$，总有正交变换 $\boldsymbol{X} = \boldsymbol{CY}$，使 f 化为标准形

$$f = \lambda_1 y_1^2 + \lambda_2 y_2^2 + \cdots + \lambda_n y_n^2,$$

其中 $\lambda_1,\lambda_2,\cdots,\lambda_n$ 是 f 的矩阵 $\boldsymbol{A}$ 的 n 个特征值.

综合上面的讨论，可以总结出用正交变换把二次型化为标准形的一般步骤：

(1) 将二次型表示成矩阵形式 $f = \boldsymbol{X}^{\mathrm{T}}\boldsymbol{AX}$，求出 $\boldsymbol{A}$；

(2) 求出 $\boldsymbol{A}$ 的所有特征值 $\lambda_1,\lambda_2,\cdots,\lambda_n$；

(3) 求出对应于各特征值的线性无关的特征向量 $\boldsymbol{\alpha}_1,\boldsymbol{\alpha}_2,\cdots,\boldsymbol{\alpha}_n$；

(4) 将特征向量 $\boldsymbol{\alpha}_1,\boldsymbol{\alpha}_2,\cdots,\boldsymbol{\alpha}_n$ 正交化、单位化，得 $\gamma_1,\gamma_2,\cdots,\gamma_n$，记

$$\boldsymbol{C} = (\gamma_1,\gamma_2,\cdots,\gamma_n);$$

(5) 作正交变换 $\boldsymbol{X} = \boldsymbol{CY}$，则得 f 的标准形

$$f = \lambda_1 y_1^2 + \lambda_2 y_2^2 + \cdots + \lambda_n y_n^2.$$

例 1　求一个正交变换 $\boldsymbol{X} = \boldsymbol{CY}$，把二次型

$$f = 2x_1x_2 + 2x_1x_3 - 2x_2x_3 + 2x_2x_4 - 2x_1x_4 + 2x_3x_4$$

化为标准形.

解　f 的矩阵是 $\boldsymbol{A} = \begin{pmatrix} 0 & 1 & 1 & -1 \\ 1 & 0 & -1 & 1 \\ 1 & -1 & 0 & 1 \\ -1 & 1 & 1 & 0 \end{pmatrix}$,

$$|\boldsymbol{A} - \lambda\boldsymbol{E}| = \begin{vmatrix} -\lambda & 1 & 1 & -1 \\ 1 & -\lambda & -1 & 1 \\ 1 & -1 & -\lambda & 1 \\ -1 & 1 & 1 & -\lambda \end{vmatrix} = (\lambda - 1)^3(\lambda + 3),$$

于是 $\boldsymbol{A}$ 的全部特征值为 $\lambda_1 = 1$(三重)，$\lambda_2 = -3$.

对于 $\lambda_1 = 1$，解齐次线性方程组 $(\boldsymbol{A} - \boldsymbol{E})\boldsymbol{X} = \boldsymbol{O}$，由

$$A - E = \begin{pmatrix} -1 & 1 & 1 & -1 \\ 1 & -1 & -1 & 1 \\ 1 & -1 & -1 & 1 \\ -1 & 1 & 1 & -1 \end{pmatrix} \to \begin{pmatrix} -1 & 1 & 1 & -1 \\ 0 & 0 & 0 & 0 \\ 0 & 0 & 0 & 0 \\ 0 & 0 & 0 & 0 \end{pmatrix}$$

求得一组基础解系

$$\alpha_1 = \begin{pmatrix} 1 \\ 1 \\ 0 \\ 0 \end{pmatrix}, \alpha_2 = \begin{pmatrix} 1 \\ 0 \\ 1 \\ 0 \end{pmatrix}, \alpha_3 = \begin{pmatrix} -1 \\ 0 \\ 0 \\ 1 \end{pmatrix}.$$

令

$$\beta_1 = \alpha_1 = \begin{pmatrix} 1 \\ 1 \\ 0 \\ 0 \end{pmatrix}, \beta_2 = \alpha_2 - \frac{[\beta_1, \alpha_2]}{[\beta_1, \beta_1]}\beta_1 = \begin{pmatrix} 1 \\ 0 \\ 1 \\ 0 \end{pmatrix} - \frac{1}{2}\begin{pmatrix} 1 \\ 1 \\ 0 \\ 0 \end{pmatrix} = \begin{pmatrix} \frac{1}{2} \\ -\frac{1}{2} \\ 1 \\ 0 \end{pmatrix},$$

$$\beta_3 = \alpha_3 - \frac{[\beta_1, \alpha_3]}{[\beta_1, \beta_1]}\beta_1 - \frac{[\beta_2, \alpha_3]}{[\beta_2, \beta_2]}\beta_2 = \begin{pmatrix} -1 \\ 0 \\ 0 \\ 1 \end{pmatrix} + \frac{1}{2}\begin{pmatrix} 1 \\ 1 \\ 0 \\ 0 \end{pmatrix} + \frac{1}{3}\begin{pmatrix} \frac{1}{2} \\ -\frac{1}{2} \\ 1 \\ 0 \end{pmatrix} = \begin{pmatrix} -\frac{1}{3} \\ \frac{1}{3} \\ \frac{1}{3} \\ 1 \end{pmatrix}.$$

再令

$$\gamma_1 = \frac{\beta_1}{\|\beta_1\|} = \begin{pmatrix} \frac{\sqrt{2}}{2} \\ \frac{\sqrt{2}}{2} \\ 0 \\ 0 \end{pmatrix}, \gamma_2 = \frac{\beta_2}{\|\beta_2\|} = \begin{pmatrix} \frac{\sqrt{6}}{6} \\ -\frac{\sqrt{6}}{6} \\ \frac{\sqrt{6}}{3} \\ 0 \end{pmatrix}, \gamma_3 = \frac{\beta_3}{\|\beta_3\|} = \begin{pmatrix} -\frac{\sqrt{3}}{6} \\ \frac{\sqrt{3}}{6} \\ \frac{\sqrt{3}}{6} \\ \frac{\sqrt{3}}{2} \end{pmatrix}.$$

对于 $\lambda_2=-3$,解齐次线性方程组 $(\boldsymbol{A}+3\boldsymbol{E})\boldsymbol{X}=\boldsymbol{O}$,由

$$\boldsymbol{A}+3\boldsymbol{E}=\begin{pmatrix}3&1&1&-1\\1&3&-1&1\\1&-1&3&1\\-1&1&1&3\end{pmatrix}\to\begin{pmatrix}1&-1&-1&-3\\0&1&0&1\\0&0&1&1\\0&0&0&0\end{pmatrix},$$

求得一组基础解系为

$$\alpha_4=\begin{pmatrix}1\\-1\\-1\\1\end{pmatrix}$$

令

$$\gamma_4=\frac{\alpha_4}{\|\alpha_4\|}=\begin{pmatrix}\frac{1}{2}\\-\frac{1}{2}\\-\frac{1}{2}\\\frac{1}{2}\end{pmatrix}.$$

取正交矩阵

$$\boldsymbol{C}=(\gamma_1,\gamma_2,\gamma_3,\gamma_4)=\begin{pmatrix}\frac{\sqrt{2}}{2}&\frac{\sqrt{6}}{6}&-\frac{\sqrt{3}}{6}&\frac{1}{2}\\\frac{\sqrt{2}}{2}&-\frac{\sqrt{6}}{6}&\frac{\sqrt{3}}{6}&-\frac{1}{2}\\0&\frac{\sqrt{6}}{3}&\frac{\sqrt{3}}{6}&-\frac{1}{2}\\0&0&\frac{\sqrt{3}}{2}&\frac{1}{2}\end{pmatrix},$$

再令 $\boldsymbol{X}=\boldsymbol{C}\boldsymbol{Y}$,则可得

$$f=\boldsymbol{X}^{\mathrm{T}}\boldsymbol{A}\boldsymbol{X}=\boldsymbol{Y}^{\mathrm{T}}(\boldsymbol{C}^{\mathrm{T}}\boldsymbol{A}\boldsymbol{C})\boldsymbol{Y}=y_1^2+y_2^2+y_3^2-3y_4^2.$$

用正交变换化二次型为标准形,具有保持几何形状不变的优点.如果不限于用正交变换,那么还可有多种方法把二次型化成标准形,如配方法、初等变换法

等.下面介绍利用配方法化二次型为标准形.

对一般的二次型$f=\boldsymbol{X}^{\mathrm{T}}\boldsymbol{A}\boldsymbol{X}$,利用拉格朗日配方法可将其化为标准形.拉格朗日配方法的步骤如下:

(1)若二次型含有x_i的平方项,则先把含有x_i的乘积项集中,然后配方,再对其余的变量重复上述过程直到所有变量都配成平方项为止,经过可逆线性变换,就得到标准形.

(2)若二次型中不含有平方项,但是$a_{ij}\neq 0(i\neq j)$,则先作可逆变换

$$\begin{cases}x_i=y_i-y_j\\x_j=y_i+y_j\\x_k=y_k\end{cases}\quad(k=1,2,\cdots,n\text{ 且 }k\neq i,j)$$

化二次型为含有平方项的二次型,然后再按(1)中的方法配方.

例 2 化二次型

$$f=x_1^2+2x_2^2+5x_3^2+2x_1x_2+2x_1x_3+6x_2x_3$$

为标准形,并求所用的变换矩阵.

解 由于f中含变量x_1的平方项,故把含x_1的项归并起来配方可得

$$\begin{aligned}f&=x_1^2+2x_1(x_2+x_3)+2x_2^2+5x_3^2+6x_2x_3\\&=x_1^2+2x_1(x_2+x_3)+(x_2+x_3)^2-(x_2+x_3)^2+2x_2^2+5x_3^2+6x_2x_3\\&=(x_1+x_2+x_3)^2+x_2^2+4x_2x_3+4x_3^2\\&=(x_1+x_2+x_3)^2+(x_2+2x_3)^2\end{aligned}$$

$$\text{令}\begin{cases}y_1=x_1+x_2+x_3\\y_2=x_2+2x_3\\y_3=x_3\end{cases},\qquad\text{即}\begin{cases}x_1=y_1-y_2+y_3\\x_2=y_2-2y_3\\x_3=y_3\end{cases},$$

就把f化成标准形$f=y_1^2+y_2^2$.所用变换矩阵为

$$\boldsymbol{C}=\begin{pmatrix}1&-1&1\\0&1&-2\\0&0&1\end{pmatrix}\quad(|\boldsymbol{C}|=1\neq 0).$$

例 3 化二次型

$$f=2x_1x_2+2x_1x_3-6x_2x_3$$

为标准形,并求所用的变换矩阵.

解 在f中不含平方项,由于含有x_1x_2乘积项,故令

$$\begin{cases}x_1=y_1+y_2\\x_2=y_1-y_2\\x_3=y_3\end{cases},\text{即}\begin{pmatrix}x_1\\x_2\\x_3\end{pmatrix}=\begin{pmatrix}1&1&0\\1&-1&0\\0&0&1\end{pmatrix}\begin{pmatrix}y_1\\y_2\\y_3\end{pmatrix},$$

代入可得

$$f=2y_1^2-2y_2^2-4y_1y_3+8y_2y_3.$$

再配方,得

$$f=2(y_1-y_3)^2-2(y_2-2y_3)^2+6y_3^2.$$

$$\text{令}\begin{cases}z_1=y_1-y_3\\z_2=y_2-2y_3\\z_3=y_3\end{cases},\qquad \text{即}\begin{cases}y_1=z_1+z_3\\y_2=z_2+2z_3\\y_3=z_3\end{cases},$$

也即

$$\begin{pmatrix}y_1\\y_2\\y_3\end{pmatrix}=\begin{pmatrix}1&0&1\\0&1&2\\0&0&1\end{pmatrix}\begin{pmatrix}z_1\\z_2\\z_3\end{pmatrix},$$

该变换把f化为标准形$f=2z_1^2-2z_2^2+6z_3^2$,所用变换矩阵为

$$\boldsymbol{C}=\begin{pmatrix}1&1&0\\1&-1&0\\0&0&1\end{pmatrix}\begin{pmatrix}1&0&1\\0&1&2\\0&0&1\end{pmatrix}=\begin{pmatrix}1&1&3\\1&-1&-1\\0&0&1\end{pmatrix}\quad(|\boldsymbol{C}|=-2\neq0).$$

一般地,任何二次型都可用上面两例的方法找到可逆线性变换,把二次型化成标准形.

下面介绍用初等变换化二次型为标准形.

设有满秩线性变换$\boldsymbol{X}=\boldsymbol{CY}$,它把二次型$\boldsymbol{X}^{\mathrm{T}}\boldsymbol{AX}$化为标准形$\boldsymbol{Y}^{\mathrm{T}}\boldsymbol{BY}$,则$\boldsymbol{C}^{\mathrm{T}}\boldsymbol{AC}=\boldsymbol{B}$.已知任一可逆矩阵均可表示为若干个初等矩阵的乘积,故存在初等矩阵$\boldsymbol{P}_1,\boldsymbol{P}_2,\cdots,\boldsymbol{P}_s$,使$\boldsymbol{C}=\boldsymbol{P}_1\boldsymbol{P}_2\cdots\boldsymbol{P}_s$,于是

$$\boldsymbol{C}^{\mathrm{T}}\boldsymbol{AC}=\boldsymbol{P}_s^{\mathrm{T}}\cdots\boldsymbol{P}_2^{\mathrm{T}}\boldsymbol{P}_1^{\mathrm{T}}\boldsymbol{AP}_1\boldsymbol{P}_2\cdots\boldsymbol{P}_s=\boldsymbol{\Lambda}.$$

由此可见,对$2n\times n$矩阵$\begin{pmatrix}\boldsymbol{A}\\\boldsymbol{E}\end{pmatrix}$施以相应于右乘$\boldsymbol{P}_1\boldsymbol{P}_2\cdots\boldsymbol{P}_s$的初等列变换,再对$\boldsymbol{A}$施以相应于左乘$\boldsymbol{P}_1^{\mathrm{T}},\boldsymbol{P}_2^{\mathrm{T}},\cdots,\boldsymbol{P}_s^{\mathrm{T}}$的初等行变换,则矩阵$\boldsymbol{A}$变为对角矩阵$\boldsymbol{\Lambda}$,而单位矩阵$\boldsymbol{E}$就变为所要求的可逆矩阵$\boldsymbol{C}$.

例4　求一可逆线性变换将$x_1^2+2x_2^2+x_3^2+2x_1x_2+2x_1x_3+4x_2x_3$化为标准形.

解 二次型对应的矩阵为 $\boldsymbol{A}=\begin{pmatrix}1&1&1\\1&2&2\\1&2&1\end{pmatrix}$，利用初等变换，有

$$\begin{pmatrix}\boldsymbol{A}\\\boldsymbol{E}\end{pmatrix}=\begin{pmatrix}1&1&1\\1&2&2\\1&2&1\\1&0&0\\0&1&0\\0&0&1\end{pmatrix}\xrightarrow[C_3-C_1]{C_2-C_1}\begin{pmatrix}1&0&0\\1&1&1\\1&1&0\\1&-1&-1\\0&1&0\\0&0&1\end{pmatrix}$$

$$\xrightarrow[r_3-r_1]{r_2-r_1}\begin{pmatrix}1&0&0\\0&1&1\\0&1&0\\1&-1&-1\\0&1&0\\0&0&1\end{pmatrix}\xrightarrow[r_3-r_2]{C_3-C_2}\begin{pmatrix}1&0&0\\0&1&0\\0&0&-1\\1&-1&0\\0&1&-1\\0&0&1\end{pmatrix}$$

因此，$\boldsymbol{C}=\begin{pmatrix}1&-1&0\\0&1&-1\\0&0&1\end{pmatrix}$，$|\boldsymbol{C}|=1\neq 0$.令$\begin{cases}x_1=z_1-z_2\\x_2=z_2-z_3\\x_3=z_3\end{cases}$，代入原二次型可得标准形 $z_1^2+z_2^2-z_3^2$.

习题 5.2

1.设 $\boldsymbol{A},\boldsymbol{B}$ 均是 n 阶实对称矩阵，则正确的命题是（　　）.

A.若 $\boldsymbol{A}$ 与 $\boldsymbol{B}$ 等价，则 $\boldsymbol{A}$ 与 $\boldsymbol{B}$ 相似　　B.若 $\boldsymbol{A}$ 与 $\boldsymbol{B}$ 相似，则 $\boldsymbol{A}$ 与 $\boldsymbol{B}$ 合同

C.若 $\boldsymbol{A}$ 与 $\boldsymbol{B}$ 合同，则 $\boldsymbol{A}$ 与 $\boldsymbol{B}$ 相似　　D.若 $\boldsymbol{A}$ 与 $\boldsymbol{B}$ 等价，则 $\boldsymbol{A}$ 与 $\boldsymbol{B}$ 合同

2.求一个正交变换将下列二次型化成标准形：

(1) $f=2x_1^2+3x_2^2+3x_3^2+4x_2x_3$；

(2) $f=x_1^2+x_2^2+x_3^2+x_4^2+2x_1x_2-2x_1x_4-2x_2x_3+2x_3x_4$.

3.已知实二次型

$$f(x_1,x_2,x_3)=a(x_1^2+x_2^2+x_3^2)+4x_1x_2+4x_1x_3+4x_2x_3$$

经正交变换 $\boldsymbol{X}=\boldsymbol{PY}$ 可化成标准形 $f=6y_1^2$，求 a.

4.用配方法化下列二次型为标准形，并写出所用变换的矩阵.

(1) $f(x_1,x_2,x_3)=x_1^2+2x_3^2+2x_1x_3-2x_2x_3$；

(2) $f(x_1,x_2,x_3)=x_1x_2+x_2x_3+x_1x_3$.

5.设矩阵 $\boldsymbol{A}=\begin{pmatrix}3&-2&-4\\-2&6&-2\\-4&-2&3\end{pmatrix}$，求可逆矩阵 $\boldsymbol{P}$ 与对角矩阵 $\boldsymbol{D}$，使

$$\boldsymbol{P}^{-1}\boldsymbol{AP}=\boldsymbol{D}.$$

5.3 正定二次型

学习目标：

1.了解惯性定律和惯性指数；

2.理解正定二次型和正定矩阵的概念；

3.掌握正定二次型和正定矩阵的判别方法.

5.3.1 二次型的正定性

二次型的标准形显然不是唯一的，例如用正交变换可将二次型

$$f(x_1,x_2,x_3)=4x_1^2+3x_2^2+3x_3^2+2x_2x_3$$

化为标准形

$$f=2y_1^2+4y_2^2+4y_3^2,$$

用配方法可化为标准形

$$f=4y_1^2+8y_2^2+4y_3^2.$$

标准形的系数可以不同，只是在标准形中所含的非零项的个数是确定的(即二次型的秩).不仅如此，如果限制变换为实满秩线性变换，那么标准形中正系数的个数是不变的(从而负系数的个数也不变).这是二次型的一个重要性质——**惯性定律**.

定理1(惯性定律) 设有实二次型 $f=\boldsymbol{X}^{\mathrm{T}}\boldsymbol{AX}$，它的秩为 r，分别作两个实的满秩线性变换 $\boldsymbol{X}=\boldsymbol{C}_1\boldsymbol{Y}$ 与 $\boldsymbol{X}=\boldsymbol{C}_2Z$，得

$$f=k_1y_1^2+k_2y_2^2+\cdots+k_ry_r^2(k_i\neq 0,i=1,2,\cdots,r)$$

及

$$f=\lambda_1z_1^2+\lambda_2z_2^2+\cdots+\lambda_rz_r^2(\lambda_i\neq 0,i=1,2,\cdots,r).$$

则 $k_1,k_2,\cdots,k_r$ 中正数的个数与 $\lambda_1,\lambda_2,\cdots,\lambda_r$ 中正数的个数相等.

由于证明稍显麻烦,这里不给出证明.证明过程可以参见数学专业的《高等代数》教材.

惯性指数

(1)二次型 f 的标准形中非零项的项数 r 称为二次型 f 的**惯性指数**;

(2)二次型 f 的标准形中正项个数 p 称为二次型 f 的**正惯性指数**;

(3)二次型 f 的标准形中负项个数 q 称为二次型 f 的**负惯性指数**.

显然,$p+q=r(\boldsymbol{A})$.

应用比较广泛的二次型是正惯性指数为 n 或负惯性指数为 n 的二次型,我们有下述定义.

定义 1 设有实二次型 $f(x_1,x_2,\cdots,x_n)=\boldsymbol{X}^{\mathrm{T}}\boldsymbol{AX}$,若对任意 $\boldsymbol{X}\neq\boldsymbol{O}$,都有 $\boldsymbol{X}^{\mathrm{T}}\boldsymbol{AX}>0$,则称 f 为**正定二次型**,对称矩阵 $\boldsymbol{A}$ 称为**正定矩阵**;若对任意 $\boldsymbol{X}\neq\boldsymbol{O}$,都有 $\boldsymbol{X}^{\mathrm{T}}\boldsymbol{AX}<0$,则称 f 为**负定二次型**,对称矩阵 $\boldsymbol{A}$ 称为**负定矩阵**.

5.3.2 正定二次型的判别方法

定理 2 实二次型 $f(x_1,x_2,\cdots,x_n)=\boldsymbol{X}^{\mathrm{T}}\boldsymbol{AX}$ 为正定的必要条件是

$$a_{ii}>0\quad(i=1,2,\cdots,n),\text{其中 }\boldsymbol{A}=(a_{ij}).$$

证明 因为 $f(x_1,x_2,\cdots,x_n)=\boldsymbol{X}^{\mathrm{T}}\boldsymbol{AX}$ 是正定二次型,所以对任意 $\boldsymbol{X}\neq\boldsymbol{O}$,都有

$$f(x_1,x_2,\cdots,x_n)=\boldsymbol{X}^{\mathrm{T}}\boldsymbol{AX}>0,$$

取 $\boldsymbol{X}=\boldsymbol{e}_i$(单位坐标向量),于是

$$f(x_1,x_2,\cdots,x_n)=\boldsymbol{X}^{\mathrm{T}}\boldsymbol{AX}=a_{ii}>0\quad(i=1,2,\cdots,n).$$

必须指出,定理 2 只是实二次型为正定的必要条件,但不是充分条件.例如实二次型

$$f(x_1,x_2,x_3)=x_1^2+2x_2^2+2x_3^2-6x_2x_3,$$

其中 $a_{11}=1>0,a_{22}=2>0,a_{33}=2>0$,但是

$$f(1,1,1)=1^2+2\cdot 1^2+2\cdot 1^2-6\cdot 1\cdot 1=-1<0,$$

故知,$f(x_1,x_2,x_3)$ 不是正定二次型.

定理3　实二次型$f(x_1,x_2,\cdots,x_n)=\boldsymbol{X}^{\mathrm{T}}\boldsymbol{AX}$为正定的充分必要条件是它的标准形中$n$个系数全为正数，即二次型$f$的正惯性指数为$n$.

证明　设满秩线性变换$\boldsymbol{X}=\boldsymbol{CY}$，使

$$f(x_1,x_2,\cdots,x_n)=k_1y_1^2+k_2y_2^2+\cdots+k_ny_n^2.$$

先证明充分性.

设$k_i>0(i=1,2,\cdots,n)$.任给$\boldsymbol{X}\neq\boldsymbol{O}$，则$\boldsymbol{Y}=\boldsymbol{C}^{-1}\boldsymbol{X}\neq\boldsymbol{O}$，故

$$f(x_1,x_2,\cdots,x_n)=k_1y_1^2+k_2y_2^2+\cdots+k_ny_n^2>0.$$

故f是正定的.

再证明必要性.

用反证法.假设有某$l=1,2,\cdots,n$，使得$k_l\leqslant 0$，则取$\boldsymbol{Y}=\boldsymbol{e}_l$(单位坐标向量)，有$\boldsymbol{X}=\boldsymbol{CY}=\boldsymbol{Ce}_l\neq\boldsymbol{O}$，但$f=k_l\leqslant 0$，这与$f(x_1,x_2,\cdots,x_n)$为正定相矛盾.所以$k_i>0(i=1,2,\cdots,n)$.

推论1　实对称矩阵$\boldsymbol{A}$正定的充分必要条件是$\boldsymbol{A}$的特征值全为正.

推论2　正定矩阵的行列式大于零.

此推论说明正定矩阵一定是非奇异的.

定理4　实对称矩阵$\boldsymbol{A}$正定的充分必要条件是$\boldsymbol{A}$的各阶顺序主子式

$$|\boldsymbol{A}_k|=\begin{vmatrix}a_{11}&a_{12}&\cdots&a_{1k}\\a_{21}&a_{22}&\cdots&a_{2k}\\\vdots&\vdots&&\vdots\\a_{k1}&a_{k2}&\cdots&a_{kk}\end{vmatrix},k=1,2,\cdots,n$$

全为正(其中$|\boldsymbol{A}_k|$称为$\boldsymbol{A}$的k**阶顺序主子式**)；实对称矩阵$\boldsymbol{A}$负定的充分必要条件是$\boldsymbol{A}$的奇数阶顺序主子式全为负，而偶数阶顺序主子式全为正.

这个定理称为**霍尔维茨定理**，证明从略.

例1　判别二次型

$$f(x,y,z)=-5x^2-6y^2-4z^2+4xy+4xz$$

的正定性.

解　二次型f的矩阵为

$$\boldsymbol{A}=\begin{pmatrix}-5&2&2\\2&-6&0\\2&0&-4\end{pmatrix}.$$

其各阶顺序主子式

$$|A_1| = -5 < 0,\ |A_2| = \begin{vmatrix} -5 & 2 \\ 2 & -6 \end{vmatrix} = 26 > 0,\ |A_3| = |A| = -80 < 0,$$

根据定理 4 知 f 为负定二次型.

例 2 当 t 取何值时,实二次型

$$f(x_1,x_2,x_3) = x_1^2 + 2x_2^2 + 3x_3^2 + 2tx_1x_2 - 2x_1x_3 + 4x_2x_3$$

是正定二次型.

解 已知实二次型的矩阵为

$$A = \begin{pmatrix} 1 & t & -1 \\ t & 2 & 2 \\ -1 & 2 & 3 \end{pmatrix}.$$

为了使 $f(x_1,x_2,x_3)$ 为正定二次型,A 的各阶顺序主子式都应大于零,即

$$|A_1| = 1 > 0,\ |A_2| = \begin{vmatrix} 1 & t \\ t & 2 \end{vmatrix} = 2 - t^2 > 0,$$

$$|A_3| = |A| = \begin{vmatrix} 1 & t & -1 \\ t & 2 & 2 \\ -1 & 2 & 3 \end{vmatrix} = \begin{vmatrix} 1 & t & -1 \\ t+2 & 2t+2 & 0 \\ 2 & 3t+2 & 0 \end{vmatrix}$$

$$= -\begin{vmatrix} t+2 & 2t+2 \\ 2 & 3t+2 \end{vmatrix} = -(3t^2 + 4t) > 0$$

由 $\begin{cases} 2 - t^2 > 0 \\ (3t+4)t > 0 \end{cases}$,可得 $-\dfrac{4}{3} < t < 0$,于是当 $-\dfrac{4}{3} < t < 0$ 时,$f(x_1,x_2,x_3)$ 为正定二次型.

例 3 实对称矩阵 A 为正定的,证明:A 的逆矩阵 A^{-1} 和伴随矩阵 A^* 也是正定的.

证明 因为 A 正定,由推论 1 知,A 的所有特征值 $\lambda_i > 0(i = 1,2,\cdots,n)$.而 A^{-1} 的所有特征值为 $\dfrac{1}{\lambda_i}(i = 1,2,\cdots,n)$;$A^*$ 的所有特征值为 $\dfrac{|A|}{\lambda_i}(i = 1,2,\cdots,n)$,于是 A^{-1} 和 A^* 的所有特征值都大于零.再由推论 1 知 A^{-1} 和 A^* 也是正定的.

作为选讲内容,我们利用二次型的正定性研究多元函数的极值问题.

设 n 元函数 $f(x_1,x_2,\cdots,x_n)$ 在点 $P_0(x_1^0,x_2^0,\cdots,x_n^0)$ 的某个邻域内有二阶连续偏导数,由多元函数的泰勒(Taylor)公式得

$$f(x_1^0+\Delta x_1,x_2^0+\Delta x_2,\cdots,x_n^0+\Delta x_n)-f(x_1^0,x_2^0,\cdots,x_n^0)$$
$$=\left(\Delta x_1\frac{\partial}{\partial x_1}+\Delta x_2\frac{\partial}{\partial x_2}+\cdots+\Delta x_n\frac{\partial}{\partial x_n}\right)f(x_1^0,x_2^0,\cdots,x_n^0)$$
$$+\frac{1}{2!}\left(\Delta x_1\frac{\partial}{\partial x_1}+\Delta x_2\frac{\partial}{\partial x_2}+\cdots+\Delta x_n\frac{\partial}{\partial x_n}\right)^2 f(x_1^0,x_2^0,\cdots,x_n^0)+R,$$

简写为矩阵表达式

$$f(P_0+\Delta P)-f(P_0)=\boldsymbol{X}^{\mathrm{T}}\boldsymbol{\varphi}+\frac{1}{2}\boldsymbol{X}^{\mathrm{T}}\boldsymbol{A}\boldsymbol{X}+R,$$

其中

$$f(P_0)=P_0(x_1^0,x_2^0,\cdots,x_n^0),\ f(P_0+\Delta P)=f(x_1^0+\Delta x_1,x_2^0+\Delta x_2,\cdots,x_n^0+\Delta x_n),$$

$$\boldsymbol{X}=\begin{pmatrix}\Delta x_1\\ \Delta x_2\\ \vdots\\ \Delta x_n\end{pmatrix},\boldsymbol{\Phi}=\begin{pmatrix}\dfrac{\partial f}{\partial x_1}\\ \dfrac{\partial f}{\partial x_2}\\ \vdots\\ \dfrac{\partial f}{\partial x_n}\end{pmatrix}_{P_0},\boldsymbol{A}=\begin{pmatrix}\dfrac{\partial^2 f}{\partial x_1^2} & \dfrac{\partial^2 f}{\partial x_1\partial x_2} & \cdots & \dfrac{\partial^2 f}{\partial x_1\partial x_n}\\ \dfrac{\partial^2 f}{\partial x_2\partial x_1} & \dfrac{\partial^2 f}{\partial x_2^2} & \cdots & \dfrac{\partial^2 f}{\partial x_2\partial x_n}\\ \vdots & \vdots & & \vdots\\ \dfrac{\partial^2 f}{\partial x_n\partial x_1} & \dfrac{\partial^2 f}{\partial x_n\partial x_2} & \cdots & \dfrac{\partial^2 f}{\partial x_n^2}\end{pmatrix}_{P_0}.$$

显然$\boldsymbol{A}$为实对称矩阵，由微积分极值理论知，函数$f(P)$在P_0处有极值的必要条件是$\boldsymbol{\Phi}$为零向量，即

$$\left.\frac{\partial f}{\partial x_i}\right|_{P_0}=0,i=1,2,\cdots,n.$$

在此条件下，点P_0为f的驻点，这时有

$$f(P_0+\Delta P)-f(P_0)=\frac{1}{2}\boldsymbol{X}^{\mathrm{T}}\boldsymbol{A}\boldsymbol{X}+R.$$

当$\Delta x_i(i=1,2,\cdots,n)$足够小时，上式右端正负号完全由二次型$\boldsymbol{X}^{\mathrm{T}}\boldsymbol{A}\boldsymbol{X}$来决定，故若这二次型的秩为$n$，则：

(1)当$\boldsymbol{X}^{\mathrm{T}}\boldsymbol{A}\boldsymbol{X}$为正定时，$P_0$为$f$的一个极小值点.

(2)当$\boldsymbol{X}^{\mathrm{T}}\boldsymbol{A}\boldsymbol{X}$为负定时，$P_0$为$f$的一个极大值点.

(3)当$\boldsymbol{X}^{\mathrm{T}}\boldsymbol{A}\boldsymbol{X}$为不定时，$P_0$不是$f$的极值点.

当$\boldsymbol{X}^{\mathrm{T}}\boldsymbol{A}\boldsymbol{X}$的秩小于$n$时，要决定$f$在点$P_0$的性态，还需研究余项$R$，这里就不再讨论了.

当$n=2$时，就得到熟知的二元函数在P_0有极值的充分条件，即若

$$\left.\frac{\partial f}{\partial x_1}\right|_{P_0}=\left.\frac{\partial f}{\partial x_2}\right|_{P_0}=0,$$

记 $a=\left.\frac{\partial^2 f}{\partial x_1^2}\right|_{P_0}$, $b=\left.\frac{\partial^2 f}{\partial x_1\partial x_2}\right|_{P_0}$, $c=\left.\frac{\partial^2 f}{\partial x_2^2}\right|_{P_0}$,得 $\boldsymbol{A}=\begin{pmatrix}a & b\\ b & c\end{pmatrix}$.于是当 $r(\boldsymbol{A})=2$ 时,有

(1)$\boldsymbol{A}$ 正定时,$f(P_0)$ 为极小值;

(2)$\boldsymbol{A}$ 负定时,$f(P_0)$ 为极大值;

(3)$\boldsymbol{A}$ 不定时,$f(P_0)$ 不是极值.

例 4 求函数 $f(x,y)=3xy-x^3-y^3$ 的极值.

解 解方程组

$$\begin{cases}\dfrac{\partial f}{\partial x}=3y-3x^2=0\\[2mm]\dfrac{\partial f}{\partial y}=3x-3y^2=0\end{cases}$$

得驻点 $P_1(0,0)$,$P_2(1,1)$.因为 $\frac{\partial^2 f}{\partial x^2}=-6x$, $\frac{\partial^2 f}{\partial x\partial y}=3$, $\frac{\partial^2 f}{\partial y^2}=-6y$,所以在 $P_1(0,0)$ 处有 $\boldsymbol{A}_1=\begin{pmatrix}0 & 3\\ 3 & 0\end{pmatrix}$, $|\boldsymbol{A}_1|\neq 0$ 且 $\boldsymbol{A}_1$ 为不定,故 $f(P_1)$ 非极值,而在 $P_2(1,1)$ 处,有 $\boldsymbol{A}_2=\begin{pmatrix}-6 & 3\\ 3 & -6\end{pmatrix}$, $|\boldsymbol{A}_2|\neq 0$ 且 $\boldsymbol{A}_2$ 为负定,故 $f(P_2)$ 为极大值.

习题 5.3

1.判别下列二次型的正定性:

(1)$f=-2x_1^2-6x_2^2-4x_3^2+2x_1x_2+2x_1x_3$;

(2)$f=x_1^2+3x_2^2+9x_3^2+19x_4^2-2x_1x_2+4x_1x_3+2x_1x_4-6x_2x_4-12x_3x_4$.

2.求 t 的值,使二次型 $f=x_1^2+x_2^2+5x_3^2+2tx_1x_2-2x_1x_3+4x_2x_3$ 为正定.

3.求二次型 $f(x_1,x_2,x_3)=x_1^2+3x_3^2+2x_1x_2+4x_1x_3+2x_2x_3$ 的正惯性指数.

4.设 $\boldsymbol{A}$ 是正定矩阵,$\boldsymbol{C}$ 是可逆矩阵,证明:$\boldsymbol{C}^{\mathrm{T}}\boldsymbol{A}\boldsymbol{C}$ 是正定矩阵.

5.设 $\boldsymbol{A}$,$\boldsymbol{B}$ 分别为 m,n 阶正定矩阵,证明:分块矩阵 $\boldsymbol{C}=\begin{pmatrix}\boldsymbol{A} & \boldsymbol{O}\\ \boldsymbol{O} & \boldsymbol{B}\end{pmatrix}$ 是正定矩阵.

总习题五

A 组

1.选择题

(1)下列从变量 x_1,x_2,x_3 到 y_1,y_2,y_3 的线性替换中非退化线性替换为(　　).

A.$\begin{cases}x_1=y_1+y_2\\x_2=y_1+y_3\\x_3=2y_1+y_2+y_3\end{cases}$　　B.$\begin{cases}x_1=y_1-y_2+y_3\\x_2=y_1+y_2-y_3\\x_3=-y_1+y_2-y_3\end{cases}$

C.$\begin{cases}x_1=y_1-2y_2+y_3\\x_2=y_2-2y_3\\x_3=y_3\end{cases}$　　D.$\begin{cases}x_1=y_1-2y_2+y_3\\x_2=y_2-2y_3\\x_3=y_1-y_2-y_3\end{cases}$

(2)任何一个 n 阶满秩矩阵必定与 n 阶单位矩阵(　　).

A.合同　　B.相似　　C.等价　　D.以上都不对

(3)二次型 $f(x_1,x_2,x_3)=x_2^2+x_3^2$ 是(　　)二次型.

A.正定　　B.负定　　C.不定　　D.半正定

(4)二次型 $f(x_1,x_2,x_3)=(\lambda-1)x_1^2+\lambda x_2^2+(\lambda+1)x_3^2$,当满足(　　)时,是正定二次型.

A.$\lambda>-1$　　B.$\lambda>0$　　C.$\lambda>1$　　D.$\lambda\geqslant 1$

(5)设 $\boldsymbol{A}=\begin{pmatrix}2-k&1&0\\1&1&1\\1&1&k-2\end{pmatrix}$,则(　　).

A.$k<2$ 时,$\boldsymbol{A}$ 正定　　B.$k<1$ 时,$\boldsymbol{A}$ 正定

C.$1<k<2$ 时,$\boldsymbol{A}$ 正定　　D.对任何 k,$\boldsymbol{A}$ 不正定

2.填空题

(1)设二次型 $f(x_1,x_2,x_3)=x_1^2+2x_2^2+3x_3^2+5x_1x_2+7x_2x_3+9x_1x_3$,则此二次型的矩阵为 $\boldsymbol{A}=$ ________.

(2)若二次型 $f(x_1,x_2,x_3)=2x_1^2+x_2^2+x_3^2+2x_1x_2+tx_2x_3$ 是正定的,则 t 的取值范围是 ________.

(3) n 元实二次型 $f(x_1,x_2,\cdots,x_n)=\boldsymbol{X}^{\mathrm{T}}\boldsymbol{AX}$ 正定，它的正惯性指数 p，秩 r 与 n 之间的关系是 ________.

(4) 设 $\boldsymbol{A}$ 为实对称阵，且 $|\boldsymbol{A}|\neq 0$，把二次型 $f=\boldsymbol{X}^{\mathrm{T}}\boldsymbol{AX}$ 化为 $f=\boldsymbol{Y}^{\mathrm{T}}\boldsymbol{A}^{-1}\boldsymbol{Y}$ 的线性变换是 $\boldsymbol{X}=$ ________ $\boldsymbol{Y}$.

(5) 已知实二次型 $f(x_1,x_2,x_3)=\boldsymbol{X}^{\mathrm{T}}\boldsymbol{AX}$ 经过正交变换 $\boldsymbol{X}=\boldsymbol{UY}$ 化为标准形 $y_1^2-y_2^2+2y_3^2$，则 $|2\boldsymbol{A}^{-1}-\boldsymbol{A}^*|=$ ________.

3. 解答题

(1) 用三种不同的方法判别

$$\boldsymbol{A}=\begin{pmatrix}2&2&-2\\2&5&-4\\-2&-4&5\end{pmatrix}$$

是否正定.

(2) 已知二次型

$$f(x_1,x_2,x_3)=2x_1^2+3x_2^2+3x_3^2+2ax_2x_3\ (a>0)$$

通过正交变换化为标准形 $f=y_1^2+2y_2^2+5y_3^2$，求参数 a 及所用的正交变换矩阵.

(3) 设二次型 $f(x_1,x_2,x_3)=x_1^2+x_2^2+x_3^2+2\alpha x_1x_2+2\beta x_2x_3+2x_1x_3$ 经正交变换 $\boldsymbol{X}=\boldsymbol{PY}$ 化成 $f=y_2^2+2y_3^2$，其中 $\boldsymbol{X}=(x_1,x_2,x_3)^{\mathrm{T}}$ 和 $\boldsymbol{Y}=(y_1,y_2,y_3)^{\mathrm{T}}$ 都是3维列向量，$\boldsymbol{P}$ 是3阶正交矩阵，试求常数 α,β.

(4) 设矩阵 $\boldsymbol{A}=\begin{pmatrix}1&0&1\\0&2&0\\1&0&1\end{pmatrix}$，$\boldsymbol{B}=(k\boldsymbol{E}+\boldsymbol{A})^2$，求对角阵 $\boldsymbol{\Lambda}$，使 $\boldsymbol{B}$ 与 $\boldsymbol{\Lambda}$ 相似，并求 k，使 $\boldsymbol{B}$ 为正定矩阵.

(5) 设 $\boldsymbol{A}$ 是 n 阶正定阵，$\boldsymbol{E}$ 是 n 阶单位阵，证明：$\boldsymbol{A}+\boldsymbol{E}$ 的行列式大于1.

B 组

1. 选择题

(1)(2015，数学一，一(6)) 设二次型 $f(x_1,x_2,x_3)$ 在正交变换为 $\boldsymbol{X}=\boldsymbol{PY}$ 下的标准形为 $2y_1^2+y_2^2-y_3^2$，其中 $\boldsymbol{P}=(\boldsymbol{e}_1,\boldsymbol{e}_2,\boldsymbol{e}_3)$，若 $\boldsymbol{Q}=(\boldsymbol{e}_1,-\boldsymbol{e}_3,\boldsymbol{e}_2)$，则 $f(x_1,x_2,x_3)$ 在正交变换 $\boldsymbol{X}=\boldsymbol{QY}$ 下的标准形为(　　).

A. $2y_1^2-y_2^2+y_3^2$　　B. $2y_1^2+y_2^2-y_3^2$

C. $2y_1^2-y_2^2-y_3^2$　　D. $2y_1^2+y_2^2+y_3^2$

(2)(2007,数学一,一(8))　设矩阵$A=\begin{pmatrix}2&-1&-1\\-1&2&-1\\-1&-1&2\end{pmatrix}$,$B=\begin{pmatrix}1&0&0\\0&1&0\\0&0&0\end{pmatrix}$,则$A$与$B$(　　).

A.合同,且相似　　B.合同,但不相似

C.不合同,但相似　　D.既不合同,也不相似

(3)(2008,数学一,一(6))　设A为3阶实对称矩阵,如果二次曲面方程$(x,y,z)A\begin{pmatrix}x\\y\\z\end{pmatrix}=1$在正交变换下的标准方程的图形如右图所示,则$A$的正特征值的个数为(　　).

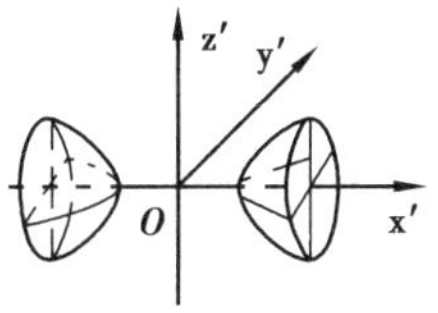

A.0　　B.1　　C.2　　D.3

(4)(2008,数学四,一(6))　设$A=\begin{pmatrix}1&2\\2&1\end{pmatrix}$,则在实数域上与$A$合同的矩阵为(　　).

A.$\begin{pmatrix}-2&1\\1&-2\end{pmatrix}$　B.$\begin{pmatrix}2&-1\\-1&2\end{pmatrix}$　C.$\begin{pmatrix}2&1\\1&2\end{pmatrix}$　D.$\begin{pmatrix}1&-2\\-2&1\end{pmatrix}$

2.填空题

(1)(2004,数学三,一(4))　二次型$f(x_1,x_2,x_3)=(x_1+x_2)^2+(x_2-x_3)^2+(x_3+x_1)^2$的秩为________.

(2)(2011,数学一,二(13))　若二次曲面的方程为$x^2+3y^2+z^2+2axy+2xz+2yz=4$经正交变换化为$y_1^2+4z_1^2=4$,则$a=$________.

(3)(2011,数学二,二(14))　二次型$f(x_1,x_2,x_3)=x_1^2+3x_2^2+x_3^2+2x_1x_2+2x_1x_3+2x_2x_3$,则$f$的正惯性指数为________.

(4)(2014,数学一,二(13))　设二次型$f(x_1,x_2,x_3)=x_1^2-x_2^2+2ax_1x_3+4x_2x_3$的负惯性指数为1,则$a$的取值范围是________.

3.解答题

(1)(2009,数学一,三(21))　设二次型$f(x_1,x_2,x_3)=ax_1^2+ax_2^2+(a-1)x_3^2+2x_1x_3-2x_2x_3$.

(a)求二次型f的矩阵的所有特征值;

(b)若二次型f的规范形为$y_1^2+y_2^2$,求a的值.

(2)(2005,数学一,三(20)) 已知二次型 $f(x_1,x_2,x_3)=(1-a)x_1^2+(1-a)x_2^2+2x_3^2+2(1+a)x_1x_2$ 的秩为 2.

(a)求 a 的值;

(b)求正交变换 $\boldsymbol{X}=\boldsymbol{QY}$,把 $f(x_1,x_2,x_3)$ 化成标准形;

(c)求方程 $f(x_1,x_2,x_3)=0$ 的解.

(3)(2003,数学三,十) 设二次型 $f(x_1,x_2,x_3)=\boldsymbol{X}^{\mathrm{T}}\boldsymbol{AX}=ax_1^2+2x_2^2-2x_3^2+2bx_1x_3(b>0)$,中二次型的矩阵 $\boldsymbol{A}$ 的特征值之和为 1,特征值之积为 -12.

(a)求 a,b 的值;

(b)利用正交变换将二次型 f 化为标准形,并写出所用的正交变换和对应的正交矩阵.

(4)(2012,数学一,三(21)) 已知 $\boldsymbol{A}=\begin{pmatrix}1&0&1\\0&1&1\\-1&0&a\\0&a&-1\end{pmatrix}$,二次型 $f(x_1,x_2,x_3)=\boldsymbol{X}^{\mathrm{T}}(\boldsymbol{A}^{\mathrm{T}}\boldsymbol{A})\boldsymbol{X}$ 的秩为 2.

(a)求实数 a 的值.

(b)求正交变换 $\boldsymbol{X}=\boldsymbol{QY}$ 将 f 化为标准形.

(5)(2013,数学一,三(21)) 设二次型 $f(x_1,x_2,x_3)=2(a_1x_1+a_2x_2+a_3x_3)^2+(b_1x_1+b_2x_2+b_3x_3)^2$,记 $\boldsymbol{\alpha}=\begin{pmatrix}a_1\\a_2\\a_3\end{pmatrix}$,$\boldsymbol{\beta}=\begin{pmatrix}b_1\\b_2\\b_3\end{pmatrix}$.

(a)证明二次型 f 对应的矩阵为 $2\boldsymbol{\alpha\alpha}^{\mathrm{T}}+\boldsymbol{\beta\beta}^{\mathrm{T}}$;

(b)若 $\boldsymbol{\alpha},\boldsymbol{\beta}$ 正交且均为单位向量,证明 f 在正交变换下的标准形为 $2y_1^2+y_2^2$.

(6)(2010,数学一,三(21)) 已知二次型 $f(x_1,x_2,x_3)=\boldsymbol{X}^{\mathrm{T}}\boldsymbol{AX}$ 在正交变换 $\boldsymbol{X}=\boldsymbol{QY}$ 下的标准形为 $y_1^2+y_2^2$,且 $\boldsymbol{Q}$ 的第 3 列为 $\left(\frac{\sqrt{2}}{2},0,\frac{\sqrt{2}}{2}\right)^{\mathrm{T}}$.

(a)求矩阵 $\boldsymbol{A}$;

(b)证明 $\boldsymbol{A}+\boldsymbol{E}$ 为正定矩阵,其中 $\boldsymbol{E}$ 为 3 阶单位矩阵.

(7)(1996,数学一,九) 已知二次型 $f(x_1,x_2,x_3)=5x_1^2+5x_2^2+cx_3^2-2x_1x_2+6x_1x_3-6x_2x_3$ 的秩为 2.

(a)求参数 c 及此二次型对应矩阵的特征值;

(b)指出方程 $f(x_1,x_2,x_3)=1$ 表示何种二次曲面.

(8)(2005,数学三,三(21)) 设 $\boldsymbol{D}=\begin{pmatrix}\boldsymbol{A} & \boldsymbol{C}\\ \boldsymbol{C}^{\mathrm{T}} & \boldsymbol{B}\end{pmatrix}$ 为正定矩阵,其中 $\boldsymbol{A},\boldsymbol{B}$ 分别为 m 阶,n 阶对称矩阵,$\boldsymbol{C}$ 为 $m\times n$ 矩阵.

(a)计算 $\boldsymbol{P}^{\mathrm{T}}\boldsymbol{D}\boldsymbol{P}$,其中 $\boldsymbol{P}=\begin{pmatrix}\boldsymbol{E}_m & -\boldsymbol{A}^{-1}\boldsymbol{C}\\ \boldsymbol{O} & \boldsymbol{E}_n\end{pmatrix}$;

(b)利用(a)的结果判断矩阵 $\boldsymbol{B}-\boldsymbol{C}^{\mathrm{T}}\boldsymbol{A}^{-1}\boldsymbol{C}$ 是否为正定矩阵,并证明你的结论.

(9)(1999,数学一,十一) 设 $\boldsymbol{A}$ 为 m 阶实对称矩阵且正定,$\boldsymbol{B}$ 为 $m\times n$ 实矩阵,$\boldsymbol{B}^{\mathrm{T}}$ 为 $\boldsymbol{B}$ 的转置矩阵. 试证:$\boldsymbol{B}^{\mathrm{T}}\boldsymbol{A}\boldsymbol{B}$ 为正定矩阵的充分必要条件是 $\boldsymbol{B}$ 的秩 $r(\boldsymbol{B})=n$.

(10)(2000,数学三,十) 设有 n 元实二次型 $f(x_1,x_2,\cdots,x_n)=(x_1+a_1x_2)^2+(x_2+a_2x_3)^2+\cdots+(x_{n-1}+a_{n-1}x_n)^2+(x_n+a_nx_1)^2$,其中 $a_i(i=1,2,\cdots,n)$ 为实数.试问:当 $a_1,a_2,\cdots,a_n$ 满足何种条件时,二次型 $f(x_1,x_2,\cdots,x_n)$ 为正定二次型.

(11)(2002,数学三,十) 设 $\boldsymbol{A}$ 为3阶实对称矩阵,且满足条件 $\boldsymbol{A}^2+2\boldsymbol{A}=\boldsymbol{O}$,已知 $\boldsymbol{A}$ 的秩 $r(\boldsymbol{A})=2$

(a)求 $\boldsymbol{A}$ 的全部特征值;

(b)当 k 为何值时,矩阵 $\boldsymbol{A}+k\boldsymbol{E}$ 为正定矩阵,其中 $\boldsymbol{E}$ 为3阶单位矩阵.

部分习题参考答案

习题 1.1

(1)0； (2)$\cos 2x$； (3) -9； (4)0； (5) $-2xy(x+y)$.

习题 1.2

1.(1)11； (2)36； (3) $\frac{n(n-1)}{2}$； (4)$n(n-1)$.

2. $-a_{11}a_{22}a_{34}a_{43}, a_{13}a_{22}a_{34}a_{41}$.

3.(1)$A_{21}=-\begin{vmatrix}1 & 3\\1 & -2\end{vmatrix}$； (2)$A_{21}=-\begin{vmatrix}0 & 3 & 2\\0 & -3 & 1\\1 & 0 & 1\end{vmatrix}$.

4. $-abcd$.

习题 1.3

1. $-5x^3$, $10x^4$.

2. (1)24； (2)12； (3)0； (4)96； (5) -4； (6)0.

习题 1.4

1.(1)$72-16a$； (2)-35.

2.(1)0； (2)0,0.

3.略

4.$D_n=\begin{cases} a_1+b_1, & n=1 \\ (a_1-a_2)(b_1-b_2), & n=2. \\ 0, & n\geqslant 3 \end{cases}$

5.$x^n+a_1x^{n-1}+\cdots+a_n$.

习题 1.5

1.(1)$x=\frac{1}{2},y=1$； (2)$x=\frac{-2}{21},y=\frac{-29}{63},z=\frac{2}{9}$；

(3)$x_1=1,x_2=2,x_3=-1,x_4=2$.

2.没有非零解.

3.$\lambda=1,\mu=1$.

总习题一

A 组

1.(1)C； (2)D； (3)A； (4)C； (5)B.

2.(1)$(-1)^n a$； (2)-3； (3)-2； (4)$+$； (5)$-1\ 790$.

3.(1)208； (2)-12； (3)$(ad-bc)^2$； (4)$x=0,1,\cdots,n-2$.

B 组

1.B.

2.(1)$(a-b)(a-c)(a-d)(b-c)(d-b)(c-d)(a+b+c+d)$； (2)$-28$；

(3)$D_{2n}=(ad-bc)^n$； (4)$a_1a_2\cdots a_n\left(a_0-\sum_{i=1}^{n}\frac{1}{a_i}\right)$；

(5)$x^n+a_{n-1}x^{n-1}+\cdots+a_1x+a_0$.

习题 2.1

1.(1) 单位； (2)$\begin{pmatrix}1&0&0\\0&1&0\\0&0&1\end{pmatrix}$； (3)$a=4,b=-3$.

2.(1)$\begin{pmatrix}0&-1\\1&0\\2&1\end{pmatrix}$； (2)$\begin{pmatrix}1&2&3&4\\2&4&6&8\\3&6&9&12\\4&8&12&16\end{pmatrix}$； (3)$\begin{pmatrix}0&0&0&0\\0&0&0&0\\0&0&0&0\\0&0&0&0\end{pmatrix}$.

习题 2.2

1.$3\boldsymbol{AB}-2\boldsymbol{A}=\begin{pmatrix}-2&13&22\\-2&-17&20\\4&29&0\end{pmatrix},\boldsymbol{A}^{\mathrm{T}}\boldsymbol{B}=\begin{pmatrix}0&5&8\\0&-5&6\\2&9&0\end{pmatrix}$.

2.$\boldsymbol{X}=\begin{pmatrix}2&-23\\0&8\end{pmatrix}$.

3.$\begin{pmatrix}a&b\\0&a\end{pmatrix}$，其中 a,b 为任意的常数.

4.(1)$\begin{pmatrix}1&1\\0&0\end{pmatrix}$； (2)$\begin{pmatrix}\lambda^n&n\lambda^{n-1}&\frac{n(n-1)}{2}\lambda^{n-2}\\0&\lambda^n&n\lambda^{n-1}\\0&0&\lambda^n\end{pmatrix}$.

5.略.

习题 2.3

1.(1) $A^{-1}=\begin{pmatrix}1&-2&7\\0&1&-2\\0&0&1\end{pmatrix}$；(2) $A^{-1}=-\dfrac{1}{7}\begin{pmatrix}-6&3&4\\-2&1&-1\\3&-5&-2\end{pmatrix}$.

2. $B=\begin{pmatrix}3&-8&-6\\2&-9&-6\\-2&12&9\end{pmatrix}$.

3. $X=\begin{pmatrix}\dfrac{4}{3}\\-\dfrac{1}{3}\\1\end{pmatrix}$.

4. $(A^{-1})^*=\begin{pmatrix}\dfrac{1}{8}&\dfrac{1}{4}&\dfrac{3}{8}&\dfrac{1}{2}\\0&\dfrac{1}{4}&\dfrac{3}{8}&\dfrac{1}{2}\\0&0&\dfrac{3}{8}&\dfrac{1}{2}\\0&0&\dfrac{1}{4}&\dfrac{1}{2}\end{pmatrix}$，$[(A^*)^{-1}]^*=\begin{pmatrix}8&-8&0&0\\0&4&-4&0\\0&0&8&-8\\0&0&-4&6\end{pmatrix}$.

5. 27.

习题 2.4

1. $\begin{pmatrix}1&0&0&0\\0&1&0&0\\0&2&3&0\\2&0&0&3\end{pmatrix}$.

2.(1)$\begin{pmatrix} 0 & -2 & 1 \\ 0 & \frac{3}{2} & -\frac{1}{2} \\ \frac{1}{2} & 0 & 0 \end{pmatrix}$;　(2)$\begin{pmatrix} 1 & -2 & 0 & 0 \\ -2 & 5 & 0 & 0 \\ 0 & 0 & 2 & -3 \\ 0 & 0 & -5 & 8 \end{pmatrix}$;

(3)$\begin{pmatrix} 0 & 0 & \cdots & 0 & a_n^{-1} \\ a_n^{-1} & 0 & \cdots & 0 & 0 \\ 0 & a_n^{-1} & \cdots & 0 & 0 \\ \vdots & \vdots & & \vdots & \vdots \\ 0 & 0 & \cdots & a_n^{-1} & 0 \end{pmatrix}$.

3.(1) -4;　(2)6.

习题 2.5

1.行阶梯形矩阵为$\begin{pmatrix} 1 & 1 & 0 & 2 \\ 0 & -1 & 2 & -1 \\ 0 & 0 & 0 & -3 \end{pmatrix}$,行最简形矩阵为$\begin{pmatrix} 1 & 0 & 2 & 0 \\ 0 & 1 & -2 & 0 \\ 0 & 0 & 0 & 1 \end{pmatrix}$,标准型矩阵为$\begin{pmatrix} 1 & 0 & 0 & 0 \\ 0 & 1 & 0 & 0 \\ 0 & 0 & 1 & 0 \end{pmatrix}$.

2.$\begin{pmatrix} 4 & 5 & 2 \\ 1 & 2 & 2 \\ 7 & 8 & 2 \end{pmatrix}$.

3.可逆,且逆阵为$\begin{pmatrix} \frac{2}{3} & \frac{2}{9} & -\frac{1}{9} \\ -\frac{1}{3} & -\frac{1}{6} & \frac{1}{6} \\ -\frac{1}{3} & \frac{1}{9} & \frac{1}{9} \end{pmatrix}$.

4. $X = \begin{pmatrix} 0 & 1 & -1 \\ -1 & 0 & 1 \\ 1 & -1 & 0 \end{pmatrix}$.

习题 2.6

1. (1) $r(A) = 3$； (2) $r(B) = 3$.
2. $r(B) = 2$.
3. $\lambda = \frac{9}{4}$时，$r(A) = 2$ 最小.
4. $r(AB) = 2$.
5. 略.

总习题二

A 组

1. (1) $X = BA^{-1}$； (2) $a \neq -3$； (3) $\frac{1}{k}A^{-1}$；

(4) $\begin{pmatrix} 0 & -10 & 6 \\ 0 & 4 & -2 \\ 1 & 0 & 0 \end{pmatrix}$； (5) $\begin{pmatrix} 7 & 8 & 9 \\ 4 & 5 & 6 \\ 1 & 2 & 3 \end{pmatrix}$.

2. (1) C； (2) A； (3) D； (4) C； (5) D.

3. (1) $\begin{pmatrix} -5 & 0 & 0 & 0 \\ 1 & 7 & 0 & 0 \\ 0 & 0 & 11 & 13 \\ 0 & 0 & 5 & 0 \end{pmatrix}$； (2) $A^{-1} = \frac{1}{2}\begin{pmatrix} -1 & -3 & 4 \\ 1 & 1 & 0 \\ 0 & 2 & 2 \end{pmatrix}$； (3) $r(B) = 3$；

(4) $(2E - A^{T})B = \begin{pmatrix} 1 & 1 & -3 \\ 0 & 0 & -1 \\ -2 & -4 & 1 \end{pmatrix}\begin{pmatrix} 2 & 1 \\ -1 & 3 \\ 0 & 3 \end{pmatrix} = \begin{pmatrix} 1 & -5 \\ 0 & -3 \\ 0 & -11 \end{pmatrix}$；

(5) $|(3\boldsymbol{A})^{-1}-2\boldsymbol{A}^*|=-\frac{16}{27}$; (6)(a) $-3\,750$; (b) -6; (c) $-\frac{1}{6}$.

B 组

1. (1) $3^{n-1}\begin{pmatrix}1 & \frac{1}{2} & \frac{1}{3}\\ 2 & 1 & \frac{2}{3}\\ 3 & \frac{3}{2} & 1\end{pmatrix}$; (2) $\boldsymbol{O}$; (3) 3; (4) $\begin{pmatrix}3 & 0 & 0\\ 0 & 3 & -2\\ 0 & 0 & -1\end{pmatrix}$; (5) -1;

(6) $\frac{1}{2}(\boldsymbol{A}+2\boldsymbol{E})$; (7) $\begin{pmatrix}1 & 0 & 0 & 0\\ -1 & 2 & 0 & 0\\ 0 & -2 & 3 & 0\\ 0 & 0 & -3 & 4\end{pmatrix}$; (8) $\begin{pmatrix}3 & 0 & 0\\ 0 & 2 & 0\\ 0 & 0 & 1\end{pmatrix}$.

2. (1) D; (2) A; (3) C; (4) D; (5) B; (6) D; (7) D; (8) C; (9) D.

3. (1) $\boldsymbol{B}=\begin{pmatrix}6 & 0 & 0 & 0\\ 0 & 6 & 0 & 0\\ 6 & 0 & 6 & 0\\ 0 & 3 & 0 & -1\end{pmatrix}$;

(2) (a) $\boldsymbol{PQ}=\begin{pmatrix}\boldsymbol{A} & \boldsymbol{\alpha}\\ \boldsymbol{O} & |\boldsymbol{A}|(b-\boldsymbol{\alpha}^{\mathrm{T}}\boldsymbol{A}^{-1}\boldsymbol{\alpha})\end{pmatrix}$; ($b$) 略;

(3) $\boldsymbol{A}=\begin{pmatrix}1 & 0 & 0 & 0\\ -2 & 1 & 0 & 0\\ 6 & -2 & 1 & 0\\ 0 & 1 & -2 & 1\end{pmatrix}$.

习题 3.1

1. (1) D; (2) D; (3) C.

2. $\begin{cases} x_1 = -\dfrac{1}{3}k \\ x_2 = -\dfrac{2}{3}k \\ x_3 = -\dfrac{1}{3}k \\ x_4 = k \end{cases}$ （k 为任意常数）.

3. 无解.

4. (1) 当 $k=-1$ 时，通解为 $\begin{cases} x_1 = -2c \\ x_2 = -3c \\ x_3 = c \end{cases}$ （c 为任意常数）；

(2) 当 $k=4$ 时，通解为 $\begin{cases} x_1 = -\dfrac{1}{3}c \\ x_2 = \dfrac{1}{3}c \\ x_3 = c \end{cases}$ （c 为任意常数）.

5. (1) 当 $\lambda \neq 1$ 且 $\lambda \neq -2$ 时，方程组无解；

(2) 方程组不存在有唯一解的情况；

(3) 当 $\lambda = 1$ 时，有无穷多解，通解为 $\begin{cases} x_1 = 1 + k \\ x_2 = k \\ x_3 = k \end{cases}$ （k 为任意常数）；

当 $\lambda = -2$ 时，有无穷多解，通解为 $\begin{cases} x_1 = 2 + k \\ x_2 = 2 + k \\ x_3 = k \end{cases}$ （k 为任意常数）.

习题 3.2

1. (1) $\boldsymbol{\alpha} - \boldsymbol{\beta} = (1,0,-1)^{\mathrm{T}}$；　(2) $3\boldsymbol{\alpha} + 2\boldsymbol{\beta} - \boldsymbol{\gamma} = (0,1,2)^{\mathrm{T}}$.

2. $k = 3$.

3. $\boldsymbol{\beta} = \boldsymbol{\alpha}_1 + 3\boldsymbol{\alpha}_2 - \boldsymbol{\alpha}_3$.

4.(1)$a=0$； (2)$a\neq 0$且$a\neq b$,$\boldsymbol{\beta}=\left(1-\frac{1}{a}\right)\boldsymbol{\alpha}_1+\frac{1}{a}\boldsymbol{\alpha}_2$；

(3)$a=b\neq 0$,$\boldsymbol{\beta}=\left(1-\frac{1}{a}\right)\boldsymbol{\alpha}_1+\frac{1}{a}\boldsymbol{\alpha}_2$或$\boldsymbol{\beta}=\left(1-\frac{1}{b}\right)\boldsymbol{\alpha}_1-\frac{1}{b}\boldsymbol{\alpha}_3$.

5.$(7,5,2)^{\mathrm{T}}$.(提示:$\boldsymbol{\alpha}_4=2\boldsymbol{\alpha}_1-\boldsymbol{\alpha}_2+\boldsymbol{\alpha}_3$)

习题 3.3

1.C.

2.当$a=-6$时,向量组线性相关,且$2\boldsymbol{\alpha}_1-7\boldsymbol{\alpha}_2-\boldsymbol{\alpha}_3=\boldsymbol{0}$;

当$a\neq -6$时,向量组线性无相关.

3.$\boldsymbol{\beta}=-\frac{k_1}{k_1+k_2}\boldsymbol{\alpha}_1-\frac{k_2}{k_1+k_2}\boldsymbol{\alpha}_2$,$(k_1,k_2\in\mathbf{R},k_1+k_2\neq 0)$.

4.证明　设有一组数x_1,x_2,x_3,使得$x_1\boldsymbol{\beta}_1+x_2\boldsymbol{\beta}_2+x_3\boldsymbol{\beta}_3=\boldsymbol{0}$,即

$x_1(\boldsymbol{\alpha}_1+\boldsymbol{\alpha}_2)+x_2(\boldsymbol{\alpha}_2+\boldsymbol{\alpha}_3)+x_3(\boldsymbol{\alpha}_3+\boldsymbol{\alpha}_1)=\boldsymbol{0}$,从而

$$(x_1+x_3)\boldsymbol{\alpha}_1+(x_1+x_2)\boldsymbol{\alpha}_2+(x_2+x_3)\boldsymbol{\alpha}_3=\boldsymbol{0}.$$

因为$\boldsymbol{\alpha}_1,\boldsymbol{\alpha}_2,\boldsymbol{\alpha}_3$线性无关,故有

$$\begin{cases}x_1+x_3=0\\x_1+x_2=0.\\x_2+x_3=0\end{cases}$$

解此方程组得唯一零解$x_1=x_2=x_3=0$.所以向量组$\boldsymbol{\beta}_1,\boldsymbol{\beta}_2,\boldsymbol{\beta}_3$线性无关.

5.线性无关.

习题 3.4

1.(1)错; (2)对; (3)对.

2.(1)$r=3$,$\boldsymbol{\alpha}_1,\boldsymbol{\alpha}_2,\boldsymbol{\alpha}_3$是一个极大线性无关组,$\boldsymbol{\alpha}_4=3\boldsymbol{\alpha}_1-\boldsymbol{\alpha}_2-\boldsymbol{\alpha}_3$；

(2)$r=3$,$\boldsymbol{\alpha}_1,\boldsymbol{\alpha}_2,\boldsymbol{\alpha}_3$线性无关,极大无关组为本身;

(3)$r=2$,$\boldsymbol{\alpha}_1,\boldsymbol{\alpha}_2$是一个极大线性无关组,$\boldsymbol{\alpha}_3=\frac{4}{3}\boldsymbol{\alpha}_1-\frac{1}{3}\boldsymbol{\alpha}_2$,$\boldsymbol{\alpha}_4=\frac{13}{3}\boldsymbol{\alpha}_1+\frac{2}{3}\boldsymbol{\alpha}_2$.

3.$a=2,b=5$.(提示:因秩为2,故任意三个向量必线性相关,则有$|\boldsymbol{\alpha}_1,\boldsymbol{\alpha}_3,\boldsymbol{\alpha}_4|=0$和$|\boldsymbol{\alpha}_2,\boldsymbol{\alpha}_3,\boldsymbol{\alpha}_4|=0$)

4.略.

5.(1)$\boldsymbol{B}=\begin{pmatrix}0&0&0\\1&0&3\\0&1&-2\end{pmatrix}$(提示:矩阵$\boldsymbol{B}$的作用相当于对$\boldsymbol{Q}$进行列变换);

(2)$|\boldsymbol{A}|=|\boldsymbol{B}|=0$.

习题 3.5

1.(1)$\boldsymbol{W}_1$不是向量空间;

(2)$\boldsymbol{W}_2$是向量空间,$\dim\boldsymbol{W}_2=2$,$(0,1,0)^{\mathrm{T}}$,$(0,0,1)^{\mathrm{T}}$可作为$\boldsymbol{W}_2$的一个基;

(3)$\boldsymbol{W}_3$是向量空间,$\dim\boldsymbol{W}_3=2$,$(-1,1,0)^{\mathrm{T}}$,$(2,0,1)^{\mathrm{T}}$可作为$\boldsymbol{W}_3$的一个基;

(4)$\boldsymbol{W}_4$不是向量空间.

2.提示:只需证明$\boldsymbol{\alpha}_1=(1,2,3)^{\mathrm{T}},\boldsymbol{\alpha}_2=(1,2,0)^{\mathrm{T}},\boldsymbol{\alpha}_3=(1,0,0)^{\mathrm{T}}$线性无关即可.

3.提示:只需证明向量组$\boldsymbol{\alpha}_1,\boldsymbol{\alpha}_2$和向量组$\boldsymbol{\beta}_1,\boldsymbol{\beta}_2$等价即可.

4.$\boldsymbol{\beta}_1,\boldsymbol{\beta}_2$在基下的坐标分别为$\left(\frac{5}{4},\frac{1}{4},-\frac{1}{4},-\frac{1}{4}\right)$,$\left(\frac{7}{4},-\frac{5}{4},\frac{3}{4},\frac{3}{4}\right)$.

5.过渡矩阵为$\begin{pmatrix}-1&1&0\\1&2&2\\0&0&1\end{pmatrix}$.

习题 3.6

1.基础解系为$\left(-\frac{3}{2},\frac{7}{2},1,0\right)^{\mathrm{T}}$.

2.提示:首先说明$\boldsymbol{\alpha}_1+\boldsymbol{\alpha}_2,2\boldsymbol{\alpha}_1-\boldsymbol{\alpha}_2$是$\boldsymbol{AX}=\boldsymbol{0}$的解;再证明$\boldsymbol{\alpha}_1+\boldsymbol{\alpha}_2,2\boldsymbol{\alpha}_1-\boldsymbol{\alpha}_2$线性无关.

3. 可取 $\boldsymbol{B}=\begin{pmatrix}1 & 2\\ -2 & -3\\ 1 & 0\\ 0 & 1\end{pmatrix}$.

4. 通解 $k_1(1,3,1,0)^{\mathrm{T}}+k_2(-1,0,0,1)^{\mathrm{T}}+(2,1,0,0)^{\mathrm{T}}$($k_1,k_2$ 为任意实数)

满足 $x_1^2=x_2^2$ 的所有解为 $(1,1,0,1)^{\mathrm{T}}+k(3,3,1,-2)^{\mathrm{T}}$ 或者 $(-1,1,0,3)^{\mathrm{T}}+k(-3,3,1,4)^{\mathrm{T}}$($k$ 为任意实数).

5. 通解可为 $k_1(1,3,2)^{\mathrm{T}}+k_2(0,2,4)^{\mathrm{T}}+\left(1,\frac{3}{2},\frac{1}{2}\right)^{\mathrm{T}}$($k_1,k_2$ 为任意实数)(表示方法不唯一).

总习题三

A 组

1. (1)B； (2)A； (3)D； (4)C； (5)B； (6)B； (7)A.

2. (1)$abc\neq 0$； (2)-1； (3)$\lambda=\frac{7}{4}$； (4)4； (5)(a)$k(1,1,\cdots,1)^{\mathrm{T}}$($k$ 为任意实数)； (b)$R(\boldsymbol{A})=0$.

3. (1)设 $\boldsymbol{a}_1=\boldsymbol{e}_1=(1,0,0,\cdots,0)$ $\boldsymbol{a}_2=\boldsymbol{a}_3=\cdots=\boldsymbol{a}_m=\boldsymbol{0}$ 满足 $\boldsymbol{a}_1,\boldsymbol{a}_2,\cdots,\boldsymbol{a}_m$ 线性相关,但 $\boldsymbol{a}_1$ 不能由 $\boldsymbol{a}_2,\cdots,\boldsymbol{a}_m$ 线性表示.

(2)取 $\boldsymbol{a}_1=\boldsymbol{e}_1=-\boldsymbol{b}_1,\boldsymbol{a}_2=\boldsymbol{e}_2=-\boldsymbol{b}_2,\cdots,\boldsymbol{a}_m=\boldsymbol{e}_m=-\boldsymbol{b}_m$,其中 $\boldsymbol{e}_1,\cdots,\boldsymbol{e}_m$ 为单位向量,则上式成立,而 $\boldsymbol{a}_1,\cdots,\boldsymbol{a}_m$ 和 $\boldsymbol{b}_1,\cdots,\boldsymbol{b}_m$ 均线性无关.

(3)取 $\boldsymbol{\alpha}_1=\boldsymbol{\alpha}_2=\cdots=\boldsymbol{\alpha}_m=\boldsymbol{0}$,取 $\boldsymbol{b}_1,\cdots,\boldsymbol{b}_m$ 为线性无关的向量组满足以上条件,但显然 $\boldsymbol{\alpha}_1,\boldsymbol{\alpha}_2,\cdots,\boldsymbol{\alpha}_m$ 是线性相关的.

(4)取 $\boldsymbol{a}_1=(1,0)^{\mathrm{T}},\boldsymbol{a}_2=(2,0)^{\mathrm{T}},\boldsymbol{b}_1=(0,3)^{\mathrm{T}},\boldsymbol{b}_2=(0,4)^{\mathrm{T}}$,

$$\left.\begin{array}{l}\lambda_1\boldsymbol{a}_1+\lambda_2\boldsymbol{a}_2=0\Rightarrow\lambda_1=-2\lambda_2\\ \lambda_1\boldsymbol{b}_1+\lambda_2\boldsymbol{b}_2=0\Rightarrow\lambda_1=-\frac{3}{4}\lambda_2\end{array}\right\}\Rightarrow\lambda_1=\lambda_2=0 \text{ 与题设矛盾.}$$

(5)(a)当 $a=0,b\in\mathbf{R}$ 时,不能线性表示;

(b) $a \neq 0, a \neq b$ 时，表示式唯一，$\boldsymbol{\beta} = \left(1 - \frac{1}{a}\right)\boldsymbol{\alpha}_1 + \frac{1}{a}\boldsymbol{\alpha}_2$；

(c) $a = b \neq 0$ 时，表示式不唯一，$\boldsymbol{\beta} = \left(1 - \frac{1}{a}\right)\boldsymbol{\alpha}_1 + \left(\frac{1}{a} + c\right)\boldsymbol{\alpha}_2 + c\boldsymbol{\alpha}_3$，其中 c 为任意实数.

(6) 略.

(7) (a) 当 $\lambda = 2$ 或 $\lambda = -2$ 时，向量组线性相关；当 $\lambda \neq 2$ 且 $\lambda \neq -2$ 时，向量组线性无关；

(b) $\lambda = 2$ 时 $\boldsymbol{\alpha}_3$ 可以由 $\boldsymbol{\alpha}_1, \boldsymbol{\alpha}_2$ 线性表示，表达式为 $\boldsymbol{\alpha}_3 = \frac{1}{2}\boldsymbol{\alpha}_2$.

(8) 略.

B 组

1. (1) B； (2) A； (3) A； (4) D； (5) A； (6) D； (7) C.

2. (1) (a) $a = 5$；

(b) $\boldsymbol{\beta}_1 = 2\boldsymbol{\alpha}_1 + 4\boldsymbol{\alpha}_2 - \boldsymbol{\alpha}_3, \boldsymbol{\beta}_2 = \boldsymbol{\alpha}_1 + 2\boldsymbol{\alpha}_2, \boldsymbol{\beta}_3 = 5\boldsymbol{\alpha}_1 + 10\boldsymbol{\alpha}_2 - 2\boldsymbol{\alpha}_3$

(2) 向量组 $\boldsymbol{\alpha}_1, \boldsymbol{\alpha}_2, \cdots, \boldsymbol{\alpha}_r, \boldsymbol{\beta}$ 线性无关. 提示：$\boldsymbol{\beta}$ 是齐次线性方程组的解，即 $\boldsymbol{\beta}^{\mathrm{T}}\boldsymbol{\alpha}_i = \boldsymbol{0}$

(3) 提示：利用矩阵秩的性质 $R(\boldsymbol{AB}) \leqslant \min\{R(\boldsymbol{A}), R(\boldsymbol{B})\}, R(\boldsymbol{A} + \boldsymbol{B}) \leqslant R(\boldsymbol{A}) + R(\boldsymbol{B})$.

(4) $a = 0$ 时线性相关，$\boldsymbol{\alpha}_1$ 是一个极大无关组，且 $\boldsymbol{\alpha}_2 = 2\boldsymbol{\alpha}_1, \boldsymbol{\alpha}_3 = 3\boldsymbol{\alpha}_1, \boldsymbol{\alpha}_4 = 4\boldsymbol{\alpha}_1$；$a = -10$ 时线性相关，$\boldsymbol{\alpha}_2, \boldsymbol{\alpha}_3, \boldsymbol{\alpha}_4$ 是一个极大无关组，且 $\boldsymbol{\alpha}_1 = -\boldsymbol{\alpha}_2 - \boldsymbol{\alpha}_3 - \boldsymbol{\alpha}_4$.

(5) (a) 提示：即证明 $\boldsymbol{\beta}_1, \boldsymbol{\beta}_2, \boldsymbol{\beta}_3$ 线性无关；

(b) $k = 0, \xi = c(\boldsymbol{\alpha}_1 - \boldsymbol{\alpha}_3), c \neq 0$.

(6) $t_1^s + (-1)^{s+1}t_2^s \neq 0$ 时即：s 为偶数时，$t_1 \neq \pm t_2$；s 为奇数时，$t_1 \neq -t_2$.

(7) (a) $\lambda = -1, a = -2$；

(b) 通解为 $\left(\frac{3}{2}, -\frac{1}{2}, 0\right)^{\mathrm{T}} + k(1,0,1)^{\mathrm{T}}$，其中 k 为任意实数.

(8) (a) $\boldsymbol{\xi}_2 = \left(-\frac{1}{2}, \frac{1}{2}, 0\right)^{\mathrm{T}} + k_1(1, -1, 2)^{\mathrm{T}}$，其中 k_1 为任意实数；

$\boldsymbol{\xi}_3 = k_2(-1,1,0)^{\mathrm{T}} + k_3(0,0,1)^{\mathrm{T}} + \left(-\frac{1}{2}, 0, 0\right)^{\mathrm{T}}$，其中 k_2, k_3 为任意实数.

(b) 略.

习题 4.1

1.9.

2.$k_1(-5,3,1,0)^T+k_2(5,-3,0,1)^T$,其中 k_1,k_2 为任意实数.

3.$\boldsymbol{\varepsilon}_1=\left(\frac{\sqrt{2}}{2},\frac{\sqrt{2}}{2},0\right)$,$\boldsymbol{\varepsilon}_2=\left(\frac{\sqrt{6}}{6},-\frac{\sqrt{6}}{6},\frac{\sqrt{6}}{3}\right)^T$,$\boldsymbol{\varepsilon}_3=\left(\frac{-\sqrt{3}}{3},\frac{\sqrt{3}}{3},\frac{\sqrt{3}}{3}\right)^T$.

4.(1) 不是正交矩阵; (2) 是正交矩阵.

5. 略.

习题 4.2

1.(1)$\lambda_1=7,\lambda_2=-2,\boldsymbol{\xi}_1=(1,1)^T,\boldsymbol{\xi}_2=(-4,5)^T$.

(2)$\lambda_1=-ai,\lambda_2=ai,\boldsymbol{\xi}_1=(-1,i)^T,\boldsymbol{\xi}_2=(-i,1)^T$.

(3)$\lambda_1=-2,\lambda_2=\lambda_3=\lambda_4=2,\boldsymbol{\xi}_1=(-1,1,1,1)^T$,

$\boldsymbol{\xi}_2=(1,1,0,0)^T,\boldsymbol{\xi}_3=(1,0,1,0)^T,\boldsymbol{\xi}_4=(-1,0,0,1)^T$.

(4)$\lambda_1=\lambda_2=\lambda_3=2$,

$\boldsymbol{\xi}_1=(1,0,1)^T,\boldsymbol{\xi}_2=(-2,1,0)^T$.

2.3,$-6,9;1,-\frac{1}{2},\frac{1}{3}$.

3.$k=2$.

4.$a=2,b=1,\lambda=1$; $a=2,b=-2,\lambda=4$.

5. $-1,-4,3;12$.

6.0.

7. $|\boldsymbol{A}|\boldsymbol{A}^{-1}$.

8.(1)$\boldsymbol{A}^2=\boldsymbol{O}$; (2)$\lambda=0$,$(\xi_1,\xi_2,\cdots,\xi_n)=\begin{pmatrix} -\frac{b_2}{b_1} & -\frac{b_3}{b_1} & \cdots & -\frac{b_n}{b_1} \\ 1 & 0 & \cdots & 0 \\ 0 & 1 & \cdots & 0 \\ \vdots & \vdots & & \vdots \\ 0 & 0 & \cdots & 1 \end{pmatrix}$.

习题 4.3

1.$\boldsymbol{P}=\begin{pmatrix} -1 & 1 & 1 \\ 1 & 0 & 0 \\ 0 & 1 & 0 \end{pmatrix}$.

2.(1)$x=0,y=-2$; (2)$\boldsymbol{P}=\begin{pmatrix} 0 & 0 & 1 \\ 2 & 1 & 0 \\ -1 & 1 & -1 \end{pmatrix}$,$\boldsymbol{P}^{-1}\boldsymbol{A}\boldsymbol{P}=\begin{pmatrix} -1 & 0 & 0 \\ 0 & 2 & 0 \\ 0 & 0 & -2 \end{pmatrix}$.

3.(1)$a=-3,b=0$,$\boldsymbol{\xi}$ 所对应的特征值 $\lambda=-1$; (2)不能.

4.$\boldsymbol{A}=\begin{pmatrix} -2 & 3 & -3 \\ -4 & 5 & -3 \\ -4 & 4 & -2 \end{pmatrix}$.

5.$\boldsymbol{A}^{100}=\begin{pmatrix} -1 & 1 & 0 \\ -2 & 2 & 0 \\ 4 & -2 & 1 \end{pmatrix}$.

6.$\boldsymbol{P}=\begin{pmatrix} 1 & 1 & 1 \\ -1 & 0 & -2 \\ 0 & 1 & 3 \end{pmatrix}$,$\boldsymbol{P}^{-1}\boldsymbol{A}\boldsymbol{P}=\begin{pmatrix} 2 & 0 & 0 \\ 0 & 2 & 0 \\ 0 & 0 & 6 \end{pmatrix}$.

习题 4.4

1.(1)$Q=\frac{1}{3}\begin{pmatrix}2&-2&-1\\2&1&2\\1&2&-2\end{pmatrix}$,$\Lambda=\begin{pmatrix}-1&&\\&2&\\&&5\end{pmatrix}$;

(2)$Q=\frac{\sqrt{6}}{6}\begin{pmatrix}\sqrt{2}&-\sqrt{3}&-1\\\sqrt{2}&-\sqrt{3}&-1\\\sqrt{2}&0&2\end{pmatrix}$,$\Lambda=\begin{pmatrix}8&&\\&2&\\&&2\end{pmatrix}$.

2.$A=\begin{pmatrix}4&1&1\\1&4&1\\1&1&4\end{pmatrix}$.

3.提示:证明$|E-A|=0$.

4.提示:先证明A的特征值$\lambda=0$.

5.$Q=\frac{\sqrt{2}}{2}\begin{pmatrix}1&0&1\\0&\sqrt{2}&0\\-1&0&1\end{pmatrix}$,$A^{10}=\begin{pmatrix}2^9&0&2^9\\0&2^{10}&0\\2^9&0&2^9\end{pmatrix}$.

6.提示:实对称矩阵一定正交相似于对角矩阵.

总习题四

A 组

1.(1)D; (2)A; (3)B; (4)B; (5)D; (6)C.

2.(1)$-1,2,3$; (2)0; (3)$\left(\frac{|A|}{\lambda}\right)^2+1$; (4)24; (5)1.

3.(1)$\lambda=-2$,$c=(-2,2,-1)^{\mathrm{T}}$.

(2)(a) 不是; (b) 是.

(3) 略.

(4)(a) $\lambda_1 = 2, \lambda_2 = 3; k_1\begin{pmatrix}-1\\1\end{pmatrix}_1$ $(k_1 \neq 0)$ 是对应于 $\lambda_1 = 2$ 的全部特征值向量;

$k_2\begin{pmatrix}-\frac{1}{2}\\1\end{pmatrix}$ $(k_2 \neq 0)$ 是对应于 $\lambda_3 = 3$ 的全部特征向量; $\boldsymbol{P}_1, \boldsymbol{P}_2$ 不正交.

(b) $\lambda_1 = 0, \lambda_2 = -1, \lambda_3 = 9; k_1\begin{pmatrix}-1\\-1\\1\end{pmatrix}$ $(k_1 \neq 0)$ 是对应于 $\lambda_1 = 0$ 的全部特征值向量; $k_2\begin{pmatrix}-1\\1\\0\end{pmatrix}$ $(k_2 \neq 0)$ 是对应于 $\lambda_2 = -1$ 的全部特征值向量;

$k_3\begin{pmatrix}\frac{1}{2}\\\frac{1}{2}\\1\end{pmatrix}$ $(k_3 \neq 0)$ 是对应于 $\lambda_3 = 9$ 的全部特征值向量. $\boldsymbol{P}_1, \boldsymbol{P}_2, \boldsymbol{P}_3$ 两两正交.

(5) $x = 4, y = 5$.

(6) 略.

(7) $\boldsymbol{A} = \frac{1}{3}\begin{pmatrix}-1 & 0 & 2\\0 & 1 & 2\\2 & 2 & 0\end{pmatrix}$.

(8)(a) $\lambda_1 = 1 + (n-1)b; \lambda_2 = \cdots = \lambda_n = 1 - b$.

$$\xi_1 = \begin{pmatrix}1\\1\\1\\\vdots\\1\end{pmatrix}, \xi_2 = \begin{pmatrix}1\\-1\\0\\\vdots\\0\end{pmatrix}, \xi_3 = \begin{pmatrix}1\\0\\-1\\\vdots\\0\end{pmatrix}, \cdots, \xi_n = \begin{pmatrix}1\\0\\0\\\vdots\\-1\end{pmatrix};$$

$$(b)\boldsymbol{P}=\begin{pmatrix}1&1&1&\cdots&1\\1&-1&0&\cdots&0\\1&0&-1&\cdots&0\\\vdots&\vdots&\vdots&&\vdots\\1&1&0&\cdots&-1\end{pmatrix},$$

$$\boldsymbol{P}^{-1}\boldsymbol{AP}=\begin{pmatrix}1+(n-1)b&0&\cdots&0\\0&1-b&\cdots&0\\\vdots&\vdots&&\vdots\\0&0&\cdots&1-b\end{pmatrix}.$$

$$(9)(a)\boldsymbol{P}=\frac{1}{3}\begin{pmatrix}1&2&2\\2&1&-2\\2&-2&1\end{pmatrix},\boldsymbol{P}^{-1}\boldsymbol{AP}=\begin{pmatrix}-2&0&0\\0&1&0\\0&0&4\end{pmatrix};$$

$$(b)\boldsymbol{P}=\begin{pmatrix}-\frac{2}{\sqrt{5}}&\frac{2\sqrt{5}}{15}&-\frac{1}{3}\\\frac{1}{\sqrt{5}}&\frac{4\sqrt{5}}{15}&-\frac{2}{3}\\0&\frac{\sqrt{5}}{3}&\frac{2}{3}\end{pmatrix},\boldsymbol{P}^{-1}\boldsymbol{AP}=\begin{pmatrix}1&0&0\\0&1&0\\0&0&1\end{pmatrix}.$$

$$(10)2\begin{pmatrix}1&1&-2\\1&1&-2\\-2&-2&4\end{pmatrix}.$$

B 组

1.(1)C；(2)B；(3)B.

2.(1)2；(2)2；(3)3；(4)21.

3.(1)0，-2，-2.

$$(2)(a)\begin{pmatrix}-2+2^{99}&1-2^{99}&2-2^{98}\\-2+2^{100}&1-2^{100}&2-2^{99}\\0&0&0\end{pmatrix};$$

(b)$\boldsymbol{\beta}_1=(-2+2^{99})\boldsymbol{\alpha}_1+(-2+2^{100})\boldsymbol{\alpha}_2$,

$\boldsymbol{\beta}_2=(1-2^{99})\boldsymbol{\alpha}_1+(1-2^{100})\boldsymbol{\alpha}_2$,

$\boldsymbol{\beta}_3=(2-2^{98})\boldsymbol{\alpha}_1+(2-2^{99})\boldsymbol{\alpha}_2$.

(3)(a)$a=4,b=5$;

(b)$\boldsymbol{P}=\begin{pmatrix}2&-3&-1\\1&0&-1\\0&1&1\end{pmatrix}$,故 $\boldsymbol{P}^{-1}\boldsymbol{A}\boldsymbol{P}=\begin{pmatrix}1&&\\&1&\\&&5\end{pmatrix}$.

(4)提示:矩阵的特征值、相似对角化.

(5)(a) 特征值 $\lambda_1=1,\lambda_2=-1,\lambda_3=0$.特征向量依次为 $k_1(1,0,1)^{\mathrm{T}},k_2(1,0,-1)^{\mathrm{T}},k_3(0,1,0)^{\mathrm{T}}$,其中 k_1,k_2,k_3 均是不为0的任意常数.

(b)$\boldsymbol{A}=\boldsymbol{Q}\begin{pmatrix}1&&\\&-1&\\&&0\end{pmatrix}\boldsymbol{Q}^{\mathrm{T}}=\begin{pmatrix}0&0&1\\0&0&0\\1&0&0\end{pmatrix}$.

(6)$\boldsymbol{B}$ 的属于1的特征向量为$\boldsymbol{\beta}_1=(-1,0,1)^{\mathrm{T}},\boldsymbol{\beta}_2=(1,1,0)^{\mathrm{T}}$,全部特征向量是$k_1(-1,0,1)^{\mathrm{T}}+k_2(1,1,0)^{\mathrm{T}}$,其中 k_1,k_2 是不为零的任意常数.$\boldsymbol{B}$ 的属于-2 的全部特征向量是 $k_3(1,-1,1)^{\mathrm{T}}$,其中 k_3 是不为零的任意常数.

$$\boldsymbol{B}=\begin{pmatrix}0&3&-3\\3&0&3\\-3&3&0\end{pmatrix}.$$

(7)(a)$\lambda=3$是矩阵$\boldsymbol{A}$ 的特征值,$\boldsymbol{\alpha}=(1,1,1)^{\mathrm{T}}$是对应的特征向量.对应$\lambda=3$的全部特征向量为 $k\boldsymbol{\alpha}$,其中 k 为不为零的常数.

$\lambda=0$是矩阵$\boldsymbol{A}$ 的二重特征值,$\boldsymbol{\alpha}_1,\boldsymbol{\alpha}_2$ 是其对应的特征向量,对应$\lambda=0$的全部特征向量为 $k_1\boldsymbol{\alpha}_1+k_2\boldsymbol{\alpha}_2$,其中 k_1,k_2 为不全为零的常数.

(b)$\boldsymbol{Q}^{\mathrm{T}}\boldsymbol{A}\boldsymbol{Q}=\begin{bmatrix}3&&\\&0&\\&&0\end{bmatrix}=\boldsymbol{\Lambda}$.

(c)$\boldsymbol{A}=\boldsymbol{Q}\boldsymbol{\Lambda}\boldsymbol{Q}^{\mathrm{T}}=\begin{pmatrix}1&1&1\\1&1&1\\1&1&1\end{pmatrix}$. $\left(\boldsymbol{A}-\frac{3}{2}\boldsymbol{E}\right)^6=\boldsymbol{Q}\left(\frac{3}{2}\right)^6\boldsymbol{E}\boldsymbol{Q}^{\mathrm{T}}=\left(\frac{3}{2}\right)^6\boldsymbol{E}$.

(8) $a=-1$

$$Q=\begin{pmatrix}\frac{1}{\sqrt{6}} & -\frac{1}{\sqrt{2}} & \frac{1}{\sqrt{3}}\\ \frac{2}{\sqrt{6}} & 0 & -\frac{1}{\sqrt{3}}\\ \frac{1}{\sqrt{6}} & \frac{1}{\sqrt{2}} & \frac{1}{\sqrt{3}}\end{pmatrix}.$$

(9)(a)当 $b\neq 0$ 时,$\boldsymbol{A}$ 的特征值为 $\lambda_1=1+(n-1)b,\lambda_2=\cdots=\lambda_n=1-b$.得

$\boldsymbol{\xi}_1=(1,1,1,\cdots,1)^{\mathrm{T}}$,所以 $\boldsymbol{A}$ 的属于 λ_1 的全部特征向量为

$k\boldsymbol{\xi}_1=l(1,1,1,\cdots,1)^{\mathrm{T}}$ (k 为任意不为零的常数).

$\boldsymbol{\xi}_2=(1,-1,0,\cdots,0)^{\mathrm{T}},\boldsymbol{\xi}_3=(1,0,-1,\cdots,0)^{\mathrm{T}},\cdots,\boldsymbol{\xi}_n=(1,0,0,\cdots,-1)^{\mathrm{T}}$.

故 $\boldsymbol{A}$ 的属于 λ_2 的全部特征向量为

$k_2\boldsymbol{\xi}_2+k_3\boldsymbol{\xi}_3+\cdots+k_n\boldsymbol{\xi}_n$ ($k_2,k_3,\cdots,k_n$ 是不全为零的常数).

当 $b=0$ 时,特征值为 $\lambda_1=\cdots=\lambda_n=1$,任意非零列向量均为特征向量.

(b)当 $b\neq 0$ 时,$\boldsymbol{A}$ 有 n 个线性无关的特征向量,令 $\boldsymbol{P}=(\boldsymbol{\xi}_1,\boldsymbol{\xi}_2,\cdots,\boldsymbol{\xi}_n)$,则

$$\boldsymbol{P}^{-1}\boldsymbol{AP}=\begin{pmatrix}1+(n-1)b & & & \\ & 1-b & & \\ & & \ddots & \\ & & & 1-b\end{pmatrix}$$

当 $b=0$ 时,$\boldsymbol{A}=\boldsymbol{E}$,对任意可逆矩阵 $\boldsymbol{P}$,均有 $\boldsymbol{P}^{-1}\boldsymbol{AP}=\boldsymbol{E}$.

(10)略.

习题 5.1

1.(1)$f(x,y,z)\begin{pmatrix}1&2&1\\2&4&2\\1&2&1\end{pmatrix}\begin{pmatrix}x\\y\\z\end{pmatrix}$; (2)$f=(x,y,z)\begin{pmatrix}1&-1&-2\\-1&1&-2\\-2&-2&-7\end{pmatrix}\begin{pmatrix}x\\y\\z\end{pmatrix}$;

(3) $f(x_1,x_2,x_3,x_4)\begin{pmatrix}1 & -1 & 2 & -1\\ -1 & 1 & 3 & -2\\ 2 & 3 & 1 & 0\\ -1 & -2 & 0 & 1\end{pmatrix}\begin{pmatrix}x_1\\ x_2\\ x_3\\ x_4\end{pmatrix}$.

2. $f(x_1,x_2,x_3)=x_1x_2-x_1x_3+x_2x_3$.

3. $\begin{pmatrix}1 & 3 & 5\\ 3 & 5 & 7\\ 5 & 7 & 9\end{pmatrix}$.

4. 2.

习题 5.2

1. B.

2. (1) $\begin{pmatrix}x_1\\ x_2\\ x_3\end{pmatrix}=\begin{pmatrix}1 & 0 & 0\\ 0 & \frac{1}{\sqrt{2}} & -\frac{1}{\sqrt{2}}\\ 0 & \frac{1}{\sqrt{2}} & \frac{1}{\sqrt{2}}\end{pmatrix}\begin{pmatrix}y_1\\ y_2\\ y_3\end{pmatrix}$, $f=2y_1^2+5y_2^2+y_3^2$;

(2) $\begin{pmatrix}x_1\\ x_2\\ x_3\\ x_4\end{pmatrix}=\begin{pmatrix}\frac{1}{2} & \frac{1}{2} & \frac{1}{\sqrt{2}} & 0\\ -\frac{1}{2} & \frac{1}{2} & 0 & \frac{1}{\sqrt{2}}\\ -\frac{1}{2} & -\frac{1}{2} & \frac{1}{\sqrt{2}} & 0\\ \frac{1}{2} & -\frac{1}{2} & 0 & \frac{1}{\sqrt{2}}\end{pmatrix}\begin{pmatrix}y_1\\ y_2\\ y_3\\ y_4\end{pmatrix}$, $f=-y_1^2+3y_2^2+y_3^2+y_4^2$.

3. 2.

4. (1) $f=y_1^2+y_2^2-y_3^2$, $\boldsymbol{X}=\boldsymbol{CY}$, 其中 $\boldsymbol{C}=\begin{pmatrix}1 & 1 & -1\\ 0 & 0 & 1\\ 0 & -1 & 1\end{pmatrix}$;

(2) $f = y_1^2 - y_2^2 - y_3^2$, $\boldsymbol{X} = \boldsymbol{CY}$, 其中 $\boldsymbol{C} = \begin{pmatrix} 1 & 1 & -1 \\ 1 & -1 & -1 \\ 0 & 0 & 1 \end{pmatrix}$.

5. $\boldsymbol{P} = \begin{pmatrix} -1 & -1 & 2 \\ 2 & 0 & 1 \\ 0 & 1 & 2 \end{pmatrix}$, $\boldsymbol{D} = \begin{pmatrix} 7 & & \\ & 7 & \\ & & -2 \end{pmatrix}$.

习题 5.3

1. (1) 负定； (2) 正定.

2. $-0.8 < t < 0$.

3. 1.

4. 略.

5. 提示:存在可逆矩阵 $\boldsymbol{H} = \begin{pmatrix} \boldsymbol{P} & \boldsymbol{O} \\ \boldsymbol{O} & \boldsymbol{Q} \end{pmatrix}$,使得 $\boldsymbol{C} = \boldsymbol{H}^{\mathrm{T}}\boldsymbol{H}$.

总习题五

A 组

1. (1) C； (2) C； (3) D； (4) C； (5) D.

2. (1) $\boldsymbol{A} = \begin{pmatrix} 1 & \frac{5}{2} & \frac{9}{2} \\ \frac{5}{2} & 2 & \frac{7}{2} \\ \frac{9}{2} & \frac{7}{2} & 3 \end{pmatrix}$； (2) $-\sqrt{2} < t < \sqrt{2}$； (3) $p = r = n$； (4) $\boldsymbol{A}^{-1}$；

(5) -32.

3. (1) 解法 1:惯性指数法,解法 2:顺序主子式法,解法 3:特征值法.

(2) $a=2$; $\begin{pmatrix} 0 & 1 & 0 \\ \frac{1}{\sqrt{2}} & 0 & \frac{1}{\sqrt{2}} \\ -\frac{1}{\sqrt{2}} & 0 & \frac{1}{\sqrt{2}} \end{pmatrix}$.

(3) $\alpha=\beta=0$.

(4) $\boldsymbol{B} \sim \begin{pmatrix} k^2 & & \\ & (k+2)^2 & \\ & & (k+2)^2 \end{pmatrix}$. 当 $k \neq 0$ 且 $k \neq -2$ 时, $\boldsymbol{B}$ 正定.

(5) 略.

B 组

1. (1) A; (2) B; (3) B; (4) D.

2. (1) 2; (2) 1; (3) 2; (4) $[-2,2]$.

3. (1) (a) $\lambda_1=a, \lambda_2=a-2, \lambda_3=a+1$; (b) $a=2$.

(2) (a) $a=0$; (b) $\boldsymbol{Q}=\begin{pmatrix} \frac{1}{\sqrt{2}} & 0 & \frac{1}{\sqrt{2}} \\ \frac{1}{\sqrt{2}} & 0 & -\frac{1}{\sqrt{2}} \\ 0 & 1 & 0 \end{pmatrix}$.

二次型 f 在正交变换 $\boldsymbol{X}=\boldsymbol{Q}\boldsymbol{Y}$ 下的标准形为 $f(x_1,x_2,x_3)=2y_1^2+2y_2^2$.

(c) 所求解为: $\boldsymbol{X}=\begin{pmatrix} c \\ -c \\ 0 \end{pmatrix}$, 其中 c 为任意常数.

(3) (a) 解得 $a=1, b=2$; (b) $\boldsymbol{Q}=\begin{pmatrix} 0 & \frac{2}{\sqrt{5}} & \frac{1}{\sqrt{5}} \\ 1 & 0 & 0 \\ 0 & \frac{1}{\sqrt{5}} & -\frac{2}{\sqrt{5}} \end{pmatrix}$, $\boldsymbol{Q}$ 为正交矩阵. 在正交变

换 $\boldsymbol{X}=\boldsymbol{QY}$ 下，有 $\boldsymbol{Q}^{\mathrm{T}}\boldsymbol{AQ}=\begin{pmatrix}2&0&0\\0&2&0\\0&0&-3\end{pmatrix}$，且二次型的标准形为 $f=2y_1^2+2y_2^2-3y_3^2$.

(4)(a)$a=-1$；　(b)$\boldsymbol{Q}=\begin{pmatrix}-\frac{\sqrt{3}}{3}&-\frac{\sqrt{2}}{2}&\frac{\sqrt{6}}{6}\\-\frac{\sqrt{3}}{3}&\frac{\sqrt{2}}{2}&\frac{\sqrt{6}}{6}\\\frac{\sqrt{3}}{3}&0&\frac{\sqrt{6}}{3}\end{pmatrix}$，

在正交变换 $\boldsymbol{X}=\boldsymbol{QY}$ 下，二次型 f 的标准形为 $f=2y_2^2+6y_3^2$.

(5) 略.

(6)(a)$\boldsymbol{A}=\begin{pmatrix}\frac{1}{2}&0&-\frac{1}{2}\\0&1&0\\-\frac{1}{2}&0&\frac{1}{2}\end{pmatrix}$；　(b) 略.

(7)(a)$c=3,\lambda_1=0,\lambda_2=4,\lambda_3=9$；　(b) 椭圆柱面.

(8)(a)$\boldsymbol{P}^{\mathrm{T}}\boldsymbol{DP}=\begin{pmatrix}\boldsymbol{A}&\boldsymbol{O}\\\boldsymbol{O}&\boldsymbol{B}-\boldsymbol{C}^{\mathrm{T}}\boldsymbol{A}^{-1}\boldsymbol{C}\end{pmatrix}$；　(b) 正定矩阵.

(9) 略.

(10)$a_1\cdot a_2\cdots a_n\neq(-1)^n$.

(11)(a) $-2,-2,0$；　(b)$k>2$.